"*Meu caro Einstein*"
e outras histórias
da ciência
e da técnica

Conselho Editorial da Editora Livraria da Física

Amílcar Pinto Martins - Universidade Aberta de Portugal

Arthur Belford Powell - Rutgers University, Newark, USA

Carlos Aldemir Farias da Silva - Universidade Federal do Pará

Emmánuel Lizcano Fernandes - UNED, Madri

Iran Abreu Mendes - Universidade Federal do Pará

José D'Assunção Barros - Universidade Federal Rural do Rio de Janeiro

Luis Radford - Universidade Laurentienne, Canadá

Manoel de Campos Almeida - Pontifícia Universidade Católica do Paraná

Maria Aparecida Viggiani Bicudo - Universidade Estadual Paulista - UNESP/Rio Claro

Maria da Conceição Xavier de Almeida - Universidade Federal do Rio Grande do Norte

Maria do Socorro de Sousa - Universidade Federal do Ceará

Maria Luisa Oliveras - Universidade de Granada, Espanha

Maria Marly de Oliveira - Universidade Federal Rural de Pernambuco

Raquel Gonçalves-Maia - Universidade de Lisboa

Teresa Vergani - Universidade Aberta de Portugal

Gildo Magalhães

"*Meu caro Einstein*" e outras histórias da ciência e da técnica

2023

Copyright © 2023 Gildo Magalhães
1ª Edição

Direção editorial: José Roberto Marinho

Capa: Fabrício Ribeiro
Projeto gráfico e diagramação: Fabrício Ribeiro

Edição revisada segundo o Novo Acordo Ortográfico da Língua Portuguesa

Dados Internacionais de Catalogação na publicação (CIP)
(Câmara Brasileira do Livro, SP, Brasil)

Magalhães, Gildo
"Meu caro Einstein" e outras histórias da ciência e da técnica / Gildo Magalhães. – São Paulo, SP: Livraria da Física, 2023.

Bibliografia.
ISBN 978-65-5563-373-3

1. Einstein, Albert, 1879-1955 2. Física - História I. Título.

23-172317   CDD-530.09

Índices para catálogo sistemático:
1. Física: História 530.09

Tábata Alves da Silva - Bibliotecária - CRB-8/9253

Todos os direitos reservados. Nenhuma parte desta obra poderá ser reproduzida sejam quais forem os meios empregados sem a permissão da Editora.
Aos infratores aplicam-se as sanções previstas nos artigos 102, 104, 106 e 107 da Lei Nº 9.610, de 19 de fevereiro de 1998

Editora Livraria da Física
www.livrariadafisica.com.br
(11) 3815-8688 | Loja do Instituto de Física da USP
(11) 3936-3413 | Editora

Sumário

Apresentação 7

"Meu caro Einstein" – a correspondência tumultuosa de Ehrenhaft e o debate sobre correntes magnéticas 11

Uma carta inédita de Augustin Fresnel: aberração da luz e teoria ondulatória 57

Uma história de silenciamento: Ida Noddack e a "Abundância Universal" da Matéria 79

Emergência: continuidade ou rompimento? Um olhar além da física e por trás da economia 105

Sobre uma possível contribuição da matemática transfinita para o euritmia 121

A braquistócrona, o melhor dos mundos e o conceito de euritmia 143

A inspiração republicana e a ideia de progresso: Vauthier, politécnico francês no Brasil Imperial 159

Evolução no sertão: intelectuais brasileiros e o desenvolvimento da nação 171

"Is small beautiful?" Controvérsias sobre a operação atual das primeiras usinas hidrelétricas 197

Energia no Brasil: um panorama histórico 215

Apresentação

Por uma série de circunstâncias ligadas à sua publicação no exterior, alguns textos de minha autoria não foram originalmente escritos em português. Além disso, as respectivas publicações internacionais neste caso nem sempre estão disponíveis pela internet. Há também comunicações que foram apresentados apenas oralmente em congressos internacionais. Julguei conveniente preparar a tradução para o português de dez desses textos e assim poder atender uma demanda já colocada há algum tempo por diversos alunos e colaboradores.

Tratam-se de estudos que evidenciam aquilo em que tenho insistido em outras ocasiões: o avanço do conhecimento se dá em meio e devido a controvérsias.[1] Longe de modelos epistemológicos que, se por um lado, representam bem o desenvolvimento de teorias e práticas científicas e técnicas, por outo lado não condizem bem com a história. Esta não é uma linha direta de progresso, mas tem precisão do contraditório, das controvérsias que a enriquecem e tornam mais humana. O problema da verdade não se reduz a fórmulas e acaba ficando oculta por uma apresentação triunfalista que permeia os relatos e conclusões, desde os livros didáticos até mesmo a narrativa universitária. Daí a importância de uma história da ciência e da técnica como pesquisa sem um partido tomado, procurando nas fontes a substância do que constitui o exercício desta atividade humana ímpar.

Os textos podem ser divididos em três grupos. No primeiro estão artigos que resultaram de pesquisas em bibliotecas e instituições especializadas de História da Ciência nos EUA e Europa, tendo em comum o aspecto de tratarem de controvérsias científicas passadas, mas possivelmente ainda muito presentes na atualidade. Começo tratando de Felix Ehrenhaft, um físico austríaco da primeira metade do século 20, que travou uma polêmica com seus colegas

---

1 Vide, por exemplo, G. Magalhães, "Por uma dialética das controvérsias: o fim do modelo positivista na história das ciências". *Estudos Avançados*, 94, setembro/dezembro 2018, p. 345-362.

sobre a existência de correntes magnéticas, com destaque para Albert Einstein. Os manuscritos com a troca de correspondência mútua entre esses dois físicos fornecem um panorama fascinante da vida pessoal e científica quando se foge dos paradigmas aceitos pela maioria dos cientistas. Em outro artigo está uma carta que estava inédita do jovem Augustin Fresnel, escrita quando ainda era um aspirante à arena científica, mas já com elementos para propor em bases muito originais a volta triunfante da teoria oscilatória da luz. No último artigo deste bloco apresenta-se Ida Noddack, uma química alemã que foi notável, não só por ter descoberto um novo elemento da Tabela Periódica (e talvez até mesmo dois elementos), mas por suas ideias impactantes sobre a distribuição relativa dos elementos no universo, uma contribuição que tem permanecido pouco conhecida, por razões externas e ineternas à ciência, como se verá no texto.

O conjunto seguinte de três textos diz respeito à minha colaboração com o Centro de Filosofia da Ciência da Universidade de Lisboa, que tem organizado simpósios internacionais em torno de uma profunda revisão conceitual da física quântica. Como é notório, a visão quântica ortodoxa é adepta da incerteza estatística, ou seja, repele um dos pilares do pensamento humano, que é a noção amplamente utilizada na ciência de que os fenômenos são passíveis de descrição rigorosamente causal. A proposta do Grupo de Lisboa favorece a causalidade e adotou um princípio que foi denominado de euritmia, entrando em uma controvérsia sobre os fundamentos da física que data do primeiro terço do século 20 e permanece vívida e inconclusa. Examino, do ponto de vista histórico e epistemológico, algumas questões que estão interligadas com a física quântica, como a emergência de fenômenos tais como as chamadas "partículas fundamentais", a controvertida teoria dos números transfinitos na história da matemática e o fundamento histórico da euritmia, entrevisto nos princípios de otimização do universo enunciados por cientistas como Leibniz, e a aceitação da quantização ao invés da continuidade na natureza. A problemática quântica é mais geral do que parece, pois tem implicações paralelas em áreas tão distintas quanto a biologia evolutiva e a economia.

No último conjunto de textos, examino alguns tópicos da história da ciência e da técnica no Brasil, tendo como pano de fundo o desenvolvimento do país, começando com um breve apanhado sobre o engenheiro francês Vauthier, que veio trabalhar no Brasil do Segundo Império. Trato a seguir de três intelectuais que foram diversamente influenciados pela teoria evolutiva de Darwin em suas obras: Sílvio Romero, Euclides da Cunha e Monteiro Lobato. Confrontados com o atraso econômico brasileiro, e em meio a teorias deterministas ligadas a questões raciais, cada um deles foi capaz, até certo ponto, de entrever que o problema estava em outra esfera. O texto seguinte diz respeito a um projeto temático de longa duração financiado pela FAPESP, o Eletromemória, sobre a história da energia elétrica em São Paulo, em especial as pequenas centrais hidrelétricas que foram construídas no começo do século 20 e continuaram, ou voltaram a funcionar, numa demonstração teimosa de sobrevivência e longevidade de equipamentos, algo ímpar na história da técnica, até em comparações internacionais. A seleção se fecha com um artigo que se propôs dar uma visão histórica panorâmica das principais fontes de energia utilizadas no Brasil desde a segunda metade do século 19, e que pode iluminar alguns acertos e erros de estratégias atuais nesse setor da infra-estrutura.

Todos os textos selecionados foram revistos e complementados, inclusive em termos bibliográficos, com relação àquilo que foi anteriormente publicado no exterior.

Gildo Magalhães
Professor Titular do Departamento de História e Diretor do Centro de História da Ciência, Universidade de São Paulo

"Meu caro Einstein" – a correspondência tumultuosa de Ehrenhaft e o debate sobre correntes magnéticas

As questões no epistolário Ehrenhaft-Einstein

A ciência praticamente esqueceu a figura polêmica de Felix Albert Ehrenhaft (1879-1952), um físico austríaco que nas décadas de 1900 e 1910 assumiu que existiam cargas elétricas menores do que o elétron, com base em seu trabalho experimental. Três décadas depois, Ehrenhaft surgiu com o que parecia ser outra heresia, insistindo que tinha observado polos magnéticos isolados, bem como seu deslocamento formando uma "corrente magnética". Ele manteve uma correspondência com Albert Einstein sobre esses assuntos por cerca de trinta anos, tentando convencer Einstein da validade de seus argumentos, ao passo que Einstein atacava as conclusões de Ehrenhaft, enquanto acompanhava seu trabalho experimental. A correspondência pessoal Ehrenhaft-Einstein examinada aqui é notável e em sua maior parte não foi publicada.[2] Embora a coleção tenha sido disponibilizada para consulta há

---

2 Fontes manuscritas: MSS 2898 [*Albert Einstein and Felix Ehrenhaft: Letters, notes, memoranda and queries exchanged between 1939 and 1941 (with preliminary letters 1917-1932). Felix Ehrenhaft: Typescript of unpublished "Meine Erlebnisse mit Einstein 1908-1940". Felix Ehrenhaft: A collection of his lectures, articles and reprints. Lilly (Rona) Ehrenhaft: Personal and scientific papers. Agathe Magnus: Papers concerning patents by Lilly Rona*]. MSS122A [*Albert Einstein: Letter to Felix Ehrenhaft from 3.9.1939*] – Dibner Library of History of Science and Technology, Smithsonian Institution, Division of Rare Books and Manuscripts, American History Museum, Washington, D.C. Esses itens foram comprados em 1960 por US$ 2.500 pelo colecionador e historiador da ciência Ben Dibner, aparentemente como parte dos arquivos pesoais de Lilly Rona-Ehrenhaft. Incluem 47 itens de correspondência (a maior parte em alemão) envolvendo Einstein, Ehrenhaft, e Lilly, além de outras pessoas. Há também exemplares de trabalhos

décadas, ela aparentemente ainda não chamou a atenção dos historiadores, em que pese serem essas cartas, telegramas e notas manuscritas uma fonte valiosa, trazendo questões científicas, históricas e epistemológicas bastante relevantes.

Durante os primeiros anos do século vinte, Ehrenhaft era relativamente bem conhecido, graças ao seu cuidadoso trabalho experimental sobre o movimento browniano e à medição pioneira da carga do elétron. Ele estava em contato com figuras notáveis da nova física que começou a ser desenvolvida principalmente depois de 1900, tais como Max Planck e Erwin Schrödinger, seu colega na Universidade de Viena, mas o cientista mais notável com quem trocou ideias foi sem dúvida Albert Einstein, seu hóspede na Áustria em várias ocasiões.

Nascido de pais judeus, Ehrenhaft posteriormente se converteu ao catolicismo, pelo menos nominalmente, aparentemente uma tentativa de minimizar a resistência contra sua nomeação para uma cátedra na Universidade de Viena na década de 1920. Quando Ehrenhaft fugiu do regime nazista para os EUA, ele achou natural procurar Einstein não só para a crítica de seu trabalho científico, mas para pedir ajuda para encontrar alguma colocação numa instituição americana.

À medida que sua discussão com Einstein se centralizou na existência de monopolos magnéticos, ela atingiu um ponto dramático com a intervenção da terceira esposa de Ehrenhaft, Lilly Rona.[3] Ela era uma escultora austríaca, que tinha previamente emigrado para os EUA; atenta, logo percebeu diferentemente de seu marido os sentimentos de Einstein para com Ehrenhaft, e ousou intervir diretamente na disputa científica. Em um determinado ponto de seu duelo escrito, Einstein começou a usar uma arma verbal que o extasiava: a

---

publicados por Ehrenhaft, alguns com dedicatórias afetuosas para Lilly. Ben Dibner fez a doação junto com uma parte substancial de sua enorme coleção de livros raros e manuscritos ao Instituto Smithsonian, onde estão disponíveis para estudiosos desde 1976. O autor agradece a Kirsten van der Veen, bibliotecária na Coleção Dibner Collection, bem como a Brigitte Kromp, Diretora da Biblioteca Central de Física na Universidade de Viena, e a Joe Anderson, no Centro de História da Física, College Park, Md. Agradece também as contribuições cuidadosas e estimulantes de pareceristas anônimos do *British Journal for the History of Science*.

3   Os magnetos apresentam dois polos, tradicionalmente designados de norte e sul. Diferentemente das cargas elétricas, que podem ser separadas em positivas e negativas e cuja movimentação produz a chamada corrente elétrica, um magneto como por exemplo uma agulha imantada, ao ser dividida em duas partes terá em cada parte novamente dois polos, um norte e outro sul. Ehrenhaft alegava ter conseguido separar os polos e fazer fluir entre eles uma "corrente magnética", de modo similar ao de uma corrente elétrica.

poesia, algo em que Ehrenhaft não era nada bom. Coube a Lilly tomar a iniciativa e responder as provocações de Einstein com mais poemas, o que fez a batalha verbal pegar fogo.

A triangulação intelectual resultante foi pouco investigada pela história da ciência e este ensaio vai rever sinteticamente uma parte significativa da correspondência para investigar algumas questões que não foram exploradas pela bibliografia einsteiniana existente. O conflito de Ehrenhaft com Einstein é especialmente interessante, pois ambos compartilhavam um fundo cultural alemão e uma origem judaica. Ehrenhaft continuou emocionalmente ligado a Einstein até quase o fim de sua vida, mas deixou de perceber que seus sentimentos não tinham reciprocidade.

A vida e os tempos de Felix Ehrenhaft

É meio desapontante procurar informação sobre a vida de Felix Ehrenhaft; até agora a única fonte detalhada é uma biografia escrita por Joseph Braunbeck.[4] Seus escritos pessoais estão reunidos principalmente em três locais: a Biblioteca Central de Física na Universidade de Viena, a Biblioteca Dibner do Instituto Smithsonian (Washington, D.C.) e o Centro de História da Física (College Park, Maryland). Sua correspondência com Einstein é uma parte substancial da respectiva coleção na Biblioteca Dibner.

Ehrenhaft nasceu em Viena a 24 de abril de 1879, filho de um médico abastado. Depois de completar o serviço militar e se graduar como oficial de artilharia, ele terminou seus estudos na Universidade de Viena, recebendo tanto um título de doutor em física quanto um diploma de engenheiro mecânico. A seguir ele entrou num programa de pesquisa sobre coloides, que o capacitou a ser promovido para "Privatdozent" em 1905, engajando-se depois em outra

---

4   Joseph Braunbeck, *Der andere Physiker. Das Leben von Felix Ehrenhaft* (Wien: Technisches Museum & Leykam, 2003). Essa biografia é muito útil, mas deve ser lida com cuidado devido a seu tom por vezes excessivamente laudatório do biografado. As biografias de Einstein dificilmente mencionam Ehrenhaft, apenas aquela mais antiga por Philipp Frank, *Einstein, his life and times* (1947). [2nd ed. Cambridge (Mass.): Da Capo (Perseus), 2002: 72-73], indica que após a 1ª Guerra Mundial Einstein ficou hospedado na casa de Ehrenhaft em Viena – mas foi o próprio Ehrenhaft que escreveu para Frank em 1940 fornecendo informação sobre Einstein, incluindo uma série de curiosidades contidas no livro de Frank, que não revelou sua fonte. Isto pode ser comprovado, pois algumas dessas histórias são parte da carta de Ehrenhaft para Frank, em 9 de fevereiro de 1940, e estão recontadas na recordação de Ehrenhaft, "Meine Erlebnisse mit Einstein", ambas na Coleção Dibner.

pesquisa sobre o movimento browniano, e publicou em 1907 sua descoberta de que esse movimento errático existe também em gases.[5] Sua descoberta foi imediatamente considerada mais um passo decisivo para desvelar a estrutura interna do átomo, numa época em que a própria existência do átomo era ainda um debate científico acalorado.[6]

Ele se casou em 1908 com sua antiga colega de universidade, Olga Steindler, que foi a mãe de seus dois filhos, e nessa época se engajou na medição do quantum elementar de eletricidade, como era então chamado o elétron. J.J Thomson tinha argumentado que os raios catódicos eram um feixe de partículas elétricas e, em 1897, em seu célebre modelo atômico, propôs que esses "elétrons" se moviam num fluido hipotético positivamente carregado. Essas ideias foram mais elaboradas na década seguinte pelo próprio Thomson, auxiliado por sua importante escola de pesquisa em Cambridge, e por outros cientistas europeus.

As experiências sobre a carga do elétron realizadas por Ehrenhaft lhe trouxeram bastante fama, especialmente na Europa, mas depois ele sofreu uma rápida queda de prestígio, pois registrou medições que contradiziam exatamente a suposta quantização da carga elétrica. Como será discutido à frente, isso o levou a uma controvérsia com Robert Millikan sobre o tema.

Durante a 1ª Guerra Mundial, Ehrenhaft foi mobilizado, e lutou na frente de batalha, mas depois passou a servir como professor de balística na escola de oficiais de artilharia. Imediatamente após o final da guerra ele se dedicou a uma nova pesquisa, com a qual reivindicou a descoberta da fotoforese em 1918, um fenômeno no qual a luz podia movimentar partículas em suspensão.[7] Isso foi considerado por muitos físicos apenas um efeito radiométrico – como no bem conhecido radiômetro de Crookes, uma espécie de cata-vento com quatro pás pintadas alternadamente de preto e branco, que ao ser iluminado produz um impulso devido à absorção diferenciada da luz pelas pás e um subsequente aquecimento do ar, que faz o dispositivo girar em torno do seu eixo. Ehrenhaft descartou a justificativa radiométrica após uma série de

---

5 "Das optische Verhalten der Metallkolloide und deren Teilchengrösse", *Annalen der Physik* 11: 489, 1903; "Über die der Brownschen Molekularbewegung in Flüssigkeiten gleichartige Molekularbewegung in den Gasen", *Wiener Berichte* 116: 1175, 1907.

6 Helge Hragh, "Particle Science", em R.C. Olby et al., *Companion to the history of modern science*. London and New York: Routledge, 1996: 654-655.

7 "Die Photophorese", *Annalen der Physik,* 56 (1918): 81.

novas experiências, preferindo explicar suas observações como sendo o efeito direto da luz sobre a matéria. Para partículas de tamanho comparável ao comprimento de onda da luz, ele insistiu que elas poderiam se mover em direção à fonte luminosa, um efeito que ele chamou de "fotoforese negativa". Esse assunto aumentou a reprovação que ele vinha sofrendo de outros físicos em consequência da controvérsia anterior sobre a carga do elétron.

Em 1920, Franz Exner se aposentou como diretor do Instituto de Física da Universidade de Viena. Ehrenhaft era considerado um candidato natural ao cargo, mas não foi eleito, porque os colegas físicos mais graduados consideravam-no muito dissidente da física ortodoxa. Exner tinha desempenhado um papel no ambiente vienense que ia além da física, na tradição de Helmholz e Boltzmann, pois era um intelectual com amplos interesses, incluindo a filosofia e a evolução cultural, um advogado dos benefícios interdisciplinares que as ciências exatas poderiam colher das ciências humanas.[8] Ehrenhaft não tinha esse perfil e sua própria concordância com o físico e filósofo Mach era provavelmente por razões diversas das de Exner; o mais importante para Ehrenhaft era sua crença de que somente os fatos experimentais formavam a base do conhecimento.

Einstein também foi consultado nesse assunto da nomeação de Ehrenhaft pela Universidade de Viena e seu conselho foi contra sua indicação.[9] No que parece ter sido uma decisão política, Ehrenhaft acabou recebendo da Universidade um novo e independente instituto de física para dirigir, onde a comunidade acadêmica esperava que sua influência fosse comparativamente menor.

Apesar de suas fortes diferenças científicas, sempre que Einstein ia a Viena para conferências ou congressos durante os anos de 1921 a 1931 (Figura 1), era recebido como hóspede na casa de Ehrenhaft. Este cuidava também do entretenimento social de Einstein, o levava para passear na cidade e uma vez até arranjou para Einstein tocar seu violino em um quarteto de cordas num

---

[8] Cf. Erwin Hiebert, "Common frontiers of the exact sciences and the humanities", *Physics in Perspective* 2 (2000): 6-29. No campo científico, Exner podia ser associado a Mach e à tradição do indeterminismo vienense. Um estudo extensivo de Exner como físico e o autor evolucionista cultural de *From chaos to the present* pode ser encontrado em Michael Stöltzner, "Franz Serafin Exner's indeterminist theory of culture", *Physics in Perspective*, 4 (2002): 267-319.

[9] Vide a carta de Einstein à Universidade de Viena de 25 de junho de 1920, em Braunbeck [2003]: 36-37.

recital doméstico. A relação pessoal entre os dois físicos era aparentemente cordial, e Einstein retribuiu convidando o casal Ehrenhaft, hospedando-o em sua casa em Caputh, perto de Potsdam, no verão de 1932. A primeira esposa de Ehrenhaft faleceu mais tarde naquele ano, e ele se casou novamente em 1935 com Bettina Stein.

Figura. 1. Uma conferência de Einstein (de pé, em primeiro plano) em Viena – Ehrenhaft é o terceiro, em pé, da direita para a esquerda. (Sem data). Cortesia da Universidade de Viena, Biblioteca Central Austríaca de Física

Este foi um período de grande inquietude em Viena. Artigos antissemitas de jornal exigiam a exclusão de intelectuais judeus das atividades públicas, inclusive no mundo acadêmico. O assassinato do filósofo Moritz Schlick em 1936 na Universidade de Viena foi saudado pela ala fascista austríaca como uma "boa solução" para a Questão Judaica – apesar de o próprio Schlick não ter nenhuma ascendência judaica. No mesmo ano, o físico alemão Philipp Lenard (Prêmio Nobel de 1905), apoiado por Johannes Stark (Prêmio Nobel de 1919), publicou o livro *Deutsche Physik*, contendo um manifesto contra a "física judaica". O livro defendia a física experimental e atacava o que chamava de especulações teóricas, "modernas", tais como a relatividade e a teoria quântica. A ideologia nazista negava assim a universalidade da ciência, propondo em seu lugar uma ciência "alemã" - *Deutsche Physik, Deutsche Mathematik, Deutsche Chemie* – uma tendência na verdade apoiada apenas por poucos cientistas renomados.[10] A maioria dos cientistas dificilmente eram politicamente ativos em geral, e sempre que se envolviam de alguma forma, ficavam confinados especificamente em seu interesse profissional e não em questões nacionais.

Um traço singular da personalidade de Ehrenhaft, que ele demonstraria em seus futuros contatos com Einstein nos EUA, era sua ingenuidade – e apesar de suas origens judaicas, em princípio ele concordou publicamente com radicais de direita, como Lenard e Stark, ainda que apenas em termos de física. Ehrenhaft tinha lutado como bom soldado na 1ª Guerra Mundial e pode ter considerado seu dever patriótico permanecer leal à ideologia austríaca no conflito iminente. De toda forma, seu endosso às premissas ideológicas da *Física Alemã*, como a apologia da prática contra a teoria, continuou mesmo depois da 2ª Guerra, e Ehrenhaft preferiu sempre ignorar o respectivo conteúdo político e se satisfazer com o que pensava ser uma justificativa de suas próprias convicções científicas.[11]

Ele continuou trabalhando normalmente depois que Hitler tomou o poder na Alemanha em 1933, e apesar da crescente pressão austríaca contra judeus e judeus convertidos, ele se manteve em suas posições dentro de comissões estatais, tais como membro do escritório nacional de avaliação de patentes e do comitê austríaco de normas técnicas. Entretanto, depois da anexação (*Anschluss*) de 1938, ele foi detido e espancado pela polícia, teve seu dinheiro confiscado e foi expulso da Universidade de Viena, juntamente com muitos outros cientistas rotulados como judeus ou politicamente perigosos para o regime. Mesmo assim, Ehrenhaft acreditava que não seria perturbado pelo

---

10 Reinhard Siegmund-Schultze, "The problem of anti-Fascist resistance of 'apolitical' German scholars", in Monika Renneberg & Mark Walker (eds.), *Science, technology and National Socialism*. Cambridge: Cambridge University Press, 1993: 312-323.

11 Paul Feyerabend em *Killing time* (1995) [Tradução *Matando o tempo*, São Paulo, UNESP, 1996: 74] lembra que, ao frequentar as aulas de Ehrenhaft em 1947 como aluno de física, este seu professor ainda aprovava as concepções da *Física Alemã*, e Braunbeck [2003: 68] diz que Ehrenhaft preferia ignorar o prefácio do livro (com seus ataques antisemitas) em favor de seu conteúdo de física. Ehrenhaft repetia a respeito que seguia o conselho de Faraday, de ceticismo em relação ao uso da teoria, dando precedência ao experimento (citado em F. Ehrenhaft. "Festrede an Michael Faraday", *Physik u. Chemie*, 32 (5), 1932: 14).

governo nazista, mas depois lentamente mudou de ideia. Finalmente pediu um visto, e em abril de 1939 partiu para a Inglaterra para depois emigrar para os EUA, deixando sua segunda esposa em Viena, onde ela morreu de um câncer devastador poucos meses depois.

Inicialmente, Ehrenhaft viveu nos EUA em casa do irmão de sua primeira esposa, um cirurgião no Meio Oeste americano, e não é claro como ele se manteve financeiramente nesta época. Em Viena ele tinha sido financiado pela Fundação Rockefeller, e lá havia dinheiro reservado em seu nome, mas ele não conseguiu acessar esses fundos. Fez vários contatos com cientistas nos EUA, inclusive Einstein, tentando encontrar emprego em uma posição acadêmica, ou em laboratório empresarial de pesquisa, mas sem sucesso. Eventualmente ele conseguiu publicar alguns de seus trabalhos mais recentes – especialmente os experimentos em que alegava ter separado os monopolos magnéticos.[12]

Ele se mudou para a cidade de Nova Iorque em 1940, onde conheceu a escultora Alice Lilly Rona, uma judia austríaca (Figura 2) que emigrara antes, e com quem se casaria em março de 1942.[13] Nascida Alice Lili Taussky em 1893, em Temesvar (atualmente Romênia), ela se mudou para Viena para estudar física e línguas, antes de entrar para o estúdio do escultor austríaco Gustinus Ambrosius. Em Nova Iorque, ela comprou equipamento e montou um pequeno laboratório que permitiu a Ehrenhaft continuar com seus experimentos sobre magnetólise da água (separação dos gases componentes por meio de um forte campo magnético homogêneo, processo supostamente análogo à eletrólise) e sobre correntes magnéticas. Lilly Rona também seguia a conversação científica entre Ehrenhaft e Einstein, e acabou acusando este de fazer um jogo de duas caras. Como resultado, a relação entre os físicos se tornou ainda mais frágil e amarga, enquanto Ehrenhaft se via como um cavaleiro solitário cavalgando contra o corpo de conhecimento tradicional.

---

12 *Physical Review* 57: 562, e 659, 1940; *Annales de Physique* 13:151, 1940; *Journal of the Franklin Institute*, 230 nº 3, 1940; ib. 233 nº3, 1942; *Nature* 147: 25, 1941; *Science* 94: 232, 1941; ib. 96: 228, 1942.

13 Dentre outros trabalhos, Lilly recebeu encomendas para esculpir os bustos de Arturo Toscanini, de Eleanor Roosevelt e do presidente Eisenhower, que lhe granjearam reconhecimento público.

Figura 2. Lilly Rona trabalhando em busto de Ehrenhaft em 1940 – Radiocraft, November 1944

Neste ponto é conveniente nos demorarmos algo mais sobre as principais questões que fizeram com que Ehrenhaft fosse tão atacado, antes de apreciar a correspondência que nos ajudará a perceber como essas *dramatis personae* atuaram.

Controvérsias na física: carga elétrica elementar e monopolos magnéticos

A maioria dos físicos contemporâneos considerou os resultados de Ehrenhaft com suspeita, um eco da controvérsia do sub-elétron, e ao mesmo tempo ficaram intrigados pelos seus resultados experimentais.[14] Poderiam

---

14 Essa visão é expressa em várias cartas arquivadas no Centro de História da Física (College Park, Md), como naquela escrita para Einstein por W.F.G. Swann, da Fundação Bertol de Pesquisas, de 16 de novembro de 1940: "Suponho que a maioria de nós concordaria que a interpretação de Ehrenhaft de seus experimentos provavelmente está errada, mas pessoalmente sinto que pode

Einstein e outros terem se enganado sobre as afirmações de Ehrenhaft? Alguns de seus trabalhos publicados foram revistos em 1972, por ocasião de um encontro no Lago de Como sobre a história da física do século vinte.[15] Uma das comunicações foi a de Gerald Holton, e outra foi de Paul Dirac, ambas tratando de sub-elétrons, dando assim oportunidade de saber como o trabalho de Ehrenhaft era julgado na década de 1970.

Holton fez um relato vívido da polêmica entre Ehrenhaft e Robert Millikan sobre o valor da carga elétrica e. Ehrenhaft foi o primeiro a publicar esse valor em 1909, usando o movimento browniano em preparações coloidais, e seus valores da época chegaram mais perto do que se aceita hoje do que Millikan, mas este aperfeiçoou seu método nos anos seguintes e obteve valores ainda melhores. O problema para Ehrenhaft começou quando ele subsequentemente anunciou na prestigiada *Physikalische Zeitschrift* que tinha também medido valores menores do que e, que chamou de "sub-elétrons", geralmente $2e/3$, mas também $e/3$ e $e/2$. Millikan disse que isso era resultado de métodos inadequados ou observações errôneas, e Ehrenhaft por sua vez criticou os dados de Millikan. Uma nova série de experimentos de Millikan foi vista como um golpe final no suposto sub-elétron, o mundo acadêmico ficou amplamente convencido, e Millikan recebeu em 1923 o prêmio Nobel pela medição da carga e.

Os valores de Ehrenhaft e sua interpretação foram desacreditados em geral, apesar de que ele e seus colaboradores ainda realizaram novos experimentos que continuaram registrando cargas fracionárias de eletricidade. Holton voltou aos cadernos de anotações originais de Millikan para analisar suas medidas, e concluiu que alguns dos mesmos valores encontrados por este

---

haver algo nos próprios experimentos que deveria ser melhor investigado"; em sua resposta de 19 de novembro Einstein disse para Swann: "A respeito de seus resultados sobre a carga elementar, não acredito em seus resultados numéricos, mas acredito que ninguém tem uma ideia clara sobre as causas que produzem as aparentes cargas sub-eletrônicas que encontrou em investigações cuidadosas".

15 Paul A.M. Dirac, "Ehrenhaft, the subelectron and the quark", in C. Weiner (ed.), *History of twentieth century physics. Proceedings of the International School of Physics Enrico Fermi. Course LVII (1972)* [New York and London: Academic Press, 1977: 290]. O estudo de Gerald Holton foi incluído em *The scientific imagination: case studies*. (1978).

também poderiam ser tomados como evidências de cargas menores do que e, tais como aquelas apontadas por Ehrenhaft.[16]

Holton sugere que havia algo mais em jogo do que uma rivalidade entre duas metodologias de trabalho experimental. Em sua dedicação ao longo da vida aos ensinamentos de Ernst Mach (1838-1916, e que incidentalmente também muito influenciou Einstein), usualmente referidos como positivismo, Ehrenhaft expressou o que acreditava ser a essência que animava esse cientista e filósofo. Tomado como uma crença de que os fatos falam por si mesmos, e que as mesmas coisas devem ser observadas por qualquer experimentador capaz, esse positivismo se torna um problema ao ignorar que os dados também podem estar tão carregados de ideias e subjetividades quanto as teorias. Por outro lado, Mach também é lembrado por sua teimosa negação dos átomos, porque usava o argumento de que um átomo não é um fenômeno que possa ser diretamente observado.[17] Por ocasião da inauguração em 1926 do monumento a Mach na Universidade de Viena, Einstein enviou por correio sua saudação, que foi seguida pelos discursos de Moritz Schlick, Hans Thirring, e Ehrenhaft – mas todos se distanciaram do tema da evidência atômica, com exceção de Ehrenhaft, que foi o único a dizer que Mach teve a coragem de lutar contra o paradigma corrente do atomismo.[18]

O mesmo pode ser dito em princípio sobre Ehrenhaft e o elétron, de uma forma diferente da interpretação empiricista e positivista trivial que aparenta ser. Havia uma questão fenomenológica mais profunda, que era decidir se os átomos são a menor entidade que pode existir. Em outras palavras: como se pode assegurar que os átomos são indivisíveis? Existe alguma entidade chamada de "menor" quantizada em última instância, ou uma subdivisão

---

16 Allan Franklin (*The neglect of experiment*. New York. Cambridge University Press, 1986: 138-164; 215-225) contestou as conclusões de Holton, afirmando que a exclusão dos dados de cargas fracionárias de Millikan não mudava o valor final obtido para e, contudo concordou que Millikan retocou alguns de seus números, o que reduziu o erro estatístico para e, já que uma incerteza maior no valor poderia ter causado desacordo na comunidade de físicos. Os argumentos de Franklin estão centralizados completamente na defesa da interpretação e seleção de dados experimentais por Millikan, mas, contrariamente a Holton, ele não contempla os argumentos de Ehrenhaft.

17 Vide, por exemplo, Ernan McMullin, "The development of philosophy of science 1600-1900", in R.C. Olby *et al.*, *Companion to the History of Modern Science (*London and New York: Routledge, 1990: 834-836). Ehrenhaft foi atacado por cientistas que eram pró-Millikan e era mais ou menos de esperar que fosse apoiado pelos anti-atomistas e empiricistas em torno de Mach.

18 Braunbeck [2003]: 42-44.

subsequente pode ser esperada para além daquele estágio? Ehrenhaft se alinhou com aqueles que pensavam que aquele átomo em discussão não era o "átomo ideal", e se por outro lado o elétron poderia ser quebrado em outros componentes, haveria razão para se acreditar que existe uma menor "unidade" elétrica final?

A questão que contrapõe atomismo ao anti-atomismo, com essa última interpretação dada, reapareceu por diversas vezes na história da ciência, como por exemplo na década de 1960 no contexto da teoria dos quarks. Mais recentemente, houve até propostas que desceram ao nível dos sub-quarks, todas as quais poderiam tornar os sub-elétrons de Ehrenhaft mais reais do que pareciam no começo do século vinte.[19] Entretanto, de acordo com Holton seria altamente improvável que Ehrenhaft pudesse ter medido o que hoje são os hipotéticos quarks apenas com o arranjo experimental de que dispunha.

Dirac recordou para sua audiência no Lago de Como que os quarks mais proeminentes propostos na época (1972) eram os sub-elétrons com 2/3 da carga do elétron, e ele se preocupou em reexaminar o artigo publicado por Ehrenhaft em *Philosophy of Science* (1941), com dados experimentais sobre tais sub-elétrons. Ele acusou Ehrenhaft de não ser um bom físico porque deveria ter identificado esses resultados tão estranhos como erros sistemáticos, mas Dirac concordou que os dados mostravam exatamente cargas de 2*e*/3 e 2*e*, e se intrigou com a razão para isso.

Barnes, Bloor e Henry trataram da questão da interpretação de resultados experimentais, escolhendo como estudo de caso exatamente a historiografia construída por Holton focalizando o debate entre Millikan e Ehrenhaft sobre o sub-elétron e a resposta dada por Alan Franklin.[20] A sua conclusão é de que esse debate não acabou, pois a tarefa de interpretar dados é complexa, frequentemente agravada pelos conteúdos sociológicos da cultura local transportados para aquelas interpretações – e dificuldades similares surgem em sua análise histórica.

---

19 Qualquer teoria que conceba uma estrutura interior para as chamadas "partículas elementares" pode enfrentar o problema da continuidade versus descontinuidade – um exemplo que trata do tema da carga elementar é a estrutura interna proposta para o elétron, baseada em filamentos helicoidais semelhantes a plasmas, proposta por Winston M. Bostick em "The morphology of the electron", *International Journal of Fusion Energy*, vol. 3, nº 1, 1985.

20 Barry Barnes, David Bloor, and John Henry. *Scientific objectivity: a sociological analysis*. (London: Athlone / Chicago: University of Chicago Press, 1996: 18-45).

As recordações de Dirac em 1972 mencionaram também que na década de 1930 Ehrenhaft insistia ter descoberto polos magnéticos isolados e procurava apoio para sua descoberta. Dirac recusou na época, porque os monopolos de Ehrenhaft eram muito mais fracos do que os preditos pela sua própria teoria.[21] De acordo com Dirac, Ehrenhaft costumava se aproximar dele pelos corredores para despejar suas queixas sobre o assunto, já que

> *Não lhe era permitido pelos secretários falar nessas reuniões [da Sociedade Americana de Física]. Sua reputação tinha descido tanto, que todo mundo acreditava que não passava de um excêntrico... Eu formei minha opinião de que, em todo caso, ele era sincero e honesto, mas ele deve ter dado uma interpretação errada a seus experimentos.*[22]

Encontramos aqui uma pista para o misterioso desaparecimento de Ehrenhaft do cenário da física ortodoxa: ele era tratado por muitos cientistas como extravagante, para dizer o mínimo, alguém a ser publicamente evitado para não causar embaraço. O julgamento de Dirac é retrospectivo e sua noção da exclusão de Ehrenhaft das reuniões não é exata, porque Ehrenhaft na verdade proferiu uma conferência na Sociedade Americana de Física em 1940, um evento cuja preparação ele discutiu cuidadosamente com Einstein em várias de suas cartas. Em sua própria visão, aquela sua apresentação teve sucesso, em termos do interesse público que despertou.

A maioria das cartas escritas por Ehrenhaft para Einstein é devotada à sua alegada produção experimental de polos magnéticos isolados, e sua suposta observação de um consequente fluxo na forma de corrente magnética. O arranjo de laboratório para seus experimentos está descrito em muitos de seus artigos, também repetido em notas de aula tomadas durante o ano de 1947 (Figura 3).[23]

---

21 Helge Kragh menciona brevemente a recusa de Dirac em discutir monopolos com Ehrenhaft, em *Dirac: a scientific biography* [Cambridge (Mass.): Cambridge University Press, 1990: 216-217].
22 Dirac, *op.cit.* [1977: 290]. Em uma ocasião posterior, depois da alegada detecção de monopolos em 1975 num experimento de raios cósmicos, Dirac tratou do assunto e nem mencionou Ehrenhaft – veja-se Paul Dirac, *Directions in physics* (New York: Wiley-Interscience, 1978).
23 "Einzelne magnetische Nord-und-Südpole und deren Auswirkung in den Naturwissenschaften (10 Vorlesungen gehalten im Sommer-Semester 1947 v. Dr. Felix Eherenhaft – Gastprofessor an der Universität Wien" (mimeo). Vide também "Photophoresis and its interpretation by electric and magnetic ions", *Journal of the Franklin Institute*, vol.233, nº 3, March, 1942: 235 – 256.

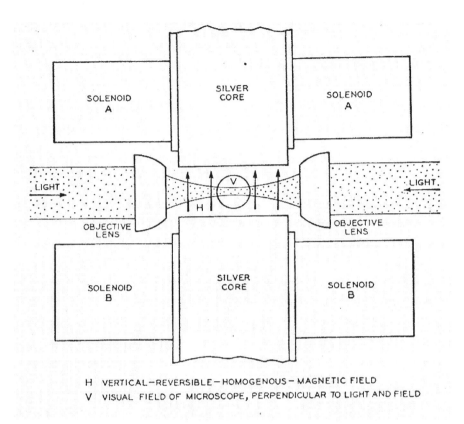

Figura 3. Condensador e bobinas do aparato de Ehrenhaft. Journal of the Franklin Institute, vol. 230 (3), September, 1940

Ele começou com uma célula de vidro de seção transversal quadrada colocada entre os dois polos de um ímã permanente (ou também um eletromagneto). Na célula confluíam sondas suspensas num gás, e ela tinha duas faixas finas aterradas de prata, que funcionavam como uma gaiola de Faraday para evitar influência eletrostática. Os polos magnéticos tinham um diâmetro variando de 2 a 6 mm, e estavam condutivamente interligados e aterrados. Do lado direito dos polos havia um condensador de placas, a ser examinado diretamente através de um microscópio.[24]

---

24 Ehrenhaft confiava muito em seu arranjo de condensador, inicialmente desenvolvido para a medição da carga do elétron. Mais detalhes técnicos podem ser encontrados em Andreas Makus, "Der Physiker Felix Ehrenhaft (1879–1952) und die Bestimmung der Elementarladung. Ein Versuchsnachbau". *Blätter für Technikgeschichte*. Technisches Museum Wien. Band 64, 2002: 25-45.

O experimento começava com um campo magnético vertical e homogêneo, que podia ser ligado e desligado, inteiramente livre de remanência (magnetismo restante após a remoção do campo magnético excitante). Várias pequenas partículas de material, nem esférico nem diamagnético, estavam em suspensão, e essas partículas eram reunidas pela ação do campo magnético na ausência de luz, na direção da força magnética, deixando-as cair por influência da gravidade terrestre. Compensando-se a força da gravidade, as partículas flutuavam. A seguir, uma luz intensa as atingia, de um ou dos dois lados, e se observava que as partículas se moviam, algumas em direção ao polo norte e outras em direção ao polo sul do campo magnético, enquanto houvesse luz. A força resultante era proporcional à intensidade do campo (Figura 4 – Ehrenhaft afirmou que a precisão era de 3%). Ao desligar o campo magnético, esse movimento era imediatamente interrompido, fazendo com que as partículas caíssem.

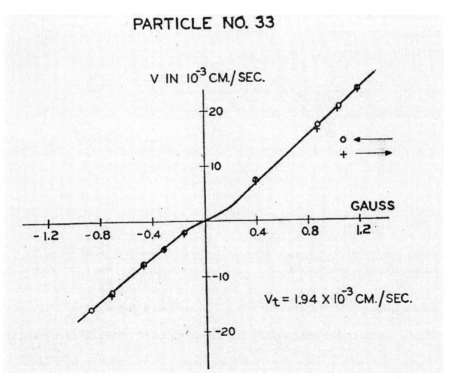

Figura 4. Força magnetoforética (V_t = velocidade de queda). Journal of the Franklin Institute, vol. 230 (3), September, 1940

Helge Kragh escreveu um interessante ensaio para analisar o conceito de monopolos, tanto do ponto de vista histórico quando teórico, incluindo uma seção devotada ao monopolo de Ehrenhaft. Ele começa supondo a existência de monopolos magnéticos com as consequentes mudanças necessárias nas equações de Maxwell.[25] Aponta ainda que a quantização da carga elétrica poderia ser explicada supondo a existência de monopolos – embora deva-se observar que isso não implicaria necessariamente que o valor mínimo da carga devesse ser o conhecido valor de *e*.

Pelo menos para uma parte da comunidade de físicos, a existência de monopolos magnéticos é hoje considerada uma suposição plausível, e a maioria das "grandes teorias unificadas" presume que, de acordo com a hipótese do "big bang", nos estágios iniciais do universo foi produzida uma enorme quantidade de monopolos. O chamado "problema do monopolo" é exatamente o que aconteceu depois e por que tais monopolos parecem tão difíceis de detectar. Essas considerações levaram ao modelo do "universo inflacionário" para explicar a diluição dos monopolos.[26] Inicialmente, as teorias predisseram monopolos relativamente mais leves, mas depois os valores foram mudados e se tornaram extraordinariamente pesados, para impedir a enorme atração que poderiam exercer, e que esmagaria o universo. Levando-se tudo isto em consideração, as reivindicações de Ehrenhaft por volta de 1940 sobre a detecção de monopolos mais leves não pareceriam assim tão absurdas no final da década de 1970, e naturalmente poder-se-ia questionar se tais monopolos poderiam ser detectados por seu aparato, como argumentou Holton no caso dos sub-elétrons.

Quão bem-sucedido era Ehrenhaft como cientista? A julgar pelo seu número de publicações, ele devia ser minimamente conhecido entre seus pares, pois suas contribuições apareceram por décadas em diversas publicações em alemão, inglês e francês, incluindo algumas de prestígio, como *Nature*, *Science*, *Physical Review*, *Comptes Rendus*, *Annalen der Physik*, *Physikalische Zeitschrift*,

---

25 Helge Kragh. "The concept of the monopole. A historical and analytical study". *Studies in the History and Philosophy of Science*, vol. 12, nº 2 [1981]: 141-172. Seu comentário final se relaciona à teoria especial da relatividade, de [Einstein]: se não for suposto que toda velocidade material é subluminal, então as equações de Maxwell para cargas exibindo velocidades superluminais serão simétricas e monopolos magnéticos podem ser admitidos. Talvez se deva ter isto em mente para posteriormente apreciar melhor as reações de Einstein aos monopolos de Ehrenhaft.

26 A história desse modelo cosmológico é contada por um de seus autores, Alan Guth, em *The inflationary universe: the quest for a new theory of cosmic origins* (Reading, Mass.: Addison-Wesley, 1997); veja-se especialmente o capítulo 9.

Zeitschrif für Physik.[27] Às vezes uma nota de precaução era incluída, como por exemplo no artigo sobre "Informação física e astronômica a respeito de partículas da ordem de magnitude do comprimento de onda da luz", onde o editor acrescentou a seguinte observação, que ao mesmo tempo é indicativa de que outros cientistas prestavam atenção no trabalho de Ehrenhaft:

> *Embora seja reconhecido que as conclusões do Professor Ehrenhaft quanto ao significado de seus experimentos sejam bastante controversas, os resultados experimentais em si são tais que recentemente despertaram o interesse de várias autoridades proeminentes.*[28]

Como será discutido mais à frente em relação à sua troca de cartas, apesar da sua insistência Ehrenhaft nunca conseguiu que Einstein testemunhasse seus experimentos em Nova Iorque, ou até mesmo lhe desse permissão para realizá-los em Princeton. Várias cartas na Biblioteca Dibner mencionam que ele enviou para Einstein cópias de seus artigos, mas Einstein se esquivava respondendo que devia haver erros sistemáticos em suas medições.

A correspondência entre Ehrenhaft e Einstein na Coleção Dibner

A carta mais antiga no arquivo Dibner é uma transcrição datilografada de uma carta escrita à mão por Einstein em agosto de 1917, comentando dois artigos de Ehrenhaft e mencionando explicitamente a fotoforese negativa. Provavelmente Ehrenhaft tinha usado previamente em outra carta uma metáfora comparando teorias com a conhecida fábula de que há maior resistência à quebra de ramos secos finos quando enfeixados juntos, e Einstein respondeu algo que lembra o que veio a ser conhecido na filosofia da ciência como a tese de Duhem-Quine:

---

27 A Biblioteca Central de Física, da Universidade de Viena, lista cerca de uma centena de suas comunicações, cobrindo aproximadamente meio século, a começar de 1902. A maioria foi publicada nas principais revistas de física em alemão, embora na década de 1940 ele tenha também publicado em inglês (*Nature, Science, Physical Review*), além de francês (*Comptes Rendues*). Em vista disso, não se poderia dizer que foi um físico desconhecido em sua época.

28 *The Journal of the Franklin Institute*, Vol. 230, N° 3: 1, September, 1940.

> (...) *mas pegar à parte um ramo individual para mostrar que ele pode ser quebrado me parece que leva a erro. O valor de uma hipótese está em suas múltiplas aplicações. Nunca se consegue demonstrar uma hipótese que pertence a um complexo teórico.*[29]

O próximo item é uma carta manuscrita mais extensa de Einstein, escrita em 23 de março de 1923, quando retornava de Pasadena para a Europa, a bordo do navio "San Francisco", em que ele confirma o recebimento e agradece a Ehrenhaft por lhe enviar uma importância (não revelada) de dinheiro. Einstein discute a seguir algumas das curvas experimentais de Ehrenhaft, aparentemente ligadas ao assunto do sub-elétron, dizendo que estava especialmente interessado numa questão muito importante, isto é, se as partículas não carregadas poderiam sofrer alguma força no campo elétrico, e também se as diferenças correspondiam ao quantum elétrico elementar.

Segue-se um grande hiato na correspondência guardada, retomada com uma carta de Einstein de 19 de maio de 1939, endereçada a Ehrenhaft, então morando em Londres, sua primeira etapa em direção ao exílio americano. Einstein começa expressando sua alegria por Ehrenhaft ter

> *... agora escapado daquele inferno. Geralmente dizem que os nazistas austríacos são ainda mais infames dos que os alemães (como se fosse possível ...).*[30]

Einstein joga então uma água fria na pretensão de Ehrenhaft em publicar um livro nos EUA, argumentando que havia lá consideravelmente menos leitores de livros científicos do que nos países de fala alemã. O Instituto Princeton, continua, não podia dar a Ehrenhaft uma bolsa ou lhe ajudar de alguma forma – e termina afirmando que não havia razões teóricas para todas as cargas elétricas serem múltiplas de uma carga elementar, embora houvesse muitos motivos empíricos que se ajustavam a essa hipótese.

---

29 ... *das einzelne Stoeckchen loszuloesen und zu zeigen, dass man es abknicken kann, scheint mir irreleitend. Der Wert einer Hypothese liegt in der Vielheit ihrer Leistungen. Beweisen laesst sich eine Hypothese, die einem theoretischen Komplex angehoert, niemals.* (Reproduziremos as mensagens de originais, quando em alemão – N.A.)

30 ...*dass Sie aus jener Hölle nun herausgekommen sind. Es wird allgemein gesagt, dass die österreichischen Nazi noch gemeiner seien als die deutschen (wenn möglich).*

Em 10 de julho de 1939 Ehrenhaft já estava morando em Iowa City, em casa de seu cunhado Steindler, e Einstein escreveu para discordar de que a velocidade de uma esfera diminuta suspensa em gás seria pouco afetada pelo movimento browniano.[31] Esse assunto é retomado numa série de quatro cartas, e na primeira destas (30 de agosto de 1939), Einstein escreve que, dado o conteúdo do trabalho de Ehrenhaft, ele gostaria de impedi-lo de publicar, pois isso iria "*desencadear críticas ferozes, que poderiam piorar sua situação prática*".[32]

Ehrenhaft respondeu (2 de setembro) que sua situação já era tão difícil que não poderia possivelmente piorar mais, e defendeu seu trabalho experimental, insistindo que era necessário trabalhar com partículas assim pequenas, porque cargas menores se manifestariam mais facilmente. Einstein imediatamente (3 de setembro) contestou as objeções técnicas de Ehrenhaft com algumas de suas próprias concepções epistemológicas:

> *O objetivo do físico experimental não é apenas conseguir resultados reproduzíveis de experimentos. Os fatores determinantes deveriam também ser tão simples quanto possíveis, para que se possa disso deduzir leis elementares que possam ser aplicáveis em outras situações.*[33]

Ao final desta carta há um comentário áspero de Einstein contra Ehrenhaft, com a desculpa de que estava sendo muito rude apenas para se fazer bem entendido:

> *Sua opinião, de que novas leis de campo deveriam ser usadas para esclarecer os fenômenos pesquisados em seu trabalho soa simplesmente ridícula; compare: alguém propõe pesquisar as oscilações na cotação do mercado de ações baseando-se nas equações de Maxwell.*[34]

---

31 O movimento browniano consiste no deslocamento de partículas diminutas (pó, pólen, etc.) flutuando sobre líquidos ou suspensas em gases, sujeitas a forças aleatórias devidas à agitação térmica das moléculas do fluido. Einstein, em seu famoso artigo de 1905 sobre o movimento browniano, estabeleceu uma relação numérica que podia ser experimentalmente testada para determinar o valor do número de Avogadro (número de moléculas num mol de gás).

32 ...*scharfe Kritik auslösen, die Ihre praktische Situation erschweren würde.*

33 *Das Ziel des Experimental-Physikers ist nicht nur, reproduzierbare Erfahrungs-Ergebnisse zu erzielen. Es sollen auch die determinierenden Faktoren so einfach sein als möglich, damit man Elementargesetze daraus ableiten kann, die man auf andere Situationen anwenden kann.*

34 *Ihre Andeutung, man solle neu Feldtheorien zur Erklärung der in der Arbeit untersuchten Phänomene anwenden, wirkt ohne Andeutung darüber, wie dies geschehen soll, einfach lächerlich; Vergleich: es*

Essa declaração final pode soar até curiosa, quando se observa que não foram as equações de Maxwell que já foram usadas para analisar as oscilações do mercado de ações, mas o movimento browniano.[35] De todo modo, se Ehrenhaft tinha em mente a existência de monopolos, isso exigia mesmo novas leis de campo.[36] Para propor a existência de monopolos magnéticos, se fosse uma pessoa como Dirac, poderia ter invocado uma insatisfação estética com a não-simetria das equações de Maxwell em relação aos campos elétrico e magnético, mas este não era o caso de Ehrenhaft. Ele não tinha partido de hipóteses revisionistas a respeito das leis da física, mas tinha trabalhado na direção oposta, no sentido de que seus resultados experimentais lhe incitavam a revisar a teoria. Em suas palavras,

> *Quando cheguei à conclusão de que existem polos magnéticos independentes (cargas magnéticas), não foi necessário perguntar então se eles concordavam com as teorias existentes, mas sim se há quaisquer fatos experimentais que a contradigam.*[37]

Ehrenhaft aparentemente respondeu a todas as objeções, pois Einstein disse na carta seguinte (6 de setembro) que mesmo assim ele não podia acreditar de forma alguma que a carga magnética dependesse do tamanho da partícula, e se fosse assim deveria existir alguma fonte desconhecida de erros – e concluiu num tom mais amistoso, dizendo que essa troca de cartas lhe trouxera uma "*verdadeira alegria, porque por meio dela posso aprender a ver melhor a situação do problema*".[38]

Em 9 de janeiro de 1940, Einstein escreveu e pediu a Ehrenhaft (agora vivendo em Nova Iorque) para não ir visitá-lo com sua "amiga artista"

---

macht einer den Vorschlag, man solle die Kurschwankungen auf der Börse aus den Maxwell'schen Gleichungen herzuleiten versuchen.

35 Por volta de 1900, Louis Bachelier foi o primeiro a propor que os mercados financeiros seguiriam um "caminho aleatório", que poderia ser modelado pelo cálculo de probabilidades, e a teoria do movimento browniano tem sido aplicada para a modelagem de mercados; cf. Kelvin Hoon Sun, "Brownian Motion and the Economic World", in www.doc.ic.ac.uk/~nd/surprise_95/journal/vol1/skh1/article1.html (acessado em 28 de junho de 2008).

36 Especificamente, que a lei de Gauss para o magnetismo admitisse que div **B** ≠ 0, e que a lei de Faraday para a indução incluísse um termo relacionado com a corrente de deslocamento magnético $\mathbf{j}_m$.

37 "The magnetic current", *Science*, vol. 94, nº 2436, September 1941: 232.

38 *Dieser Briefwechsel macht mir wirklich Freude, weil ich durch ihn besser die Problemlage sehen lerne.*

(provavelmente Lilly Rona), pois ele estaria muito ocupado, e disse que ainda não tinha conversado com outras pessoas sobre as expectativas de Ehrenhaft de trabalhar em Harvard.

O ritmo epistolar de fevereiro e março de 1940 é frenético. Na carta de Ehrenhaft de 14 de fevereiro de 1940 foi anexada uma cópia de sua comunicação sobre fotoforese numa próxima reunião da Sociedade Americana de Física (posteriormente impressa no *Journal of the Franklin Institute*). A cópia de Ehrenhaft em papel carbono dessa carta tem um *post-scriptum*: sua descoberta de que existem cargas menores do que a do elétron em 1910 o levaram posteriormente a saber que a luz, em certas condições dadas, podia exercer sobre a matéria forças não apenas de compressão, mas também de tração. Ele tinha descoberto a magnetoforese como um processo simétrico da eletroforese, seguindo os passos de Oersted e Faraday. Em suas palavras, "*a luz dissocia não apenas polos elétricos, mas também polos magnéticos*", um conhecimento que ele tinha "*adquirido sem recorrer de forma alguma à atomística*", aqui sem dúvida se referindo à hipótese de um quantum elementar de eletricidade.[39]

No dia seguinte, Ehrenhaft escreveu novamente, contando para Einstein que após descobrir a ação da luz na criação de monopolos magnéticos, ele podia falar também de correntes magnéticas, e sugeriu que no espaço exterior existe um fluxo de corrente magnética do Sol para a Terra. Em 16 de fevereiro, Einstein respondeu que as opiniões de Ehrenhaft estavam provavelmente erradas, e comentou também a comunicação de Ehrenhaft a ser em breve apresentada à Sociedade Americana de Física, fazendo algumas sugestões, mas reafirmando que seu conteúdo era muito bom e eficiente. No dia seguinte, Ehrenhaft escreveu discordando da maior parte das correções de Einstein, enfatizando que em seu experimento os monopolos magnéticos se moviam seguindo as linhas de força do campo magnético homogêneo, e não perpendicularmente a elas, acrescentando que isso também era observado no caso da radiação da corona do Sol.

Einstein (em 20 de fevereiro de 1940) renovou suas objeções e perguntou a Ehrenhaft por que a carga magnética abandonaria a partícula depois de interrompida a radiação, e por que o monopolo magnético só aparecia em partículas pequenas, e que pareciam todas

---

39 *Licht dissoziiert nicht nur elektrische, sondern auch magnetische Pole ... ohne jede Voraussetzung irgendeiner Atomistik gewonnen*]

> (...) *serem hipóteses forçadas e antinaturais, na medida em que não há base experimental maior para elas. Isto não muda em nada que o fenômeno em si seja muito interessante.*[40]

Ehrenhaft (em 21 de fevereiro) insistiu que ele não estava interpretando erroneamente, o que ele tinha observado era uma corrente real, evidenciada pelo deslocamento de monopolos magnéticos, e que tinha seguido o conselho de Faraday, de que

> (...) *nada é tão bom quanto um experimento, que afasta os erros e leva ao progresso incondicional.*[41]

Ehrenhaft (em 27 de fevereiro de 1940) continuou a contra-argumentar a carta precedente de Einstein e objetou que a força de Lorentz não era a explicação para o formato da corona do Sol - Einstein havia insistido em 16 de fevereiro que Ehrenhaft tinha de mencionar a força de Lorentz, para que as pessoas não pensassem que ele era um ignorante. A força de Lorentz, de acordo com Ehrenhaft, não era uma explicação suficiente porque, com a intensidade de campo magnético H do Sol decrescendo rapidamente com a distância, a espiral em que a partícula se movia deveria se tornar cada vez menor, ao passo que as fotografias solares não mostravam isso.

Ehrenhaft mencionou (em 10 de março de 1940) a morte recente de sua segunda esposa, o que tinha adiado sua correspondência, e perguntou se poderia visitar Einstein em Princeton para discutir o experimento da corrente magnética. Em 27 de março de 1940, Ehrenhaft agradeceu a Einstein por mandar um cheque de 250 dólares. A série de referências a respeito de assuntos de dinheiro (sempre envolvendo aquela mesma quantia) tinha a ver com o amigo de Einstein, Janos Plesch, a quem Ehrenhaft conhecera perto de Berlim no começo da década de 1930, quando visitou Einstein.[42] Plesch

---

40 *dass solche Hypothesen erzwungen und unnatürlich sind, solange für sie keine breitere Erfahrungsbasis vorliegt. Dies ändert nichts daran, dass das Phänomen selbst von hohem Interesse ist.*

41 *Nichts ist so gut wie ein Experiment, welches Irrtümer beseitigt und unbedingten Fortschritt herbeiführt.*

42 A apresentação de Ehrenhaft ao médico de Einstein, doutor Plesch, está relatada em Braunbeck [2003: 53]. Na correspondência Ehrenhaft-Einstein da Biblioteca Dibner, Janos Plesch é mencionado repetidamente. Seu relacionamento com Einstein está também em Jeremy Bernstein, *Secrets of the Old One: Einstein, 1905* (New York: Copernicus, 2005).

era um médico famoso e rico, que havia casado com uma física experimental, e tinha sido responsável por reunir o chamado Fundo Einstein, em Berlim, que era um total de 10.000 marcos, permanentemente renovado, uma quantia considerável na época, colocado à disposição de Einstein. Plesch subsequentemente se tornou um amigo por toda a vida de Ehrenhaft, e o ajudou em várias ocasiões durante o exílio, inclusive tendo-o hospedado quando ele escapou de Viena para Londres, onde Plesch vivia com a família. É possível que houvesse dinheiro do Fundo ainda disponível por meio de Plesch depois que Einstein foi para os EUA, e talvez Einstein tenha alguma vez usado esse dinheiro para ajudar Ehrenhaft.

Na mesma carta, Ehrenhaft respondeu à pergunta feita pela secretária de Einstein (Helen Dukas) sobre o auxílio financeiro da Rockfeller, que recebia em Viena. Ehrenhaft evitara dar o dinheiro diretamente para as autoridades nazistas, mas, mesmo assim, ele tinha ficado retido em Viena, e não podia ser recuperado. Ele também mencionou que a Fundação Rockefeller não apoiava mais a pesquisa em física, preferindo a biologia em seu lugar. Ele tinha revisado a literatura sobre o movimento browniano desde 1905, e descobrira que os experimentos não confirmavam a teoria respectiva de Einstein. Para essa finalidade ele tinha contado com a ajuda de um ex-colaborador e aluno de física em Viena, o Barão Robert Heine-Geldern (um descendente do poeta Heinrich Heine). Ehrenhaft também tinha conversado com o Laboratório Bell (aparentemente uma sugestão dada por Einstein) sobre realizar lá seu experimento sobre descarga de magnetos pela luz, mas eles não tinham dado resposta, então ele concluía que

> (...) *é sempre difícil fazer experimentos de ciência pura num laboratório técnico dedicado unicamente ao lucro.*[43]

Ehrenhaft questionou ainda a determinação numérica do número de Loschmidt, um termo usado em textos alemães para designar a constante de Avogadro, insistindo que seu valor correto só poderia ser obtido se

---

43   *Es ist immer schwer, in einem technischen laboratorium das nur auf Gewinn eingestellt ist, rein wissenschafltiche Forschung zu treiben.*

o experimento de movimento browniano proposto por Einstein fosse realizado numa sala escura – uma conclusão a que se referiu em uma carta por ele publicada.[44]

Em 29 de março, Einstein contou que o manuscrito de Ehrenhaft (que Einstein tinha mandado para Sir William Bragg há mais de dois meses) tinha sido recusado em Londres. Acrescentou também que seria inútil ele escrever para a Fundação Rockefeller para interceder em favor de Ehrenhaft. Em sua resposta (3 de abril de 1940), Ehrenhaft disse que podia entender o ponto de vista da Royal Society, já que era *"o último trabalho de um judeu em terras alemãs"*, escrito apressadamente, incompleto e sem as instruções experimentais de construção. Não podia, contudo, entender a recusa de James Frank, em nome da *Physical Review*, em publicar mais um trabalho seu, e deu a Einstein uma longa lista de artigos cujo estudo reforçava sua convicção de que a fotoforese não poderia ser consequência de efeitos radiométricos. Ehrenhaft anexou uma lista de sete questões técnicas detalhadas a respeito de medições e evidências experimentais da fotoforese. A Biblioteca Dibner conserva as refutações de Einstein, e também as tréplicas finais de Ehrenhaft às sete questões.

Quando escreveu a 7 de abril de 1940, Ehrenhaft estava para mandar uma nota para *Physical Review* (aparentemente não aceita) sobre a teoria de Einstein – possivelmente uma nova referência ao movimento browniano, um assunto envolvido na medição das cargas do elétron e sub-elétron. No dia seguinte, Ehrenhaft contou para Einstein que ele tinha acabado de voltar de uma conversa com Kelly, chefe do Laboratório de Pesquisas da Bell, e ex-aluno de Robert Millikan. Numa carta anterior, Ehrenhaft tinha considerado a possibilidade de trabalhar no Laboratório Bell com experimentos de magnetoforese, mas Kelly lhe contara que entrementes Millikan tinha escrito uma carta, mencionando alguns comentários negativos de Einstein para Millikan sobre o mesmo assunto.

Em 10 de abril de 1940, Ehrenhaft atipicamente escreveu em inglês, e se queixou a Einstein que, numa segunda carta para Kelly, Millikan afirmara que o artigo de Ehrenhaft (aquele enviado para William Bragg na Royal Society) era *"tão inferior e abaixo do nível americano médio"*, que não poderia ser publicado - e como Millikan podia saber disso? Só se fosse do conselho editorial, ou

---

44 "Diffusion, Brownian movement, Loschmidt-Avogadro number and light". *Physical Review* nº 57, 1050, June 1st, 1940.

se Einstein tivesse escrito para Millikan sobre esse assunto, disse Ehrenhaft. Concordava que ninguém era obrigado a lhe dar um emprego num país onde ele não parecia ser bem-vindo, mas era inaceitável impedi-lo de ter seu artigo publicado. Ele se sentia especialmente magoado por causa do próximo congresso científico internacional de física que teria lugar em Nova Iorque, em seguida ao último, que tinha sido em Paris antes da Guerra (1937), e no qual Ehrenhaft tivera a honra de ser escolhido por 4.000 cientistas para proferir o prestigioso discurso de agradecimento. Ehrenhaft estava disposto a ir para Londres se defender daquelas acusações. Einstein (em 15 de abril) respondeu que ele tinha pedido, mas ainda não tinha recebido a carta de Kelly citada por Ehrenhaft, e achava inútil conversar com Ehrenhaft, especialmente porque estava sobrecarregado de trabalho e não tinha tempo.

A intensa troca de cartas foi momentaneamente interrompida. Ehrenhaft já suspeitava que o embargo provinha não só de Millikan, mas também de Einstein, como ficaria mais claro da correspondência futura?

A Biblioteca Dibner guarda também uma carta para Einstein com data de 31 de maio de 1940, escrita *"em circunstâncias realmente trágicas"* por Richard Kobler, um engenheiro austríaco e ex-aluno de Ehrenhaft em Viena, então vivendo em Nova Iorque. Kobler diz a Einstein que *"o 'caso Ehrenhaft' ameaça tomar proporções catastróficas"*, e que ele considerou necessário se dirigir ao próprio Einstein. Kobler e outros amigos tinham persuadido Ehrenhaft a não viajar de forma alguma para Londres, um destino incerto nessa época, e tinham assim *"provavelmente salvado sua vida"*, mesmo que em Londres houvesse garantia de apoio material para Ehrenhaft e seus experimentos, exatamente o que lhe faltava nos EUA. Kobler gostaria de discutir esses assuntos com Einstein em Princeton. Não se sabe se Einstein respondeu a Kobler e se esse encontro ocorreu mesmo.

Einstein escreveu novamente para Ehrenhaft em 26 de julho de 1940, dizendo que não sabia de nada a respeito de qualquer mal-estar entre eles e evocou novamente a quantia de US$ 250, que Ehrenhaft não conseguia utilizar, e que

> *Devo admitir que por razões teóricas estou firmemente convencido de que não pode existir nenhum polo magnético isolado. A razão é que o potencial de quadripolo parece ter um significado físico imediato, e isto porque o teorema de Stokes*

exclui polos magnéticos isolados. Mesmo assim, pode expressar suas ideias para mim e vou lhe dizer o que penso delas.[45]

Talvez Einstein tivesse em mente que a descrição usual de quadripolos combinava com a maior parte da evidência experimental, o que dava apoio às hipóteses por trás do teorema de Stokes (a integral de superfície do rotacional de um campo vetorial é igual à integral de linha daquela função vetorial em torno de uma fronteira limitando essa superfície). Ehrenhaft decidiu não usar o teorema de Stokes, porque neste caso ele seria equivalente à negação dos monopolos.

Uma correspondência triangular

Nesse momento, aparece na correspondência o registro intrusivo de uma terceira pessoa: Lilly Rona. Sua contribuição é primeiramente por meio de poemas, uma forma de expressão que ela compartilhava com Einstein – esses poemas estão aqui reproduzidos para dar o sabor da disputa. De fato, foi Einstein quem a começou, escrevendo para Ehrenhaft o seguinte poema curto em 16 de agosto de 1940:

Assim não é possível
Forçar o convencimento
Repetição não é então
Afinal um argumento.[46]

Dez dias depois, Lilly Rona respondeu para Einstein, na mesma veia,

---

45   *Ich muss gestehen, dass ich aus theoretischen Gründen fest davon überzeugt bin, dass es keine freien magnetischen Pole geben kann. Der Grund ist der, dass das Vierer-Potencial eine unmittelbare physikalische Bedeutung zu haben scheint und dieses wegen des Stoke'schen Satzes freie magnetische Pole ausschliesst. Sie können mir aber trotzdem Ihre Idee mitteilen und ich werde Ihnen sagen, was ich darüber denke.*

46   *Also kann es nicht gelingen/ Ueberzeugung zu erzwingen/ Wiederholung ist am End/Doch noch lang kein Argument.* Para melhor apreciar o tom dos poemas seria preciso manter as rimas finais e às vezes as rimas internas da versão original em alemão, sendo, portanto, feitos alguns ajustes nesta tradução. Não levaremos em conta o tratamento entre os correspondentes de "senhor, senhora", que ainda nesta época, era o mais usual, mesmo entre amigos.

É uma bela especulação
Mas complica a discussão
Pois em minha opinião falta
Bem conhecer o fenômeno em pauta.[47]

Em 17 de setembro, Lilly escreveu o seguinte poema para Einstein, implicando que Ehrenhaft tinha estudado o ensaio de 1812 de Morichini sobre a dissociação dos polos magnéticos pela luz,[48]

Enquanto na região vives
Em que com os anjos convives,
Descobri que o ímã bem
Pela luz divina surge também –
Morichini, nos mil e oitocentos anos,
Admirou esses fenômenos arcanos
A nova física é reforçada, todavia.
Saudações, teu Ehrenhaft envia.[49]

Ehrenhaft retomou a correspondência em prosa em 26 de setembro, dizendo que estava longe de querer forçar o convencimento de Einstein, ele apenas queria mantê-lo informado, e por falar nisso ele tinha aprontado outro artigo, desta vez sobre a área de pesquisa do próprio Einstein, ou seja, a luz. Ehrenhaft estava *"convencido de que nossa oposição científica de forma alguma irá prejudicar nossas velhas relações de amizade"*.[50] Em 15 de outubro, Einstein escreveu que sentia muito, pois não poderia convidar Ehrenhaft para uma conversa, já que não podia mais ter esperança de um acordo. Nesse mesmo dia, Ehrenhaft escreveu de volta uma resposta interessante, não inteiramente livre de tons positivistas:

---

47 *Schoen ist es zu spekulieren/ Doch erschwert's das Diskutieren/ Denn es fehlt nach meiner Meinung/ Ganz die Kenntnis der Erscheinung.*

48 De acordo com Whittaker, *op. cit.* [1987, vol. 1: 190, *n.*1], o trabalho de Morichini em Roma foi publicado em 1813.

49 *Waehrend Du in den Regionen/Weiltest wo die Engel wohnen/ Fand ich nun dass der Magnet/ Auch durch Gottes Licht entsteht. /Morichini, achtzehnhunder/ Hat dies Phenomem bewundert/ Neue Physic tritt in Kraft/ Besten Gruss Dein Ehrenhaft.*

50 *Ich bin davon ueberzeugt, dass unser wissenschaftlicher Gegensatz in keiner Weise unsere alten freundschaftlichen Beziehungen beeintraechtigen wird.*

> *Questões científicas não são questões para acordo, como geralmente ocorre na política ou na vida humana, mas o conhecimento científico está ou certo ou errado. O juiz de conhecimentos novos ou redescobertos permanece unicamente o experimento bem-organizado com as conclusões consequentes e o conhecimento aumentado.*[51]

Einstein permaneceu, porém, firme em sua decisão e comunicou a Ehrenhaft, em 17 de outubro de 1940, que uma

> *(...) nova discussão do assunto seria inútil, porque sem perspectiva. Ademais, se o experimento decide por si só ou já decidiu, então minha participação é totalmente supérflua.*[52]

Ehrenhaft (em 24 de outubro) respondeu que o comportamento de Einstein não era apropriado à sua amizade de quase trinta anos. Se Einstein não podia mais recebê-lo, Ehrenhaft por sua parte não poderia mais aceitar a quantia à sua disposição com a garantia dada por seu amigo em comum, Plesch, e assim com esta carta Ehrenhaft devolvia para Einstein um cheque (de quantia não revelada).

Tudo isso levou Einstein a escrever para Ehrenhaft o seguinte poema (26 de outubro):

> *Você é um gênio realmente,*
> *Nunca fui punido tão exemplarmente,*
> *O que você fez para mim*
> *Parece masoquista sim.*
> *Só é mau que magoado restou*
> *Porque meu tempo protegido ficou.*
> *Só posso repetir a razão:*
> *Seus polos arrepios me dão,*
> *Polos não consigo entender*

---

51 *Wissenschaftliche Angelegenheiten sind nicht Angelegenheit der Einigung, wie solche etwa in der Politik oder sonst im menschlichen Leben platzgreift, sondern wissenschaftliche Erkenntnisse sind entweder richtig oder falsch. Der Richter ueber eine neue oder widerentdeckte Kenntnis bleibt einzig das richtig angestellte Experiment mit den daraus entspringenden Folgerungen und weiteren Erkenntnissen.*

52 *Eine neuerliche Besprechung des Gegenstandes waere zwecklos, weil aussichtlos. Wenn uebrigens das Experiment allein entscheidet oder schon entschieden hat, so ist meine Mitwirkung ganz ueberfluessig.*

Que só na luz existir vão poder
E que (não é para rir)
No escuro vão sumir.[53]

Lilly não deixou a oportunidade passar sem responder imediatamente esse desafio (27 de outubro):

Teu último poema cai muito bem
E com a política do avestruz convém,
Quando do perigo desconfia
a cabeça na areia deserta enfia.
Os polos temporários estão brilhantes
Sobre tua cabeça como brasas quentes
Com íons permanentes a dar
Devia eu teus nervos poupar,
Ímãs solitários te dão calafrios
Como Fausto em Gretchen dá arrepios
Ante a magia do experimento.
Assim é contigo – não sei do conhecimento
Mas é inútil se lamentar ou cabular
Consequências bem novas fui achar
Da luz descobri o verdadeiro ser
Muito sobre isso irás ler.[54]

Posteriormente, numa carta de 9 de abril de 1941, Ehrenhaft explicou para Einstein que, de acordo com seus cálculos, o campo magnético da Terra deveria ser aproximadamente um milhão de vezes mais forte para conseguir movimentar monopolos magnéticos. Em seu condensador magnético, entretanto, com um equipamento mais sensível e partículas diminutas, ele tinha

---

53 *Sie sind wirklich ein Genie/ Schoen're Strafe traf mich nie/ Was Sie mir da angetan/ Fuehlt sich masochistisch an/ Boes ist's nur, dass Sie beleidigt/ Weil ich meine Zeit verteidigt/ Grund: ich kann nur wiederholen/ Dass mir graut vor Ihren Polen/ Pole kann ich nicht kapieren/ Die im Licht nur existieren/ Und die (ist es nicht zum lachen)/ Sich im Dunkeln duenne machen.*

54 *Ihr letzter Vers gemahnt durchaus/ Der Politik des Vogel Strauss/ Der, weil er die Gefahr erkannt,/ Den Kopf versteckt im Wuestensand/ Es glueh'n die temporaeren Pole/ Auf Ihrem Haupt wie heisse Kohle/ Und auch mit permanenten Jonen/ Sollt' Ihre Nerven ich verschonen/ Euch graut vor einzelnen Magnetchen/ So wie vor Faust es graut dem Gretchen/ Vor das Experiment's Magie/ Da wird Euch so – ich weiss nicht wie/ Doch nuetzt kein Weihen mehr, kein Schwaentzen/ Ich fand ganz neue Konsequenzen/ Ich fand des Lichtes wahres Wesen/ Sie werden viel noch drueber lesen.*

conseguido isolar polos magnéticos e provar que a luz magnetiza, o que explicaria numerosas anomalias no movimento browniano em líquidos e gases, bem como outros fenômenos. Ele repetiu que Morichini tinha sido o primeiro a magnetizar por meio da luz, além de ter descoberto o efeito fotoelétrico, e disse que também Humphry Davy tinha observado a magnetização pela luz.

Em 22 de abril, Lilly escreveu para Einstein um outro poema; em sua cópia de papel carbono ela acrescentou uma nota, dizendo que isso tinha sido depois que ela recebeu relatos de fontes diversas, de que Einstein tinha liquidado com as possibilidades de Ehrenhaft conseguir um emprego nos EUA, expressando julgamentos difamatórios sobre seu marido. Ela apelou fortemente nesse poema para trocadilhos nesse poema sobre os nomes de ambos, pois Einstein pode ser traduzido em alemão para "uma pedra", e Ehrenhaft por "honroso".

Como são relativas as coisas na vida, julguei,
E mutável a teoria aparecia.
Na luta de Einstein pela verdade acreditei
Uma rocha de Judá ele me parecia,
Visão e sabedoria pareciam em seu destino estar
Em clareza mais rico do que preciosa pedra
Com razão "uma pedra" ele podia se chamar,
Era um degrau onde o conhecimento maior medra.
Não posso acreditar que ele "uma pedra" seria
Na garganta de seu amigo, que nas ondas porfia –
Uma pedra do muro apoiada na falsa teoria
Na luta contra a noite que a luz desafia.
Não posso acreditar que a honrosa verdade
Dependa de em questões pequeninas cair –
Pois isto que o "honroso" sabe e vê na realidade
O mundo todo irá sereno assistir.[55]

---

55 *Wie relative die Dinge auch im Leben/ Und wandelbar der Theorien Schein/ Glaubt ich doch fest an Einstein's Wahrheitsstreben/ Ein Fels Jehudas schien er mir zu sein/ Einsicht und Weisheit schienen ihm gegeben/ An Klarheit reicher als ein Edelstein/ Mit vollem Recht konnt er "Ein-stein" sich nennen/ Der Stufe ward zu hoehrem Erkennen./ Ich will nicht glauben dass "Ein Stein" er waere/ Am Hals des Freunds, der mit den Wogen ringt /- Ein-Stein der Mauer macht um falsche Lehre/ Im Kampf des Lichtes das die Nacht bezwingt –/ Ich will nicht glauben dass der Wahrheit Ehre/ Von kleinlichen Erwaegungen bedingt/- Denn das was ehrenhaft erkannt, gesehen,/ Wird ungetruebt vor aller Welt bestehen.*

Einstein decidiu responder para Lilly num tom bem-humorado, em 5 de maio de 1941:

> *Não é um homem mau*
> *Quem não consegue acreditar em tal*
> *Não é bom, ainda que em seu poder,*
> *Alguém forçar o outro a crer*
> *Não se deve pela verdade lutar,*
> *Ela por sua própria luz irá triunfar.*
> *Tente ao contrário servir para a encontrar,*
> *Deixe para outros o anunciar.*[56]

O movimento final desta luta poética foi feito em 12 de maio, quando Lilly escreveu:

> *Quem em algo não acreditar*
> *Vai então o outro escutar,*
> *Que pediu para "Sua Graça"*
> *Deixar que a prova pelo fato faça*
> *E se inclina, quando lhe é dado*
> *Argumentar sem ter forçado.*
> *Quando, porém, não quer acreditar*
> *Vai seu argumento apresentar*
> *Mas joga rápido com a mão*
> *Na balança sua opinião –*
> *De ética e moral é o tema*
> *Da segunda parte do poema*
> *Pois ver sem a verdade anunciar*
> *É o pior de todo o pecar.*
> *Lutar pela luz da verdade*
> *É o maior dever da nobre humanidade,*
> *Quem por ela luta com espírito e força*
> *É honroso – e tem toda a justiça.*[57]

---

56 *Man ist noch lang kein uebler Mann/ Wenn man an was nicht glauben kann./ Nicht gut ist's auch, selbst wenn's gelingt,/ Wenn andrer Glauben man erzwingt./ Man kaempfe fuer die Wahrheit nicht,/ Sie sieget durch ihr eignes Licht./ Such stets durch Dienen sie zu finden,/ Lass aendern ueber das Verkuenden.*

57 *Wenn man an was nicht glauben kann/ So hoert man sich den Andern an/ Der sich die "hohe Gunst" erbat/ Beweis zu fuehren durch die Tat/ Und beugt sich dann, wenn man erkennt,/ Ganz ohne Zwang*

Em 17 de maio, Einstein escreveu que não via nenhum motivo para Ehrenhaft se queixar, mas que não podia ir contra suas próprias convicções. Ehrenhaft respondeu (29 de maio) que ele, pelo contrário, tinha razões para se queixar, já que Einstein tinha falado com colegas contra seus experimentos, e apesar de ter oferecido por várias vezes demonstrá-los em Princeton, Einstein nunca tinha concordado, sem justificar sua recusa. Ademais, tinha escutado que Einstein comentara com um conhecido em comum (o filósofo da ciência Spencer Heath) que o magnetismo se propaga com a velocidade da luz, que era uma ideia similar à de Ehrenhaft. Além disso, continuou, Einstein devia saber que suas opiniões influenciavam muito a opinião pública, e a questão do monopolo continuava sendo fundamental para a física.

Naturalmente a "difamação" mencionada por Ehrenhaft poderia ser apenas uma impressão do casal, tendo em vista que ele era geralmente considerado por todos como um iconoclasta.

Lilly Rona dedidiu então escrever em 2 de fevereiro de 1942 não um poema, mas uma carta direta para Einstein, e em inglês. Ela disse que foi neste dia que Ehrenhaft descobriu como medir a corrente magnética, tendo-a observado com, e sem luz. Lilly perguntou sem rodeios como Einstein iria reparar "*a grande injustiça feita a Felix Ehrenhaft*" por meio de sua

> (...) *atitude para com ele e os relatos infundados e difamatórios sobre suas descobertas* [que Einstein tinha] *espalhado não somente entre seus colegas, mas também em círculos financeiros entre banqueiros que tinham querido ajudá-lo em seu trabalho de pesquisa.*

Para um desses banqueiros, continuou, Einstein tinha até dito "*não ponham as mãos...Ehrenhaft é um fantasista*", e Lilly não tinha dúvida de que Einstein tinha sido a fonte de toda a desconfiança e animosidade contra Felix Ehrenhaft, e isso era injusto para com alguém de quem Planck dissera ter "*dado os melhores métodos de medida para a física moderna*". Lilly acusa Einstein de não ter mantido em particular a sua discordância, tendo ao invés disso espalhado

---

dem Argument./ Wenn man dann noch nicht glauben kann/ So fuehre man die Gruende an/ Und werfe gradewegs und schlicht/ Die eigne Deutung ins Gewicht ---/ An Ethik und Moral gebrichts/ Dem zweiten Teile des Gedichts/ Denn Warheit sehn und nicht verkuenden/ Ist wohl die aergste aller Suenden./ Zu kaempfen fuer der Warheit Licht/ Ist edler Menschen hoechste Pflicht –/ Der fuer sie kaempft mit Geist und Kraft/ Aufrechten Sinns – ist ehrenhaft.

rumores contra seu marido. As próprias ideias de Einstein sobre a infinidade do mundo - Lilly continua – eram seguidas com interesse por muita gente, e elas também podiam

> (...) *ser chamadas de fantásticas com muito mais razão do que o trabalho experimental de Ehrenhaft, que estava para desenvolver uma nova fonte de energia e dá-la ao mundo.*

A última frase se refere provavelmente à magnetólise. Lilly termina sua pesada acusação contra Einstein afirmando que ela iria *"fazer o maior esforço possível para restabelecer a honra e a reputação científica"* do querido amigo dela. Em 18 de março de 1942, Lilly se queixou novamente para Einstein, anexando uma cópia da carta anterior sem resposta, e insinuando que a publicação do artigo de Ehrenhaft sobre a corrente magnética, que deveria aparecer na edição de março do *Franklin Journal*, podia dar a Einstein uma oportunidade de corrigir sua declaração lamentável, para a qual poderia *"ser difícil de assumir a responsabilidade"*.

Não se sabe com segurança, mas esta segunda carta presumivelmente tampouco foi respondida, e só pode ser conjecturado que, contrariamente às poesias de Lilly, que Einstein cuidava de responder, essas cartas não podiam ser tomadas despreocupadamente. Esta é a última carta restante no arquivo, embora Lilly Rona tenha copiado um outro poema escrito para Einstein num manuscrito do artigo dela própria, também guardado na Biblioteca Dibner, "Der Magnet als negativer Katalysator des Wassers" (O magneto como catalizador negativo da água):

> Enquanto no pântano das fórmulas
> Só se conseguem molhadas ceroulas
> No canteiro da pesquisa a florescer
> Eis novas dos magnetos a surpreender.

> O magneto e seu polo a sopesar
> Desfaz e faz sem disfarçar,
> Pode – para as teorias envergonhar –
> Água em gás oxídrico transformar.

> E com a explosão desse gás
> Acaba a torrente de palavras
> Empalidecendo o físico atômico...
> Ehrenhaft – o "grande fantástico".[58]

Um epílogo inconclusivo

Depois que a guerra acabou, a Universidade de Viena pediu a Einstein (bem ele, dentre tantas pessoas!) que desse a sua opinião, se Ehrenhaft deveria ser convidado a retornar para casa. A resposta de Einstein soa como um julgamento final: os sub-elétrons de Ehrenhaft foram um experimento mal interpretado; a fotoforese era um resultado interessante, mas podia ser explicada como consequência de forças radiométricas; e as cargas e correntes magnéticas eram interpretações arbitrárias. Entretanto, Einstein reconhecia, Ehrenhaft tinha sido o primeiro cientista a medir cargas elétricas elementares, e era um físico experimental capaz, apesar de tirar tantas conclusões erradas, uma característica que o tornara não respeitado pelos colegas. Como Ehrenhaft já estava em idade de se aposentar, Einstein recomendava que a universidade lhe concedesse o título de emérito e lhe desse a tarefa de fazer conferências sobre a história da física, um assunto que ele conhecia muito bem, acrescentando uma observação final de que

> *Isso seria nobre e ao mesmo tempo não seria perigoso, e ele poderia caminhar para seu fim sem amargura.*[59]

Os EUA na época estavam interessados em repatriar alguns cientistas austríacos, provavelmente para irradiar uma boa imagem do estilo de vida americano, e fortalecer os laços pessoais dentro dos círculos acadêmicos de ambos os países. Ehrenhaft acabou voltando, ao passo que Lilly Rona, pelo contrário,

---

58 *Waerend in der Formel Suempfe/ Man nichts holt as nasse Struempfe/ Bluhen auf der Forschung Beeten/ Neue Wunder des Magneten./ Der Magnet mit seinen Polen/ Loest und bindet unverhohlen,/ Kann – zum Hohn der Theorien –/ Knallgas aus dem Wasser ziehen.// Und mit dieses Gases Knall/ Ist zu Ende der Worte Schwall/ Die Atomphysik erblasst.../ Ehrenhaft – der "Grossphantast".* Esse poema, com pequenas variações, está reproduzido em Braunbeck [2003: 97], sem indicar sua autoria e informando que foi escrito durante o Natal de 1942.

59 Braunbeck [2003: 105]

resistiu e quis permanecer nos EUA; no final, não foi possível reconciliar as suas diferenças e o casal decidiu se divorciar. Uma nota escrita por Lilly em 10 de fevereiro de 1944 já antecipa problemas – ela admirava seu marido cientificamente, mas se queixava com muita tristeza sobre o peso de estar casada com um marido tão teimoso, que só se importava consigo mesmo, e não dava crédito suficiente a seus colaboradores.[60] Em março de 1947, Ehrenhaft estava de novo em Viena, onde foi readmitido como professor da Universidade, finalmente retomando suas pesquisas sobre magnetismo e luz, dando aulas e pronunciando conferências.

Em 1949, Lilly Rona foi para Viena, tentando publicar artigos científicos baseados no trabalho que ela e Ehrenhaft tinham feito em Nova Iorque, e obteve sucesso com um artigo sobre gravitação.[61] Ehrenhaft aparentemente a evitou publicamente, como que embaraçado pelas tentativas dela de entrar no meio científico, embora ainda trocasse cartas com ela como, por exemplo, para arrumar demonstrações experimentais na universidade.[62] Talvez Ehrenhaft fosse orgulhoso demais para agora reconhecer a antiga participação dela em seu trabalho nos EUA.

De 1950 em diante, Ehrenhaft ficou doente, e finalmente morreu em Viena em 4 de março de 1952. Nessa época, Lilly Rona requereu algumas patentes nos EUA e na Europa envolvendo a magnetólise (isto também está registrado na Coleção Dibner). Ela faleceu em 2 de abril de 1958, em Nova Iorque.

Um dos alunos de física na Viena do pós-guerra e que no começo tinha uma atitude muito cética para com Ehrenhaft foi Paul Feyerabend, como relembrado anos depois em sua autobiografia.[63] De acordo com ele, a Universidade de Viena tinha em 1947 três renomados físicos, Thirring, Przibram e Ehrenhaft. A fama de Ehrenhaft era considerada dúbia, então os alunos resolveram desmascará-lo, contudo ele realizou seus experimentos em classe de maneira tão simples e convincente, que Feyerabend foi conquistado e mudou sua opinião.

---

60 Manuscrito, Center for History of Science (College Park, Md.)
61 "Die Gravitation: ein magneto-photoretisches Phänomen der kosmischen Strahlung", *Natur und Technik,* Heft 10-12, December 1949.
62 Carta de Ehrenhaft para Lilly, 3 de maio de 1950 – Biblioteca Dibner.
63 Feyerabend *op. cit.* [1996: 73-76].

Segundo Feyerabend, havia uma "cortina de ferro" que protegia a física estabelecida contra Ehrenhaft, exatamente como aquela que tinha defendido os opositores de Galileu – esse último argumento ele desenvolveu de forma mais completa em seu *Contra o método* (1975).[64] Isso bem pode ter sido o primeiro incentivo para Feyerabend questionar a "ciência normal" e reconhecer que cientistas nem sempre vencem apenas devido ao mérito ou à "verdade" de suas ideias – para ele, a história da ciência mostrava que a vitória podia ficar com quem fosse mais esperto para produzir a propaganda certa. No semestre seguinte, Feyerabend resolveu mimeografar as conferências de Ehrenhaft sobre magnetólise e polos magnéticos, tendo vendido cópias delas para seus colegas.[65]

Uma reavaliação justa do conflito entre Einstein e Ehrenhaft é muito difícil dentro da tradição científica contemporânea. De um lado está o cada vez mais celebrado "pai da relatividade", do outro um físico esquecido. Tem havido uma pesquisa continuada sobre o tema de monopolos magnéticos desde os esforços de Ehrenhaft, mas é quase inteiramente teórica e sua bibliografia não costuma mencionar as publicações dele nesse campo, algo que poderia em princípio ser atribuído aos diferentes conceitos do que é um "monopolo magnético", implicando diferentes valores de massa e força. Experimentos modernos, alguns dos quais chegaram inicialmente a ser considerados como evidência da existência prática de monopolos, foram subsequentemente revistos e considerados inconclusivos.[66]

Pelas referências encontradas na literatura e em várias cartas escritas por físicos americanos, como W.F.G. Swann, John Zeleny, G.N. Stewart, Edwin

---

64 A expressão "cortina de ferro" e a comparação entre Galileu e Ehrenhaft são do próprio Feyerabend – cf. *Matando o tempo*, op.cit., capítulo 6.

65 "Einzelne magnetische Nord-und Südpole und deren Auswirkung in den Naturwissenschaften", cópia reproduzida em Braunbeck [2003].

66 Para artigos acessíveis cobrindo essa questão veja-se o sítio *arXiv.org* (acessado em 19 de maio de 2007), como por exemplo Kimball A. Milton, "Theoretical and experimental status of magnetic monopoles" (February 22, 2006), e F. Alexander Bais, "To be or not to be? Magnetic monopoles in non-abelian gauge theories" (August 5, 2004). Kragh, op. cit. [1981: 159-163] relata a falsa detecção de 1975 em Iowa, e Braunbeck [2003: 136] menciona uma suposta observação de 1982 em Stanford. Como uma nota marginal, desde 1995 Joseph Newman tem chamado a atenção – em tons bem sensacionalistas – para uma máquina inventada por ele, que supostamente produz uma grande quantidade de energia com um mínimo de eletricidade. O que é interessante no contexto do presente artigo é que a página da internet de Newman (http://www.josephnewman.com –acessada em 5 de maio de 2007) reproduz os artigos de Ehrenhaft sobre corrente magnética, assim lhe atribuindo de alguma forma o alegado sucesso de Newman.

Kemble, e outros, parece que Ehrenhaft, embora controverso, era considerado um pesquisador capaz e responsável, e sua pesquisa importante, conquanto problemática.[67] Para se verificar algo como erros experimentais sistemáticos, o melhor seria reexaminar os dispositivos originais de Ehrenhaft, que não têm sido sujeitos a uma investigação mais atual e acurada. Sub-elétrons, bem como monopolos magnéticos podem de fato serem difíceis de encontrar naquelas condições, mas essa possibilidade não deveria simplesmente ser descartada de antemão. Infelizmente, é difícil reconstruir seus experimentos e interpretações com base na evidência documental disponível e, depois da sua morte, o trabalho experimental de Ehrenhaft não foi continuado.[68]

Pode-se achar que a oposição entre Ehrenhaft e Einstein tinha a ver com o debate da prática versus teoria. Já durante o período de Weimar, havia um conflito latente nos países de língua alemã entre teóricos e experimentalistas.[69] Alguns dos físicos experimentais depreciavam a relatividade e a teoria quântica, principalmente aqueles que não acompanhavam a complexa matemática envolvida. Seus representantes mais notórios eram Stark e Lenard, e quando estes pressionaram por uma ciência "ariana" por meio do livro *Deutsche Physik*, a artificialidade do argumento ficou patente, pois havia alemães "puros" como Heisenberg, que eram contra esse movimento, bem como físicos judeus como Ehrenhaft, que eram cientificamente a favor.

Portanto, muito embora Einstein e Ehrenhaft se deixassem levar por esse tipo de julgamento mútuo de teórico contra experimentalista, o mesmo deve ser visto com cuidado. Ambos os cientistas tinham no passado sido examinadores em escritórios de patente e, não obstante o que Einstein declarava publicamente, ele estava bem familiarizado com a importância da corroboração experimental de resultados teóricos.

Jeroen van Dongen escreveu dois artigos instigantes que jogam mais luz no relacionamento que Einstein estabeleceu com o campo experimental,

---

67 Vide, por exemplo, a carta (Center for History of Science, College Park, Md.) de Kimble (Universidade de Harvard) para Swann (Laboratório Bartol), datada de 10 de dezembro de 1940, comentando a eletroforese e magnetoforese: "… *para estimular um tipo de investigação ainda não empreendida neste país, é desejável que seja dada ao Professor Ehrenhaft uma oportunidade de continuar seu trabalho e demonstrar os efeitos por ele descobertos. O financiamento de seus experimentos seria um serviço à* ciência".
68 Uma exceção foi Makus, vide a n. 23.
69 Klaus e Ann Hentschel se referem a um "conflito adiado", em *Physics and National Socialism*. [Basel; Boston; Berlin: Birkhäuser, 1996]. Vide a Introdução, especialmente páginas lxx-lxxviii.

expondo sua associação com o físico alemão Emil Rupp, depois de 1926, para investigar a dualidade onda-partícula usando uma radiação de canal.[70] Einstein queria testar se a luz era emitida instantaneamente quando um átomo era excitado, ou se levava um tempo finito, e ficou contente que Rupp faria um experimento a respeito, ainda que fosse trabalhando em Heidelberg exatamente sob o anti-relativista e anti-semita Lenard. A evidência lentamente demonstrou que Rupp nunca observou o que alegava, e apenas relatava o que acreditava ser a predição correta de Einstein.

Havia nessa época uma outra divisão na comunidade de físicos alemães, entre físicos do norte que aceitavam as novas teorias, e conservadores do sul, contrários. Dois dos apoiadores de Rupp, Einstein e Max von Laue, eram físicos teóricos proeminentes em Berlim, ao passo que Lenard e Wilhelm Wien tinham cátedras importantes no sul do país, e se enxergavam como expoentes de uma tradição mais orientada experimentalmente.

Van Dongen conclui que, ao invés de atribuir as reações de Einstein e von Laue a fatores sócio-políticos, há novamente um motivo muito mais provável para sua confiança continuada no trabalho de Rupp: os preconceitos do teórico quando confrontados com o experimental. Da parte de Einstein, esse preconceito teórico tinha um contraponto no experimentalista, que para de procurar erros sistemáticos no seu arranjo assim que consegue os resultados esperados. Além disso, Einstein gradualmente mudou a importância por ele atribuída à experiência, e começou a acreditar que novas percepções para o teórico criativo viriam da matemática. Isso pode também se aplicar à sua conduta para com Ehrenhaft, mesmo que no caso de Rupp as acusações fossem de trabalhos fraudulentos, enquanto que Ehrenhaft foi acusado até o final de "erros sistemáticos".

Por outro lado, mesmo que Ehrenhaft enfatizasse fortemente a abordagem intuitiva e usasse a seu favor os exemplos experimentais de Franklin, Oersted e Faraday, ele sabia que não podia simplesmente ignorar a teoria científica.[71] É mais provável que ambos os cientistas divergissem em seus fundamentos

---

70 Jeroen van Dongen, "Emil Rupp, Albert Einstein, and the canal ray experiments on wave-particle duality: scientific fraud and theoretical bias", *Historical Studies in the Physical and Biological Sciences* 37 (March 2007), supplement: 73-120; id., "The interpretation of the Einstein-Rupp experiments and their influence on the history of quantum mechanics", ib.: 121-131.

71 Ele chegou a elogiar a teoria sem experimentos, em casos como a relatividade especial – F. Ehrenhaft, "Festrede an Michael Faraday", 1932: 12.

teóricos e, consequentemente, vissem os mesmos resultados experimentais de forma diferente.

A interpretação pessoal de Ehrenhaft sobre essas diferenças se encontra em suas memórias não-publicadas sobre Einstein.[72] Numa seção destas com o título "Sobre sua [de Einstein] Atitude para com a Pesquisa", ele escreve que

> *Em minha opinião há duas maneiras totalmente diferentes de fazer pesquisa em física. Gostaria de designar esses dois tipos como sendo o método de trabalho de Faraday, e o segundo como o de Hamilton ... Minhas conversas com Einstein me convenceram que ele sempre preferiu o de Hamilton. É sabido que Hamilton previu a refração cônica externa e interna baseado unicamente nas equações diferenciais da óptica de cristais... deve-se então dizer que Einstein previu a gravidade da luz inteiramente no método de Hamilton.*[73]

Na década de 1930, Ehrenhaft estava disposto a desconsiderar a teoria eletromagnética clássica na formulação de Maxwell, pois achava impossível reconciliá-la com uma série de anomalias experimentais. A atitude epistemológica tomada pelos dois cientistas em face do corpo paradigmático de conhecimento, quando confrontados com conjuntos de dados experimentais conflitantes, renova a questão: se os dados não se encaixam nas teorias aceitas, em que ponto se deve desconfiar dos resultados ou, pelo contrário, questionar as teorias? A resposta padrão tem sido a repetição experimental – pelo mesmo cientista, ou em frente de outros grupos ou, em última instância, por observadores inteiramente diferentes.[74] Entretanto, Ehrenhaft repetia seus experimentos, e parecia disposto a demonstrá-los para outras pessoas – contudo acrescentamos que tem havido exemplos controversos no que diz respeito à repetição (como no recente debate sobre a fusão a frio).

Ehrenhaft parecia não hesitar em lançar dúvidas sobre uma teoria se sua interpretação de resultados experimentais a contradizia. Esta é também a razão

---

72 "Meine Erlebnisse mit Einstein (1908 – 1940)", MSS 2898, Dibner Library, Washington, D.C.
73 *Nach meiner Ansicht gibt es zwei ganz verschiedene Arten physikalische Forschung zu treiben. Ich möchte diese beiden Typen als die Faraday'sche Arbeitsmethode, die zweite als die Hamilton'sche bezeichnen... Viele Unterredungen mit Einstein haben mir klargelegt, dass er immer mehr die Hamiltonsche Methode bevorzugt. Bekanntlich hat Hamilton die äussere und innere konische Refraktion rein auf Grund der Differentialgleichungen der Optik in Kristallen geweissagt ... so muss man sagen, das Einstein die Schwere des Lichtes ganz in der Hamiltonschen Art geweissagt hat.*
74 Vide Franklin, op.cit. [1986].

de por que em 15 de fevereiro de 1940 ele escreveu para Einstein que suas descobertas experimentais relativas à existência de correntes magnéticas naturalmente exigiam uma modificação das equações de Maxwell. Indiretamente se referindo à posição de Einstein, Ehrenhaft se queixou em 10 de março de 1940,

> *Descobri que o olhar de muitas pessoas através das lentes da teoria embaça o conhecimento de fatos experimentais.*[75]

No geral, Ehrenhaft manteve uma atitude de rebeldia contra as teorias paradigmáticas, não apenas em seus anos juvenis, mas por toda a vida. Ele parecia ser uma pessoa realmente persistente, talvez às vezes de maneira muito desagradável, e sua personalidade se tornou abominável para outros físicos, mesmo para aqueles que alguma vez tinham ousado desafiar as explicações convencionais da física (como Einstein, ou Dirac).

Em suas já mencionadas memórias, Ehrenhaft julgava que, embora Einstein fosse um excelente físico,

> *Ele tinha em seu peito duas almas, como no caso de Maxwell. Deve-se dizer, porém, que quanto mais os anos passavam, mais Maxwell se distanciava da teoria atômica. Isto não pode ser tão facilmente reconhecido em Einstein.*[76]

Ehrenhaft tinha um afeto particular pela investigação da história da física, que demonstrou em muitas ocasiões, inclusive em seu longo discurso de 1932 sobre a descoberta da indução por Faraday. Einstein também era consideravelmente interessado na história da física, e é instrutivo ler o que Ehrenhaft pensava disso:

> *Menciono ainda uma outra observação. Numa conversa mais longa em Caput, enquanto velejávamos, eu disse que se escreve e mede em demasia, e afirmei que para ser entendido em física, a partir de 1870 era suficiente ler não mais do que*

---

75 *Ich habe aber doch gefunden, dass der Blick vieler Leute durch die Brillen der Theorie für die Erkenntnis experimenteller Tatsachen getrübt ist.*

76 *Es sind da zwei Seelen in seiner Brust, ganz ebenso wie bei Maxwell. Man muss aber sagen, dass Maxwell je älter er wurde, um so mehr von der Atomtheorie abwandte. Dies kann man bei Einstein nicht so scharf erkennen.*

> *uns 25 trabalhos. Einstein pensava que seriam muito mais. Contamos juntos e chegamos apenas em 17 ou 18, naturalmente excluindo, entre outros, coisas como tabelas de medidas. Ele concordou. Em geral, observei que ele está pouco familiarizado com a história da física, e me diverti em observar que ele tampouco lia muito.*[77]

Ao comentar seus próprios métodos, Ehrenhaft repetidamente mencionou que seus exemplos preferidos eram Faraday e Oersted, e costumava se referir a si mesmo como um continuador da sua tradição, como nesta carta para Einstein (14 de fevereiro de 1940):

> *Em continuação direta da trajetória de Oersted e Faraday, cheguei ao outro conhecimento relativo ao conflito entre matéria, luz, eletricidade e magnetismo.*[78]

Esse apelo aos procedimentos epistemológicos de Oersted e Faraday pode não ser casual. Talvez Ehrenhaft se enxergasse como um continuador da tradição da *Naturphilosohie* alemã, que certamente deu resultados científicos frutíferos, incluindo a descoberta de Oersted do primeiro efeito eletromagnético registrado.[79] Até mesmo a terminologia está modelada de acordo com a

---

[77] *In einer längeren Unterredung in Caput, während wir segelten, habe ich gesagt, dass viel zu viel publiziert und gemessen werde und habe die Behauptung aufgestellt, dass man seit dem Jahr 1870 um auf dem Gebiete der Physik, anteil zu sein, nur 25 Arbeiten zu lesen haben müsse. Einstein meinte, es wären deren viel mehr. Wir haben dann zusammengezählt und kamen nur auf 17 bis 18, natürlich Tabellenmessungen u. ä. ausgeschlossen. Er stimmte zu. Im allgemeinen habe ich bemerkt, dass er in der Entwicklungsgeschichte der Physik wenig bewandert ist und freuete mich zu bemerken, dass auch er nicht viel liest.* [Meine Erlebnisse mit Einstein]

[78] *In geradliniger Fortsetzung des Weges von Oerstedt und Faraday bin ich zu den weiteren Erkenntnissen betreffend den Konflikt zwischen Materie, Licht, Elektrizitaet und Magnetismus gekommen.* Observe-se que "conflito" é o termo originalmente utilizado por Oersted para seu artigo, publicado em 1820, sobre a indução da corrente elétrica numa agulha imantada, sendo "conflito" empregado para expressar "ação" – vide mais à frente.

[79] O débito de Oersted para com a *Naturphilosophie* foi minimizado por H.A.M. Snelders, em Andrew Cunningham & Nicholas Jardine [eds.], *Romanticism and the sciences* [Cambridge: Cambridge University Press,1990: 232] – bem como por Kenneth L. Caneva – em "Physics and *Naturphilosophie*: a reconnaissance", *History of Science*, xxxv: 35 – 106 , e por Timothy Shanahan, "Kant, *Naturphilosophie* and Oersted's discovery of electromagnetism: a reassessment", *Studies in History and Philosophy of Science*, vol. 20, nº 3 (1989: 287 – 305). O ponto de vista contrário, como em Robert C. Stauffer, "Speculation and experiment in the background of Oersted's discovery of electromagnetism", *Isis*, 48 (1957: 33-50) é, contudo, ainda muito sólido, e pode ser melhor apreciado lendo-se os trabalhos do próprio Oersted, especialmente "New investigations into the question: What is chemistry?", e "Reflections on the history of chemistry" – em Hans Christian Oersted, *Selected scientific works* [Transl. ed. by K. Jelved, A. Jackson, and O. Knudsen.

comunicação famosíssima de Oersted (sobre o "conflito elétrico"), descrevendo a movimentação de uma agulha de bússola provocada por uma corrente elétrica passando num fio próximo. Dentre as características da *Naturphilosophie* há algumas que reaparecem na interpretação por Ehrenhaft de cargas elementares e monopolos magnéticos, ou seja: a matéria preenche o espaço continuamente por meio de suas forças primitivas de atração e repulsão; a matéria é divisível ao infinito; não existem fluidos discretos.[80]

Ehrenhaft representava possivelmente um enigma para Einstein, em termos pessoais e científicos: obcecado por uma amizade não correspondida, mas esperada, o austríaco deveria ser ignorado no campo da física? Einstein ficou pelo menos relativamente interessado no sub-elétron e, posteriormente, nos experimentos de polos magnéticos isolados, mas certamente não estava interessado na pessoa de Ehrenhaft. Pode-se dizer que, embora existisse muito pouca empatia, houve, contudo, um apoio apenas limitado, da parte de Einstein. Ele não endossou a nomeação de Ehrenhaft para diretor em Viena na década de 1920 e não estava desejoso de ajudá-lo a conseguir um emprego nos EUA na década de 1940; coerentemente, não apoiou a recontratação de seu "amigo" no Instituto de Física de Viena no pós-guerra.

Ehrenhaft, por outro lado, comportava-se como uma pessoa muito ingênua e politicamente alienada, e tendia a negligenciar o mundo externo real e minimizar os ataques recebidos. Seu trabalho com a carga do elétron poderia ter-lhe trazido fama permanente, mas ele escolheu, ao invés, valorizar pequenas perturbações que outros, como Millikan, desprezaram como erros

---

Princeton: Princeton University Press, 1997]. Vide também Robert Brain, Robert Cohen, e Ole Knudsen, eds. *Hans Christian Oersted and the Romantic legacy in science: ideas, disciplines, practices* (Dordrecht: Springer, 2007). A influência da *Naturphilosophie* em Faraday não foi diretamente estabelecida, mas Joseph Agassi, em *Faraday as a natural philosopher* [Chicago & London: University of Chicago, 1971: 203 -232] apresenta suas ideias como suficientemente compatíveis com os pressupostos do sistema de Schelling, levando diretamente para a crença na unidade de todas as forças na natureza.

80 A concepção dinâmica da *Naturphilosophie* por Schelling sobre a matéria é contrastada com a conceituação atomística mecanicista em Barry Gower, "Speculation in physics: the history and practice of *Naturphilosophie*". *Studies in History and Philosophy of Science*, vol. 3, nº 4 (1973: 320 – 321). A fissura mais antiga, vinda do século dezoito, entre "dinamicistas" e "atomistas" está descrita por Armin.Herman, em "Unity and metamorphosis of forces (1800 – 1850): Schelling, Oersted and Faraday", *Symmetries in Physics (1600 – 1980)* [Belaterra (Barcelona): Universitat Autònoma de Barcelona, 1983].

não significativos.[81] Ehrenhaft continuou acreditando nos resultados de seus experimentos como indicativos de alguma explicação até então oculta para a natureza, tendo pago com isso o alto preço do ostracismo.

A julgar pela correspondência examinada, Ehrenhaft agiu como se esperasse que Einstein retribuísse o tratamento gentil que tinha recebido em Viena, ao passo que Einstein provavelmente sentia que Ehrenhaft era um aborrecido que o distraía de seus assuntos pessoais, e sua polidez começou a esvanecer quando Ehrenhaft contestou não apenas um, mas muitas das maiores realizações de Einstein: a teoria eletromagnética, já que o atrito de Ehrenhaft com as equações de Maxwell podia atingir também os fundamentos da relatividade especial de Einstein; a natureza da luz, que impactava na explicação do efeito fotoelétrico que lhe trouxe o Prêmio Nobel; e por último, mas não menos importante, a teoria de Einstein sobre o movimento browniano, um campo em que Ehrenhaft tinha grande experiência prática.

Vale a pena observar que quando Ehrenhaft escreveu para Philipp Frank (9 de fevereiro de 1940) para fornecer, como mencionado atrás, algumas passagens pitorescas sobre Einstein, ele aproveitou a oportunidade para incentivar Frank, então também morando nos EUA, a ir conversar com o cientista americano Dayton Miller, que estivera refazendo com muito maior precisão a famosa experiência de Michelson-Morley sobre a velocidade da luz. Miller esperava de fato encontrar variações na velocidade da luz dependendo das diferenças na velocidade do éter com relação à Terra, de onde se pode suspeitar que Ehrenhaft na verdade tinha em mente verificar essa base da teoria de Einstein da relatividade.[82]

Complicando um relacionamento já desgastado, Ehrenhaft trouxe indiretamente para a arena uma terceira pessoa, sua esposa, uma mulher de forte

---

81 A ciência testemunhou momentos históricos em que pequenas diferenças se tornaram pontos nodais de uma nova teoria, como na correção de Kepler das órbitas circulares para elípticas; em princípio isso poderia até se aplicar também neste caso aqui.

82 Sobre esse tema, vide Maurice Allais, "The experiments of Dayton C. Miller (1925-1926) and the theory of relativity", *21st Century Science & Technology*, vol. 11, nº 1, Spring 1998. Apesar de Allais ter recebido um Prêmio Nobel em economia, ele continuou por toda a vida sendo um físico experimental; seu trabalho em Paris sobre o tema em apreço está descrito por ele próprio em "Should the laws of gravitation be reconsidered?" *21st Century Science & Technology*, vol. 11, nº 3, Fall 1998. Na verdade, a história do "éter" na física não parou na primeira metade do século vinte, ainda que as propriedades desse "éter" tenham mudado com o tempo, e se algo pode ser dito, é que esta questão está longe de estar resolvida – vide, por exemplo, de Joseph Lévy, *Invariance of light speed: reality or fiction?* (Paris: Encre, 1991).

personalidade, que não tinha nenhuma credencial no mundo científico, mas que o ajudou em seus experimentos americanos, a ponto de invadir o debate científico com seu jeito exuberante. Talvez a soma de todos esses fatores tenha sido uma carga muito pesada, num momento em que a vida de Einstein, embora fosse uma gloriosa figura política e o cientista mais conhecido do mundo, o colocava não obstante relegado a um marasmo acadêmico, em virtude de sua discordância da interpretação quântica teórica dominante.[83] Tudo isto poderia ter levado a não mais do que o silêncio, ou talvez também a algumas palavras devastadoras para amigos e conhecidos de Einstein sobre seu colega físico, como acreditou o casal Ehrenhaft.

Pode ser adequado concluir esse artigo com uma nota autógrafa de Einstein, também guardada na Coleção Dibner, talvez um pensamento algo amargurado de um homem politicamente desiludido (Figura 5). Ela soa como um lembrete de que a história não deveria ser esquecida (e, podemos acrescentar, tampouco a história da ciência):

> *Os filhos não usam as experiências de vida de seus pais, as nações não se voltam para a História. As más experiências precisam ser sempre renovadas.*[84]

---

[83] Trata-se da controvérsia com Niels Bohr e a "Escola de Copenhagen". Vide Franco Selleri, *Die Debatte um die Quantentheorie*. 2nd. ed. Braunschweig: Vieweg (1984: 15-17; 57-62; 87-91; 118-120].

[84] Este é um bilhete solto (MSS 122A), autografado e assinado com a data "12.XI.23".

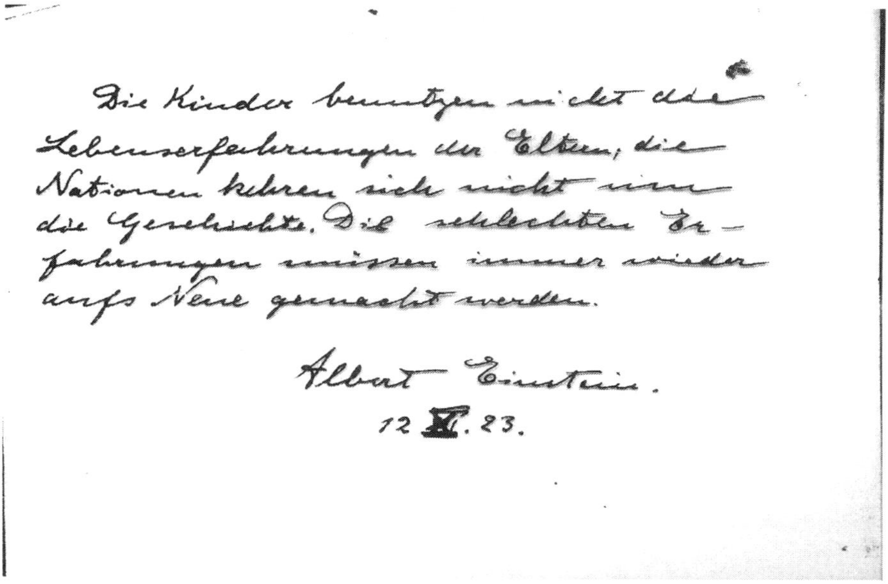

Figura 5 – Bilhete autógrafo de Einstein. Coleção Dibner

Artigo originalmente publicado em **British Journal of History of Science**, *vol. 44, nº 3, September 2011,* p. 370-400

Uma carta inédita de Augustin Fresnel: aberração da luz e teoria ondulatória

Considerações iniciais

A nova carta autógrafa encontrada que se segue foi escrita pelo cientista e engenheiro francês Augustin Jean Fresnel (1788-1827) e pode lançar alguma luz quanto ao papel desempenhado por considerações astronômicas em seu desenvolvimento original de uma teoria óptica ondulatória. O documento ajuda a seguir os esforços de um cientista então relativamente desconhecido, trabalhando solitariamente e fora dos círculos acadêmicos, tentando ser reconhecido como um contribuinte importante para a teoria científica num contexto de fortes disputas, bem como enfatiza alguns traços psicológicos de Fresnel. Também é importante porque pouco é conhecido sobre as atividades de Fresnel durante o período em 1815 quando foi preso, em seguida à fuga de Napoleão da ilha de Elba e no breve retorno do Imperador ao poder, até mais tarde naquele ano, quando Fresnel emergiu no cenário científico com um ensaio impactante sobre a difração da luz.

Neste artigo a carta será brevemente apresentada, apontando para sua importância como um complemento à atual historiografia. Em seguida, o contexto social do início do período da restauração será descrito sumariamente, com os principais atores pertencentes ao cenário em consideração. Finalmente, nos deteremos, em uma perspectiva histórica, sobre o desenvolvimento científico mencionado pela carta.

A carta no Smithsonian

O manuscrito da carta está na Biblioteca Dibner de História da Ciência e Tecnologia, parte da Divisão de Livros Raros e Manuscritos do Instituto Smithsonian em Washington, DC, onde está catalogada como MSS 546A. Embora não haja registros referentes à sua origem, ele fez parte da doação inicial do colecionador Bern Dibner, compreendendo 10.000 livros e 1.600 grupos de manuscritos, e portanto provavelmente chegou no Smithsonian por volta de 1974.[85] A coleção Dibner de manuscritos está bem conservada e esta carta em particular se encontra em um grupo juntamente com três itens de menor importância, sem relação com a carta, mas que foram úteis para confirmar a autoria pela comparação da letra muito peculiar do autor.[86] A caligrafia e o estilo são muito claramente de Fresnel.

---

[85] Bern Dibner comprou muitos manuscritos de um comerciante chamado Armin Weiner, mas não há nada que confirme estar esta carta em particular entre tais compras. O autor agradece à Biblioteca Dibner por permitir sua reprodução, e também a cooperação solícita da equipe da Biblioteca, nomeadamente o Curador, Ron Bradshear, e sua assistente, Kirsten van der Veen.

[86] O encontro da carta foi resultado de uma pesquisa pós-doutoral mais ampla deste autor, enquanto o autor foi residente em 2003 na Biblioteca Dibner, no Smithsonian em Washington, D.C., pesquisa que focalizou as hipóteses filosóficas de unidade da natureza, um tema antigo que foi retomado por volta de 1800 por meio de cientistas influenciadas de maneiras diferentes pela *Naturphilosophie*, incluindo físicos engajados no que veio a se tornar o domínio do eletromagnetismo e da óptica.

Uma carta inédita de Augustin Fresnel: aberração da luz e teoria ondulatória

Retrato de Augustin Jean Fresnel (1788-1827)
pt.wikipedia.org

A carta está acompanhada por um envelope contendo um carimbo datado de "16 Février 1815" e endereçado para

Monsieur Mérimée
Place de l'Estrapade n° 19
À Paris

A data do carimbo na verdade está meio apagada, especialmente o último dígito do ano, que à primeira vista parece um « 6 », provavelmente sendo a razão pela qual foi classificada na Biblioteca Dibner como um manuscrito de 1816 ; uma lente de aumento mostrou, porém, que se trata na verdade de um « 5 ». Ademais, o cabeçalho da carta, mesmo estando o último dígito do ano também distorcido, neste caso devido à caligrafia irregular e apressada, característica de Fresnel, coloca a localidade sendo em Nions. Por volta de 1812, Fresnel tinha sido enviado a esta cidade, onde ficou sediado como engenheiro civil para supervisionar a construção da estrada imperial que ligaria a Espanha com a Itália, passando por passagens alpinas em Gap e Briançon, cruzando ali as fronteiras entre França e Itália, em direção a Turim (Nions hoje se escreve Nyons e fica próxima a Orange, no vale do Rhône). Este seria também o local em que o jovem engenheiro ficaria preso durnte os «cem dias», o período do retorno temporário ao poder de Napoleão Bonaparte, porque Fresnel tinha vivamente se oposto à volta do Imperador e foi punido por ter oferecido seus serviços às forças contra Bonaparte. Após a derrota final de Napoleão naquele ano, Fresnel foi renomeado para sua posição e mais tarde transferido para Paris, gradualmente saindo de Nyons.

Importância desta carta

Por um lado, a carta do Smithsonian é em princípio notável porque novas cartas de Fresnel apareceram apenas raramente, fornecendo alguns complementos ao que já está contido na referência padrão dos trabalhos de Fresnel.[87] Seu conteúdo ajuda a reforçar alguns aspectos da evolução dos pensamentos de Fresnel e elucidar um período que é relativamente desconhecido pelos historiadores da ciência, mas crucial para avaliar melhor sua trajetória, desde uma relativa obscuridade enquanto engenheiro civil dedicado a obras públicas

---

87   A edição de referência é antiga, mas ainda preserva sua autoridade (Senarmont; Verdet; Fresnel 1866-1870). Exemplos de cartas descobertas mais tarde estão relacionados em (Chappert, 1976) e (Chappert, 1978). Há uma falta geral de mais informações sobre a vida de Fresnel; cremos ser necessária uma biografia mais completa deste importante cientista.

até a fama internacional que atingiu como autor da revivida teoria ondulatória da luz. De fato, um historiador da ciência bem conhecido lamenta que falte conhecimento das atividades de Fresnel durante o período de janeiro a junho de 1815, depois do qual Fresnel teve sucesso em publicar a teoria da luz (Buchwald 1989:117). Vamos suspender esse julgamento momentaneamente, até demonstrarmos como esta carta preenche algumas lacunas.

Uns poucos meses antes desta carta, Fresnel tinha começado suas reflexões sobre teoria óptica e já tinha realizado experiências sobre propagação da luz, especialmente investigado sombras e as bandas correspondentes produzidas quando um objeto fino é iluminado, causando difração. Ele conseguiu produzir fenômenos de interferência, isto é, efeitos de reforço ou cancelamento de bandas que ele entendeu que só poderiam surgir se a luz fosse uma ondulação, de forma que suas vibrações estivessem em fase ou fora de fase. Concebendo experimentos para mostrar que a luz vibra, Fresnel obteve uma série de resultados de interferência que se provaram frutíferos mesmo até nossos dias (incluindo algumas descobertas de franjas de interferência que são ferramentas básicas para a teoria quântica contemporânea).

Um aspecto final que é relevante sobre essa carta é a importância que nela Fresnel atribui a fatos ópticos astronômicos, nomeadamente a aberração, algo que costuma ser minimizado em relatos históricos relativos a suas descobertas. De fato, a aberração da luz é peculiar, e não é fácil de entender a princípio, sendo ainda hoje sujeita à controvérsia quando se enfrentam considerações cosmológicas. A aberração da luz ou estelar é um fenômeno astronômico que produz um movimento aparente de objetos celestiais, causado por dois fatos: que a velocidade da luz é finita e que qualquer observador na Terra se move num espaço inercial. Como o observador não está consciente de seu próprio movimento transversal junto com a Terra, a consequência é que a posição aparente de uma estrela fica deslocada, sendo o deslocamento independente da distância do observador para o objeto celestial, de forma que um telescópio tem de ser ligeiramente desviado para compensar aquele deslocamento. A explicação da aberração na época de Fresnel era entendida considerando-se o objeto celestial como um emissor de "partículas" de luz.

A carta recém-descoberta testemunha a agitação de Fresnel, pois ele acredita que encontrou algo verdadeiramente novo, uma explicação alternativa da aberração estelar usando a teoria ondulatória ao invés da teoria corpuscular usual, mas ao mesmo tempo mostra quão ferventemente ele procura a afirmação pessoal e aprovação dos entendidos mais conhecidos. Como ele deseja tanto conhecer o conteúdo dos trabalhos de Biot que tratam da aberração, pode-se também imaginar a partir dessa carta que Fresnel já suspeitava que proximamente ele teria de se opor à liderança de Jean-Baptiste Biot, um campeão da teoria corpuscular. Esse confronto na verdade aconteceu, não só nesta questão, mas também na teoria da polarização da luz e outras questões ópticas.

O contexto social

Os cientistas franceses no começo do século 19 estavam muito inclinados a dispensar a busca pela "natureza" interior dos fenômenos, era-lhes suficiente serem capazes de calcular, medir, pesar, experimentar. No que diz respeito à teoria óptica isso implicava em se satisfazer que a teoria corpuscular prevalente funcionava bem, de forma que não haveria necessidade de pesquisar mais profundamente a essência da luz, mesmo que essa atitude induzisse a aceitação de qualidades "ocultas" da matéria. Este ponto de vista era em grande parte devido à reafirmação da física newtoniana na Europa continental, que tinha recebido um grande ímpeto com a publicação por Voltaire de Éléments de la philosophie de Newton (1738) e com os trabalhos posteriores de mecânica do prestigiado cientista Joseph Louis Lagrange (1736-1813), que exigia da ciência que fosse "objetiva". Esse newtonismo epistemológico circulava na época em torno do químico Claude Berthollet (1748-1822) e do físico e matemático Pierre-Simon de Laplace (1749-1827), os dois que fundaram formalmente em 1807 a *Societé d'Arcueil* (esse subúrbio atualmente ao sul de Paris era então uma pequena aldeia no campo), um grupo onde outros cientistas notórios, como Joseph Gay-Lussac (1778-1850) e Jean-Baptiste Biot (1774-1862), se reuniam e realizavam experimentos.

O sucesso da teoria de Newton ultrapassava o desenvolvimento da mecânica, chegando a outras aplicações tais como a eletricidade, como por exemplo na lei de força entre cargas elétricas (1785) de Charles Augustin de Coulomb. Na época, a maré parecia definitivamente favorável ao newtonismo, que era considerado como o perfeito e verdadeiro sistema de mundo, um modelo para todas as ciências naturais; isso incluía naturalmente a óptica, em que todos os fenômenos deviam ser explicados como consequências da atração mútua entre partículas de luz, e que eventualmente levava ao choque entre tais partículas com as superfícies encontradas pela luz em sua trajetória. Entretanto, em 1808, usando um cristal de dupla refração, Étienne Louis Malus observou que a luz podia ser polarizada por reflexão, algo que a teoria newtoniana da luz não conseguia explicar.

Na França, o sucesso do newtonismo por meio de Lagrange, Laplace, D'Alembert e outros teve um impacto direto no prestígio acadêmico. A antiga Académie des Sciences tinha sido fechada em 1793 pela Convenção e em 1795 suas funções foram assumidas pelo novo Institut National, até que em 1816 a antiga denominação foi restabelecida. Diferentemente de algumas outras instituições nacionais, essa corporação foi sempre bastante dependente do Estado, e por ele financiada. Ao invés de gerar apenas conhecimento científico, a Académie funcionava como um comitê de aprovação, julgando os méritos das contribuições dos seus membros, conferindo assim prestígio nacional e internacional (Pyenson e Sheets-Pyenson, 1999: 95). Apesar da tentativa introduzida pela Revolução Francesa de acabar com o elitismo, a organização hierárquica da ciência na França e sua dependência do patronato se demonstraram difíceis de remover. A instituição científica francesa se tornou assim muito sensível aos humores políticos do governo, o que ficou ainda mais evidente com a Restauração monárquica, e por um longo tempo ela dependeu dos favores dispendidos para as gerações mais jovens por figuras científicas públicas com maior fama na instituição, como Laplace e Biot.

A descoberta de Fresnel

Na verdade, a história toda da física (e talvez da ciência em geral) está entrelaçada com as teorias da luz e suas manifestações, desde a Antiguidade até a contemporaneidade da física quântica e da relatividade. Para avaliar melhor as interpretações atuais do trabalho de Fresnel, parece adequado considerá-lo do ponto de vista dessa história, ainda que de maneira breve, cobrindo pelo menos o período anterior de um século e meio.

Um certo número de experimentos e descobertas da óptica se demonstraram difíceis de explicar por um longo tempo. A difração da luz foi inicialmente descrita pelo cientista jesuíta Francesco Maria Grimaldi em seu trabalho póstumo *Traité physico-mathématique de la lumière* (1665), e esse fenômeno mostrou que a luz não se propaga necessariamente em linha reta, pois há alguma iluminação dentro da sombra geométrica de um corpo opaco. Também notável foi a descoberta da formação de anéis coloridos concêntricos, hoje chamados de "anéis de Newton", mas que foram previamente descritos por outros no século 17, como Robert Hooke e Christiaan Huygens. Em 1669, o dinamarquês Erasmus Bartholinus, ao manusear cristais de calcita trazidos da Islândia, descobriu o fenômeno da dupla refração, que desafiou a interpretação antes do começo do século19.

Em 1690, Huygens publicou seu impactante *Tratado sobre a Luz,* em que conseguiu explicar fenômenos ópticos com o engenhoso princípio das frentes de onda, multiplicadores infinitos de ondulações ao longa da propagação luminosa. Ao final de sua *Opticks* (publicada em Londres, 1704), Isaac Newton confirmou sua posição a favor da oposta teoria corpuscular da luz, que ele usara implicitamente naquele livro para discutir o fenômeno das cores, bem como da reflexão e difração da luz. Anteriormente, durante 1672, Newton havia escrito uma carta para a Royal Society expondo a teoria da luz e das cores em torno de seu *experimentum crucis*, o famoso experimento dos dois prismas, que estabeleceu a composição de todas as cores superpostas na luz branca.[88] Foi no final de 1725 que ocorreram em Londres as observações por James Bradley do desvio óptico da luz estelar na forma de aberração e ele conseguiu posteriormente fornecer a explicação correta do fato.[89]

A teoria corpuscular da luz triunfou por mais de um século, e foi dentro desse paradigma estabelecido que em 1805-1806 os franceses Biot e Arago se engajaram conjuntamente num estudo tipicamente newtoniano sobre a refração óptica em gases.[90] Entretanto, em 1802, o químico inglês William Wollanston revisou os resultados dados por Newton para a medição dos raios

---

88   Uma outra explicação do experimento crucial de Newton, baseada na teoria ondulatória da luz, teve de aguardar mais tempo, e só foi conseguida ao final do século 19 (Gouy, 1886).

89   Leonhard Euler também forneceu uma explicação da aberração, levando em conta a composição da velocidade da estrela com a velocidade relativa do observador em relação à estrela.

90   Os dois célebres cientistas também colaboraram naquela época com a expedição francesa à Espanha, um empreendimento concebido para medir com maior exatidão um arco de meridiano, para assim definir o novo padrão métrico, um dos objetivos científicos da jovem república. Posteriormente, porém, Arago se distanciaria de Biot e abandonaria seu perfil pró-newtoniano para se alinhar com Fresnel, um movimento político que demonstrou ser um ponto de inflexão para a teoria ondulatória da luz e para a física em geral. A disputa que se seguiu sobre prioridade nos estudos da polarização aumentaria o distanciamento entre Biot e seu ex-parceiro Arago. O cenário total que separou os físicos na França e em outros lugares é, contudo, mais complexo do

ordinário e extraordinário que emergem da dupla refração através da calcita, dados que foram usados por Newton em sua disputa para se opor a Huygens e sua teoria ondulatória da luz. Wollanston conseguiu demonstrar que eram os números de Newton que estavam errados, não os de Huygens. O resultado pareceu tão espantoso para a comunidade científica que o mineralogista francês abade René Just Haüy foi verificar a descoberta de Wollanston e novamente concluiu que as medições de Huygens eram as corretas.

Em 1807 Étienne-Louis Malus, um newtoniano convicto, escreveu um tratado sobre a luz e, logo depois disso, realizou suas experiências muito comentadas com a luz polarizada; que a luz podia ser polarizada era um fenômeno em si conhecido desde o final do século 17, mas não entendido. Malus decidiu então oferecer uma explicação matemática das descobertas de dupla refração num ensaio publicado pela *Société d'Arcueil*, uma dupla ironia, pois ele era adepto da teoria corpuscular da luz e publicou em uma instituição dominada por newtonianos, um texto provando que fora exatamente Newton quem, por meio de dados errados, tinha feito a ciência perder um século de esforços na pesquisa óptica (Maitte, 2001).

As experiências de Malus atraíram a atenção de Thomas Young na Inglaterra, que também pode ser considerado um newtoniano, mas que apesar disso estava tentando reconciliar as teorias corpuscular e ondulatória da luz. Desde 1801, ele vinha defendendo a teoria ondulatória como exposta por Leonhard Euler, que, à maneira de Young, essencialmente aderia ao paradigma corpuscular enquanto tentava "aperfeiçoar" as ideias de Newton, ao invés de rejeitá-las. Young tinha ampliado bastante os estudos de interferência luminosa, a ponto de contradizer Newton e afirmar que a luz poderia contornar obstáculos. Em 1811, Young concordou em uma carta para Malus, que dados os resultados deste, a teoria ondulatória adotada por ele, Young, era insuficiente, embora não necessariamente falsa. Parte do problema era que Young tinha de antemão suposto que tanto as ondas sonoras quanto as luminosas se propagavam na direção longitudinal (do movimento).

Pouco depois desta carta Malus faleceu e a teoria da polarização continuou a ser desenvolvida por Biot, apoiado por Laplace, que então tinha granjeado a reputação de ser provavelmente o mais feroz dos defensores das ideias de

---

que um simples caso de vaidades e não pode ser reproduzido neste espaço limitado. Voltamos ao tema com mais detalhe em (Magalhães, 2015: 55-110).

Newton. O escocês David Brewster, após ler os trabalhos de Malus em 1812 também continuou e desenvolveu o estudo da luz polarizada, que tinha se tornado também um dos assuntos favoritos dos experimentos de François Arago; por volta dessa época, Arago descobriu a polarização cromática.[91]

É neste ponto que Fresnel interveio decisivamente no debate. Combinando o princípio de Huygens das frentes de onda com sua própria explicação para a difração, em 1816 Fresnel começou a formular uma teoria matemática para esses fenômenos. Essa tarefa foi terminada em 1818 após um difícil trabalho teórico de matemática ("integrais de Fresnel") para determinar os componentes da onda difratada original. Antes, no outono de 1815, ele tinha enviado à Academia Francesa seu primeiro ensaio sobre a difração, atacando a teoria newtoniana da emissão de partículas de luz e defendendo que a luz é uma vibração, e com esse ensaio ganhou o elogio e o apoio incondicional de Arago, que já estava indisposto com o grupo de Arcueil.

Sabe-se que, contando cada vez mais com a colaboração política de François Arago e André-Marie Ampère, dois acadêmicos que logo se converteram à sua teoria ondulatória, Fresnel aos poucos se convenceu de que as ondas luminosas só poderiam ser transversais, uma conclusão derivada do exame do fenômeno da polarização e que foi publicada muito mais tarde, em 1821.[92] Para isso, Fresnel assumiu como hipótese a existência de um éter em vibração, uma ideia que tinha também sido compartilhada por outros, mas que encontrou muita oposição. Juntamente com a hipótese do éter, Fresnel acreditava firmemente que o calor, a luz e a eletricidade deveriam ter uma base em comum, uma convicção que pode ser detectada precocemente em uma outra carta também de Nyons (5 de julho de 1814), escrita para seu irmão Léonor:

> *Enquanto espero, confesso-te que estou fortemente tentado a acreditar em vibrações de um fluido particular para a transmissão da eletricidade e do calor.*

---

91 Arago e Biot desenvolveram em conjunto o polarímetro para suas experiências e durante sua longa briga este instrumento se tornou outro objeto de disputa pela precedência. O polarímetro teve um papel excepcional dentro dos círculos culturais e econômicos da França na primeira metade do século 19, culminando com seu emprego para a determinação da pureza do açúcar produzido na França Colonial, influenciando a cotação dessa preciosa mercadoria nas bolsas internacionais, conforme o magnífico estudo de (Levitt: 2009).

92 O experimento que ajudou Fresnel nessa direção estava relacionado com a briga amarga pela prioridade entre Biot e Arago e tratava da rotação de dois cristais de calcita com uma fina camada de mica entre eles.

> Poder-se-ia explicar a uniformidade da velocidade da luz assim como se explica a do som ; e poder-se-ia ver talvez nos desequilíbrios desse fluido a causa dos fenômenos elétricos (Senarmont; Verdet; Fresnel 1866, v.III, n° LIX: 821-822) [93].

É nessa mesma carta que Fresnel expressa sua opinião de que o argumento mais forte em favor da teoria da luz de Newton continuava sendo a aberração das estrelas, que seria difícil de explicar em termos de vibrações. Ele continua mostrando, porém que a teoria newtoniana de partículas luminosas (« moléculas ») é inconveniente a esse respeito, por usar o argumento de que para a teoria corpuscular funcionar, essas partículas deveriam atingir a superfície da retina perpendicularmente, o que seria totalmente arbitrário.[94] Ele comenta a explicação da refração por James Bradley e sua repetição por Haüy, ambas supondo o choque de partículas luminosas – e este é exatamente o mesmo assunto da carta de 10 de fevereiro de 1815 para seu tio.[95] Insistimos que a importância que Fresnel atribui a este assunto não foi adequadamente considerada pelos estudos recentes, ao passo que a carta recém-encontrada testemunha o contrário, especialmente quando Fresnel se queixa muito enfaticamente que seu irmão não atendeu sua solicitação de imediatamente comunicar para Arago o novo argumento, explicando a aberração luminosa.[96]

---

[93] A oposição à ideia de Lavoisier do calórico como um outro elemento químico já tinha sido expressa por muitos cientistas, e é também o objeto de Fresnel em *Complément au Ier Mémoire sur la Diffraction*, escrito em Mathieu (perto de Caen) em 10 de novembro de 1815: "A analogia me leva a acreditar que o calor, bem como a luz, é produzido por vibrações e não pela emissão do calórico" (ibid., vol. I, N°26: 59). Fresnel estava convencido de que o estudo da luz contribuiria muito para entender as ligações moleculares da química e da física, como se infere do último parágrafo de sua obra de 1822, *De la Lumière*, onde afirma que a ação mecânica das vibrações do "fluido" (éter) exercidas sobre as partículas ponderáveis impõe novos arranjos e sistemas de equilíbrio mais estáveis (ibid., vol. II:141). Esse ponto aguardaria ainda elaboração ulterior, até que mais de um século depois se reconheceu que fótons podem excitar os elétrons externos nos átomos, mudando assim suas propriedades químicas.

[94] O argumento de Fresnel é muito longo para ser reproduzido aqui. Na carta mencionada atrás, de 5 de julho de 1814, ele faz uso extensivo de experimentos mentais em torno da explicação de Bradley para a aberração.

[95] Bradley noticiou sua observação da aberração astronômica em 1728, mas a publicação de seu trabalho foi postergada até 1798-1805. Haüy comunicou seu próprio experimento no *Traité élementaire de physique* (1807).

[96] (Buchwald, 1987) é um guia bastante útil para a história da teoria óptica nesse período, entretanto não menciona nada de Bradley ou da aberração estelar, ao passo que um trabalho mais antigo o faz (Whittaker, 1987, v. I, cap. IV). Há muitas razões que podem responder por isso e pode-se indiretamente atribuir o relativo esquecimento da historiografia mais tradicional à persistência

Revisando a proposta sem dúvida engenhosa de Bradley, Fresnel toca na necessidade de harmonizá-la com uma teoria da luz mais "verdadeira". A explicação de Bradley para a aberração estelar foi avaliada por Fresnel como sendo ao mesmo tempo simples e profunda: o fenômeno da movimentação aparente é causado por uma conjugação da velocidade finita da luz com o movimento da Terra num espaço inercial. Isso tinha sido confundido com a paralaxe e intrigado os astrônomos até que Bradley teve sucesso em medir e explicar o fenômeno, usando-o também para indiretamente confirmar o valor da velocidade da luz.

No dia seguinte, 6 de julho de 1814, Augustin Fresnel escreveu novamente para seu irmão, continuando a expor sua cadeia de raciocínio (Senarmont; Verdet; Fresnel 1866-1870, v. III, nº LIX: 824-826).[9] Nessa carta ele agora dá uma explicação mais simples do que a de Haüy para a aberração luminosa, em que não supõe o choque de partículas de luz na superfície de separação de meios diferentes, e que também se adequa bem à hipótese de vibrações da luz. Fresnel acredita que Bradley poderia ter usado a mesma hipótese de partida que ele, e escreve que ele se lembra de que talvez tenha lido isso num livro--texto de Biot, sua *Astronomie physique*.

Cinco dias depois (11 de julho de 1814), na próxima carta para Léonor, Fresnel já recebera o livro de Biot, onde ele verifica que a explicação da aberração estelar ainda é a mesma de Haüy, de modo que a explicação válida deve ser mesmo a sua própria, conclui (Senarmont; Verdet; Fresnel 1866-1870, v. III, nº LIX:826-827).[10] Fresnel concede que deveria, contudo, reconhecer o mérito primeiro de Bradley, que tinha concebido a engenhosa comparação entre a velocidade da luz e a velocidade terrestre na órbita solar.

Voltando agora para a recém-descoberta carta de 10 de fevereiro de 1815, "Monsieur Mérimée", o destinatário, é o tio de Fresnel, Léonor Mérimée, ex--professor de desenho na École Polytechnique e então secretário perpétuo da École des beaux-arts.[97] Léonor era irmão da mãe de Fresnel, e era uma espécie de pai para esse sobrinho (cujo pai tinha morrido em 1805), sempre o encorajando e tentando fazer os melhores contatos possíveis no meio científico para

---

em ignorar influências filosóficas na física, mas isto está fora do escopo destas presentes observações introdutórias à carta de Fresnel.

97 O tio Jean-François Léonor, além de pintor era químico, e foi o pai do famoso escritor Prosper Mérimée, autor da novela que deu origem à ópera *Carmen*, de Bizet.

o jovem ambicioso, um papel claramente demonstrado pela correspondência entre os dois.

Fresnel é muito incisivo com seu tio porque pensa ter chegado em uma conclusão importante, que ninguém tinha conseguido antes – e ele deseja se assegurar de sua precedência. A fim de conseguir isto, ele primeiro muda um pouco o assunto e fala do tratado de Biot sobre astronomia física, cuja segunda edição era de 1811, mas retorna ao tema da aberração estelar, porque Biot ainda dava a explicação "velha" para a aberração. Ele se queixa uma vez mais de que Arago não tenha prestado nenhuma atenção para isso. Em seu estilo dramático, Fresnel ao mesmo tempo nutre a esperança de que sua explicação terá a atenção que merece. Pessimistamente volta atrás, e lamenta que isso não se passará como deseja. Ele está, portanto, "perplexo", permanecendo num "purgatório" e pede a seu tio que o livre desse sofrimento.

Reafirma então que aperfeiçoou a explicação de Bradley sobre a aberração astronômica, evitando as objeções contra a propagação ondulatória. Essas ideias tinham sido desenvolvidas nas cartas mencionadas atrás a seu irmão Léonor, e que deveriam ter sido dadas a Haüy, mas Fresnel está aborrecido, porque seu irmão tinha falhado e não tinha feito o que ele pedira. Haüy tinha repetido a mesma explicação corpuscular da aberração astronômica do seu *Traité élémentaire de physique*, texto bastante usado.

Fresnel retorna a Biot, ao assunto do seu *Traité élémentaire d'astronomie physique*, que fora publicado em 1805, em dois volumes. A nova edição de 1810/1811 na verdade tinha três volumes, e Fresnel não tinha recebido todos eles, e está em dúvida se Arago tinha algo em mente que poderia estar na parte que lhe faltava consultar, mas sente-se bastante seguro de que Arago confundiu a polarização da luz com a aberração estelar, e para Fresnel as palavras deste acadêmico estavam ligadas com a aberração da refração e não com a aberração astronômica – claramente sua preocupação obsessiva devido às razões apresentadas atrás.

Ele se despede de seu tio, não sem um outro toque dramático, pois está convencido de que sua glória estava nas mãos do tio – o tio deve garantir que Arago dê uma resposta à explicação de Fresnel para a aberração astronômica pelo uso do modelo ondulatório, o que deveria ser suficiente para lhe garantir fama duradoura, à época apenas um desejo, mas carregado de sentimentos premonitórios.

Observações finais

Pode-se dizer que a nova carta deixa muito claro como Fresnel se enxergava na época: tanto muito cônscio de que estava para fazer um avanço fundamental, quanto ao mesmo tempo inseguro sobre como ganhar atenção da instituição científica da época.

Sua dedicação a um fenômeno astronômico obscuro demonstrou ser clarividente. A aberração continuou a ser um tópico importante mesmo após a morte de Fresnel, como revelado pelo famoso experimento de George Airy em 1871, na Inglaterra. Neste, um telescópio foi preenchido com água e Airy então mediu a aberração estelar, descobrindo que ela não diferia daquela medida tendo o ar como meio. Esse resultado negativo é surpreendente à primeira vista, porque além da refração na superfície entre ar e água, a luz passará mais vagarosamente na água do que no ar, de forma que a inclinação do telescópio para compensar a aberração deveria ser maior. Airy explicou o resultado recorrendo ao que Fresnel tinha anteriormente postulado, isto é, que nesse caso a água arrasta a luz lateralmente. Esse experimento falhou em dar a velocidade absoluta da Terra através do éter, o que se tornou parte do argumento da teoria da relatividade especial de Einstein (este discutiu a aberração estelar em seu primeiro e marcante artigo sobre a relatividade e em várias outras ocasiões), assim como também falharam os célebres e controversos experimentos de Michelson e Morley, ou pareceram falhar na época (Allais, 1998).

O golpe de gênio de Fresnel ainda não está bem compreendido nos relatos típicos da óptica e da física. Geralmente é reconhecido na forma pela qual a opinião científica posteriormente admitiu as ondas luminosas, em que Fresnel abriu o caminho para uma visão mais geral da propagação eletromagnética, mas o contexto é difícil de compreender. A nova carta acrescenta algumas informações ao que é conhecido e confirma a influência das considerações astronômicas em seu trabalho. Parece que durante esse período crucial de 1814-1815 todo o tema do éter, em conjunção com a aberração estelar, foi decisivo para levar Fresnel na direção por ele tomada para desenvolver sua teoria da luz.

Seu sucesso como pesquisador da teoria e prática da luz se tornou tão disseminado, que logo Fresnel passou a ser considerado uma das glórias da França. A lente por ele inventada foi largamente utilizada muito tempo depois nos faróis de veículos automotivos, mas sua dedicação aos problemas práticos ficou evidenciada com seu esforço para dotar os faróis na costa francesa de uma lente poderosa, que salvou muitas vidas no mar e acabou adotada internacionalmente. É surpreendente que tanto esforço tenha sido possível para quem morreu relativamente tão cedo, vítima da tuberculose.

É interessante notar ainda como a teoria que ele desenvolveu introduziu novos conceitos, como por exemplo o chamado elipsóide de Fresnel para a propagação eletromagnética, que se tornou tão útil na indústria de comunicação por rádio do século 20, ao passo que sua teoria teve ainda aplicações no domínio astronômico.

Página da carta autógrafa de Fresnel (Cortesia: Dibner Libray, Smithsonian Institution – Washington, D.C.)

Referências

ALLAIS, Maurice, "The experiments of Dayton C. Miller (1925-1926) and the rheory of relativity", *21st Century*, vol. 11, n° 1, 1998

BUCHWALD, Jed, *The Rise of the Wave Theory of Light*. Chicago: U. of Chicago, 1989

CHAPPERT, André, "Deux lettres autographes d'Augustin Fresnel". *Archives Internationales d'Histoire des Sciences*, vol. 26, n° 99 (Décembre):268-279, 1976

CHAPPERT, André, "Lettres nouvelles de la correspondance de Fresnel". *Archives Internationales d'Histoire des Sciences*, vol. 28, n°10 (Juin):49-65, 1978

GOUY, Georges, "Sur le mouvement lumineux", *Journal de physique théorique*:354-362, 1886

LEVITT, Theresa, *The shadow of Enlightenment. Optical and Political Transparency in France, 1789-1948* (Oxford: Oxford University Press, 2009)

MAGALHÃES, Gildo, *Ciência e conflito. Ensaios sobre História e Epistemologia de Ciências e Técnicas*. Vide em especial " A unidade do mundo, a *Naturphilosophie* e o eletromagnetismo". São Paulo: Book Express, 2015

MAITTE, Bernard, "Une théorie à toute épreuve". *Science et Vie*, 65 (Octobre):28-39, 2001

PYENSON, Lewis and SHEETS-PYENSON, Susan. *Servants of Nature. A History of Scientific Institutions, Enterprises and Sensibilities*. London: Harper Collins, 1999

SENARMONT, Henri de; VERDET, Émile; FRESNEL, Léonor, *Oeuvres Complètes d'Augustin Fresnel*. Paris: Imprimerie Impériale, 1866-1870

WHITTAKER, Edmund. *A History of the Theories of Aether and Electricity*. 2 vol. American Institute of Physics, [1910] [1951] 1987

Transcrição da carta (mantida a ortografia original)

Nions, le 10 Février 1815

Mon cher oncle,

J'ai reçu l'ouvrage de Biot sur la polarisation de la lumière. Je n'ai eu rien de plus pressé que de le parcourir feuille à feuille, pour voir s'il y était question de l'aberration astronomique que este celle dont je pretend avoir corrigé l'explication. Je n'y ai trouvé rien de relatif à ce phénomène. Je presume qu'Arago, en vous disant qu'une partie de ces idées sur l'aberration étaient consignées dans l'ouvrage de Biot sur la polarisation, a voulu parler de l'aberration de réfrangibilité, qui n'a rien de commun que le nom avec l'aberration des étoiles (riscado). *J'aime à me bercer de la douce idée qu'il n'a rien imprimé sur ce dernier phénomène. C'est ce donc je desirerais bien que vous nous assurassiez. Pour cela il suffirait de lui demander par un billet ce qu'il pense de mon explication de l'aberration des étoiles et si elle a déjà été donnée* (riscado). *Si elle est connue je n'y* (riscado) *pense plus, quoique j'aie bien de mon côté le mérite de l'invention, ne l'ayant jamais vue nulle part. Mais si heureusement j'avais trouvé une chose neuve, j'aurais grave tort de négliger* (riscado) *l'honneur qui pourrait m'en revenir. Je ne ferai peut-être pas de longtems une pareille trouvaille.*

J'avoue qu'elle n'a cependant rien de bien miraculeux sous le rapport de la difficulté, car elle est fort simple. Il ne m'a pas fallu de grands efforts de cerveau pour la trouver. Mais on admirait depuis longtems (riscado) *l'explication de Bradley qu'il y avait quelque mérite à appercevoir qu'elle était vicieuse et à la corriger.*

On m'a prêté ici une (riscado) *astronomie physique de Biot 2ᵉ édition imprimée en 1811 dans laquelle il donne encore l'ancienne explication. Tout cela fait renaître mes espérances que la réponse d'Arago avait détruites, mas elles me ressuscitent sans doute que pour mourir une seconde fois.*

Vous voyez dans quelle (riscado) *perplexité je suis. Ayez pitié d'une âme en peine et tirez-moi au plus vite de ce purgatoire.*

Transcrição da carta (mantida a ortografia original)

La correction que j'ai faite à l'explication de Bradley me paraît importante par rapport à la théorie de la lumière, parce qu'elle fait disparaître l'objection qu'on tirait contre la théorie des vibrations. C'est cela même qui m'a fait réfléchir sur (riscado) *l'explication de Bradley et c'est en approfondissant l'idée de choc sur laquelle repose l'objection que je me suis apperçu qu'elle était vicieuse. La série d'idées qui me conduisait à la nouvelle explication se voit dans les lettres que j'écrivit alors à Léonor. Je la lui donnai avant qu'il quittât Paris et je suis fâché qu'il ne l'ai pas montrée dans le tems à Mr. Haüy, comme je l'avais prié. J'aurais peut-être eu alors le mérite de la priorité.*

A la fin de l'ouvrage de Biot que vous m'avez envoyé, il est à fin de la première partie (ênfase original). *Si ce* [est – interpolação adicionada] *pas une faute d'impression, je n'ai donc qu'une partie de cet ouvrage, et c'est peut-être de la 2e partie que Mr. Arago vous a parlé. Cependant je ne voit pas ce que l'aberration des étoiles peut avoir de commun avec la polarisation de la lumière, et il me paraît toujours plus probable qu'il entendait par aberration celle de réfrangibilité, croyant que c'était de celle-là que vous vouliez lui parler.*

Adieu, mon cher oncle, je vous embrasse de tout mon coeur, in manus tuas commendo gloriam meam.

Dites, je vous prie, bien de choses tendres de ma part à toute la famille.
Fresnel

Tradução de Documento Histórico

Carta de Augustin Fresnel a seu tio Léonor Mérimée

Nions, 10 de fevereiro de 1815

Meu querido tio,

Recebi o trabalho de Biot sobre a polarização da luz. Nada me foi mais urgente do que percorrê-lo folha a folha, para ver se continha a questão da aberração astronômica, a qual é aquela com que pretendi corrigir a explicação. Não encontrei nada ali relativo a esse fenômeno. Suponho que Arago, ao lhe contar que uma parte daquelas ideias sobre aberração estavam registradas no trabalho de Biot sobre polarização, quis se referir à aberração da refração, que nada tem em comum com a aberração estelar, a não ser no nome (riscado). Gosto de me embalar com a doce ideia de que ele não publicou nada sobre este último fenômeno. Isso é então o que eu gostaria muito que pudésseis me assegurar. Para isto seria suficiente perguntar-lhe por meio de um bilhete o que ele pensa da minha explicação sobre aberração estelar e se ela já foi apresentada (riscado). Se ela é conhecida não vou mais (riscado) pensar nela, embora da minha parte eu teria o mérito da invenção, nunca a tendo visto em lugar algum. Mas se afortunadamente eu tivesse descoberto algo novo, eu faria muito mal em negligenciar (riscado) a honra que poderia me caber. Talvez por muito tempo eu não faça uma descoberta semelhante.

Confesso que, entretanto, ela não tem nada de miraculoso em termos de dificuldade, pois é muito simples. Ela não exigiu grandes esforços cerebrais de minha parte para ser descoberta. Mas admira-se depois de muito tempo (riscado) a explicação de Bradley que tinha algum mérito, até perceber que estava viciada e corrigi-la.

Emprestei aqui uma (riscado) 2ª edição da astronomia física de Biot impressa em 1811, onde ele ainda dá a velha explicação. Tudo isto me traz esperanças renovadas que a resposta de Arago tinha destruído, mas sem dúvida elas só renascem para morrerem uma segunda vez.

Vedes em que (riscado) perplexidade estou. Tende piedade de uma alma que sofre e tirai-me muito em breve deste purgatório.

A correção que fiz da explicação de Bradley me parece importante em respeito à teoria da luz, porque ela faz desaparecer a objeção que foi levantada contra a teoria das vibrações. É isto que me faz refletir sobre (riscado) a explicação de Bradley e é pelo aprofundamento da ideia de choque na qual se apoia a objeção que eu vim a perceber que estava viciada. A série de ideias que me conduziram à nova explicação se vê nas cartas que acabo de escrever para Léonor. Eu a dei [sic] para ele antes de deixar Paris e estou aborrecido que ele não a mostrou para o Sr. Haüy, como eu lhe tinha pedido. Eu teria então talvez tido o mérito da prioridade.

No final do trabalho de Biot que me enviastes, ela está no fim da primeira parte [ênfase original]. Se ela não [for – interpolação acrescentada] um erro de impressão, tenho então só uma parte da obra, e é talvez da 2ª parte que o Sr. Arago vos falou. Entretanto, não vejo o que a aberração das estrelas tenha em comum com a polarização da luz, e sempre me parece mais provável que ele entendeu por aberração a da refração, acreditando que era disto que queríeis falar com ele.

Adeus, querido tio, abraço-vos com todo meu coração, in manus tuas commendo gloriam meam [em tuas mãos confio minha glória].

Dizei, rogo-vos, muitas coisas ternas de minha parte para toda a família.

Fresnel

Artigo originalmente publicado em **Science in Context**, *vol. 19, nº 2, junho de 2006, p. 295-307*

Uma história de silenciamento: Ida Noddack e a "Abundância Universal" da Matéria

Introdução

Ida Noddack (nascida Ida Tacke, 1896-1978) e seu marido Walter Noddack (1893-1960) se destacaram no campo da química analítica, o que foi demonstrado notavelmente com sua descoberta em 1925 do elemento 75 (rênio) da Tabela Periódica. O casal também é associado com uma áspera disputa na história da ciência, recentemente ressuscitada, e possivelmente ainda não resolvida, sobre a descoberta do elemento 43 (masúrio, posteriormente renomeado tecnécio).[98]

Ida deixou claro que ela nunca foi apenas assistente de Walter; eles foram na verdade colegas de trabalho. Sua carreira conjunta foi tratada por Brigitte van Tiggelen e Annette Lykknes como uma verdadeira *Arbeitsgemeinschaft* (parceria de trabalho), e ainda é difícil determinar o que pode ser atribuído à participação de Ida como cientista independente no contexto mais amplo da produção científica do casal; por qualquer padrão que seja, sua competência como cientista é inquestionável.[99] De acordo com van Tiggelen e Lykknes,

---

[98] O uso da palavra "descoberta", embora bastante rotineira, é geralmente enganoso na história da ciência. A busca por novos elementos na primeira metade do século 20 envolveu uma concorrência feroz, e no caso do isolamento do elemento 43 da Tabela Periódica, uma reivindicação anterior havia sido feita pelo químico japonês Masataka Ogawa, que publicou seu resultado em 1909 e o chamou de nipônio. Nenhuma réplica de seus resultados foi bem-sucedida, e a reivindicação foi esquecida. O recente reexame de seus dados parece indicar que ele havia isolado o elemento 75; ver Eric Scerri, *A tale of seven elements* (Oxford: Oxford University Press, 2013), págs. 102-103, 221.

[99] Brigitte van Tiggelen e Annette Lykknes, "Ida and Walter Noddack through better and worse: an Arbeitsgemeinschaft in chemistry", in A. Lykknes et al. (eds.), *For better or for worse?*

Walter publicou, com Ida ou sozinho, trabalhos que foram considerados relativamente incontroversos no campo, talvez porque ele ocupava uma posição acadêmica de alto nível, enquanto que Ida (que tinha muito menos a perder) arriscou e publicou sozinha quando o material não era convencional.

No presente texto, embora o trabalho dos Noddacks tenha sido tão intimamente entrelaçado e, em sua maior parte, colaborativo, é Ida quem será o foco principal, dadas as maiores dificuldades dela na arena científica e a heterodoxia de algumas de suas ideias. O debate sobre a existência da fissão nuclear, bem como as atividades de Ida como caçadora de elementos, tem sido discutido na literatura secundária.[100] No entanto, um aspecto menos estudado do trabalho dela é sua hipótese sobre a distribuição da matéria no universo, um tema rico em implicações, não apenas do ponto de vista histórico, mas também por seu interesse epistemológico. Perguntas que nos ajudam a entender como sua pesquisa foi recebida na comunidade científica incluem:

- Como a interpretação correta de Ida, em 1934, dos resultados experimentais de Fermi como sendo na verdade uma fissão nuclear colaborou para prejudicar a aceitação de seu trabalho com a distribuição de elementos químicos?
- Será que a controvérsia que se seguiu com Otto Hahn e Fritz Strassmann sobre a possível fissão do urânio, posteriormente ainda mais amargada pela

---

Collaborative couples in the sciences, Science Networks, Historical Studies 44 (Basel: Springer, 2012), págs. 103-147. A determinação da autoria individual por van Tiggelen e Lykknes foi baseada em cadernos de laboratório manuscritos, mas deve ser observado o quão difícil é julgar *ex post*, já que poderia acontecer que o autor principal não fosse sempre aquele que fazia as anotações num trabalho de pesquisa conjunto. Por exemplo, o artigo de 1937, escrito para uma publicação russa apenas em nome de Walter, foi na verdade de Ida, pois Walter não teve tempo de prepará-lo, cf. a biografia por Tilgner (vide nota 3 adiante).

100 Uma pesquisa original sobre esse tópico aparece em Brigitte van Tiggelen, "The discovery of new elements and the boundary between physics and chemistry in the 1920s and 1930s. The case of elements 43 and 75", in Carsten Rheinhardt, ed., *Chemical Sciences in the 20th Century*, 2001, págs. 131-144. Um panorama das contribuições de Ida e Walter, bem como de seu trabalho conjunto está apresentado por Brigitte Van Tiggelen e Annette Lykknes, 2012 (op. cit.). A fonte biográfica principal sobre os Noddacks (muito útil, embora sobrecarregada de um tom laudatório) é a de um ex-aluno de Walter, Hans Georg Tilgner, *Forschen, Suche und Sucht. Kein Nobelpreis für das deutsche Forscherehepaar, das Rhenium entdeckt hat. Eine Biografie von Walter Noddack und Ida Noddack-Tacke* (Libri Books on Demand, 1999). Também interessantes são as notas de Fathi Habashi, *Ida Noddack (1896-1978). Personal recollections on the occasion of the 80th anniversary of the discovery of Rhenium* (Québec: Métallurgie Extractive Québec, 2005). Fathi conheceu Ida pessoalmente, e estudou na Alemanha com Friedrich August Henglein, que foi um outro aluno de Walter.

disputa com Emilio Segrè e Carlo Perrier sobre a descoberta do masúrio, afetou a avaliação da hipótese da frequência universal dos elementos?

- Dado o prestígio internacional da química da Alemanha, especialmente antes da Segunda Guerra Mundial, por que a recepção da referida hipótese de distribuição foi tão silenciada?

O presente texto é apresentado com essas perguntas em vista.

Esboço biográfico

Ida Tacke nasceu em 1896 em Lackhausen, na região do Norte do Reno, filha de um fabricante de vernizes. Em 1918, formou-se em engenharia química e metalúrgica na "Technische Hochschule" de Berlim, onde imediatamente iniciou pesquisas sobre a química orgânica dos ácidos graxos, obtendo o grau de Dr. Eng. em Química, em 1921. Seu primeiro trabalho foi no laboratório de química da fábrica de turbinas em Berlim da AEG (uma empresa afiliada à General Electric nos EUA. Lá, ela trabalhou em um edifício mundialmente famoso, projetado pelo arquiteto Peter Behrens para se assemelhar à forma de uma turbina).

Desde 1922, esteve em contato com Walter Noddack, pesquisador do Departamento de Química Física da Universidade de Berlim. Walter foi um brilhante estudante de doutorado do ganhador do Prêmio Nobel, Walther Nernst, que em 1922 foi convidado para dirigir o prestigiado PTR alemão – Physikalisch-Technische Reichsanstalt (Instituto Imperial Técnico de Física). Em consequência, Walter acompanhou Nernst e foi trabalhar na Divisão de Química do PTR, onde seu projeto era procurar os elementos faltantes da Tabela Periódica. Em 1924, Ida decidiu renunciar ao seu emprego e trabalhar em tempo integral como colaboradora não remunerada no PTR, ajudando na pesquisa de Walter. O grupo de Walter do PTR concentrou-se nos elementos 43 e 75, previstos por Mendeleev na Tabela Periódica na mesma coluna do manganês. Walter e Ida tinham a percepção de que os novos elementos deveriam ser procurados não nos minérios de manganês mais óbvios, mas sim nos minerais dos vizinhos horizontais do manganês na Tabela Periódica.

Ida tinha boas conexões no Laboratório Químico da fábrica de lâmpadas da Siemens & Halske em Berlin, e lá ela teve acesso a novos equipamentos de espectroscopia de raios-X no grupo liderado por Otto Berg. Depois de um trabalho analítico muito exigente, em 1925 Walter e Ida foram capazes de anunciar a descoberta dos elementos 75 (Berg também foi coautor) e 43, respectivamente chamados de rênio, em homenagem ao local de nascimento de Ida, e masúrio, em honra das raízes de Walter no Leste da Alemanha. Em 1926, Walter Noddack e Ida Tacke se casaram.

Suas descobertas dos elementos 43 e 75 foram logo contestadas por outros cientistas em busca dos mesmos elementos. Isso forçou os Noddacks a se envolverem na enorme tarefa de examinar cerca de 1800 minérios (e meteoritos) para obter quantidades pesáveis dos novos elementos. Nesta tarefa, eles tiveram sucesso apenas no caso do rênio, já que o masúrio se mostrou extremamente difícil de obter por meios analíticos. Por outro lado, eles garantiram o patrocínio da Siemens por alguns anos para um laboratório especialmente construído para sua pesquisa, como resultado do interesse da Siemens no possível uso de rênio em vez de tungstênio nos filamentos de lâmpadas elétricas.

Em 1929, Walter e Ida receberam uma patente alemã para o revestimento de rênio em filamentos de lâmpadas, e uma patente britânica para o uso de rênio como catalisador para processos de oxidação. Durante 1931 e 1932, eles garantiram três patentes nos EUA para, respectivamente, filamentos de lâmpadas incandescentes e válvulas; concentrados de rênio; e uso de rênio metálico como emissor elétrico para lâmpadas incandescentes. Essas conquistas culminaram em 1931 com a premiação conjunta para o casal da prestigiosa Medalha Liebig da Sociedade Química Alemã. Por sua descoberta do rênio e masúrio, os Noddacks foram repetidamente indicados ao Prêmio Nobel (em 1932, 1933, 1935 e 1937). Em 1934 eles ganharam a cobiçada Medalha Scheele da Sociedade Química Sueca, e no mesmo ano garantiram outra patente alemã, desta vez para concentrados de rênio.

Em 1934, Ida publicou um artigo criticando a suposta descoberta por Enrico Fermi do elemento 93 como produto da fusão nuclear pelo bombardeio de urânio com nêutrons. Ela sugeriu, ao invés disso, que os experimentos de Fermi apontavam para o processo oposto, da fissão nuclear. Os principais cientistas alemães, entre eles Otto Hahn, consideraram inadmissível a sugestão de Ida, e até mesmo ridícula. Essa crítica pode ter contribuído para a oposição que ainda existia para o reconhecimento dos Noddacks como descobridores do masúrio, que se intensificou após 1937, quando Carlo Perrier e Emilio Segrè artificialmente produziram o elemento 43 em uma reação nuclear.

Devido aos altos níveis de desemprego que se seguiram à queda de Wall Street em 1929, uma nova lei alemã de 1932 havia forçado as mulheres casadas empregadas a abandonar seus empregos em favor dos homens, tornando-se à força donas de casa, um destino do qual Ida escapou porque ela ainda tinha a posição de colaboradora não remunerada. A tomada do poder pelos nazistas em 1933, no entanto, teve um profundo impacto na vida do casal e em suas carreiras científicas. Uma das primeiras consequências foi sua mudança em 1935 para a Universidade de Freiburg (Figura 1), onde Walter foi nomeado Professor Titular de Química Física, uma posição anteriormente ocupada por um cientista judeu, Georg Hevesy.

Figura 1 – Ida Noddack defronte ao seu espectrógrafo de raios X, no laboratório da Universidade de Freiburg, onde ela e Walter Noddack trabalharam de 1935 a 1941 (Data e fotógrafo desconhecidos; cortesia da KU Leuven, Arquivo Walter e Ida Noddack, nº 51)

Em 1941, os Noddacks mudaram-se novamente, desta vez para a Universidade de Estrasburgo. A derrota da França pela Prússia em 1871 resultou na anexação da Alsácia e encorajou os alemães a fazer dessa universidade alsaciana uma joia na coroa alemã. A Alemanha transformou então Estrasburgo com sucesso em uma instituição de elite, que foi depois perdida para os franceses após a derrota do país na Primeira Guerra Mundial. Uma vez que a universidade foi recuperada depois que a Alemanha nazista reocupou a Alsácia, o governo investiu pesadamente para de novo fazer de Estrasburgo uma peça de exibição, desta vez para as qualidades supostamente superiores do arianismo. Walter foi nomeado diretor de dois institutos na universidade, onde a maioria dos professores eram membros do Partido Nacional-Socialista, embora o próprio Walter nunca o tenha sido. Ironicamente, nesta nova situação, Ida obteve pela primeira vez um cargo acadêmico remunerado como professora.

À medida que a guerra se intensificava, a Alemanha baqueou após a invasão do dia D, forçando os Noddacks a serem evacuados em 1944 para uma pequena aldeia, juntamente com seu equipamento do laboratório de pesquisa. No ano seguinte, durante o processo chamado de "desnazificação", as Forças Aliadas vencedoras absolveram Walter das acusações de nazismo. Isso foi confirmado pela permissão que foi concedida a Walter e à "Professora Ida" de retomarem suas pesquisas, mas Walter não encontrou emprego nas principais universidades. Em 1946, ele finalmente obteve uma colocação modesta em uma faculdade técnica, a "Philosophisch-Theologische Hochschule" em Bamberg. Ainda na posse de seus antigos equipamentos de Estrasburgo, Walter fundou independentemente um Instituto Geoquímico privado em Bamberg, onde Ida se tornou (novamente) um membro não remunerado da equipe, engajando-se em pesquisa geoquímica e fisiológica. O Instituto foi reconhecido e nacionalizado como parte da rede de pesquisa da República Federal da Alemanha em 1956, e algum tempo depois, em 1960, Walter morreu. Ida, no entanto, continuou sua pesquisa lá até 1968, quando se aposentou e mudou para um asilo, morrendo finalmente em 1978.

Ida, a caçadora de elementos?

Uma das características conspícuas sobre os Noddacks é a notável pouca atenção que os historiadores da ciência deram à sua pesquisa, um silêncio especialmente pronunciado no caso de Ida. Mais recentemente, seu trabalho começou a atrair novamente a atenção, notadamente no que diz respeito à controvérsia sobre o elemento 43 e ao reconhecimento precoce da fissão nuclear por Ida. No entanto, parece que suas ideias científicas foram muito mais penetrantes do que foi reconhecido geralmente, e o que ela escreveu sobre geoquímica e cosmoquímica certamente merece ser reexaminado.

As descobertas de elementos pelos Noddacks foram retratadas como uma história de sucesso no caso do rênio, e como um fracasso para o masúrio, esses resultados diferentes sendo atribuídos ao seu desconhecimento de que os tempos haviam entrementes mudado.[101] Os processos analíticos químicos de refino de minério que se mostraram úteis para isolar o rênio entre 1925 e 1929, supostamente não eram mais válidos dez anos depois, quando a física forneceu à química ferramentas nucleares capazes de romper ou fundir elementos, e formar novos. De acordo com essa visão, tal miopia foi suficiente para desacreditar os Noddacks, a ponto de o nome masúrio nunca ter se tornado difundido na literatura alemã ou internacional. Uma demonstração definitiva de que as visões dos Noddacks estavam ultrapassadas seria então exemplificada pela palestra dada por Ida em 1934, abordando as lacunas na Tabela Periódica, em que ela teimosamente se apegou à antiga definição de elemento baseada no peso atômico, em vez de número atômico, dando assim prioridade para isótopos, não para elementos.[102]

Minha leitura do conjunto de artigos originais de Ida não se encaixa nesse padrão de interpretações. A descoberta do rênio foi devidamente reconhecida como uma conquista dos Noddacks, como várias referências na literatura confirmam.[103] Ademais, nos EUA, o *Journal of Chemical Education* deu-lhes crédito antecipado pela descoberta do masúrio, tanto quanto a do rênio. A química Mary Elvira Weeks, que escrevia regularmente sobre assuntos históricos para aquele *Journal*, reuniu suas próprias contribuições em um volume que

---

101 Van Tiggelen, op. cit. (2001), págs. 133 e 136-140.
102 Ida Noddack, "Das periodische System der Elemente und seine Lücken", *Angewandte Chemie*, 47, págs. 301-305, 1934.
103 Resenhas e resumos de artigos escritos pelos Noddacks apareceram regularmente nos EUA. Exemplos disso são: "Renium", *Chemical Abstracts* (1930), p. 3959; "Two new elements of the manganese group", *Journal of Chemical Education* (1925), vol. 2, nº 10, p. 939; "The element rhenium", *Journal of Chemical Education*, v. 9, nº 1 (1932), págs. 161-162. Ida e Walter publicaram um livro coletando dados sobre o novo elemento: *Das Rhenium* (Leipzig: Leopold Voss, 1933). Esse livro foi citado nos EUA, por exemplo, em A. Gosse, "The chemical properties of elements 93 and 94", *Journal of the American Chemical Society*, 57, p. 440 (1935).

apareceu pela primeira vez em 1933, intitulado *The discovery of the elements*. De acordo com Weeks, a descoberta pelos Noddacks do rênio e masúrio

> ... não foi acidental, mas o resultado de uma longa busca em minérios de platina e na columbita mineral... Os difíceis processos de concentração foram realizados apenas pelo Dr. Noddack e pela Dra. Tacke, mas Berg auxiliou nas observações com o espectroscópio de raios-X.

> Em 5 de setembro de 1925, Fräulein Tacke fez uma conferência sobre os novos elementos ante a Verein Deutscher Chemiker [Associação dos Químicos Alemães] em Nuremberg. Depois de agradecê-la pelo discurso, o presidente mencionou que esta era uma ocasião histórica, pois era a primeira vez que uma mulher tinha falado diante da Verein. Ele também expressou a esperança de que outras "Chemikerinnen" [químicas] possam seguir seu exemplo em breve. Faülein Tacke e o Dr. Noddack desde então se uniram no matrimônio e continuaram suas pesquisas conjuntas...[104]

O livro de Weeks foi amplamente lido, com várias edições (a quinta, ainda em 1945) reproduzindo o mesmo relato acima. Na mesma linha, durante a década de 1930, a capa de várias edições do *Journal of Chemical Education* apresentava uma representação da Tabela Periódica, sempre mostrando masúrio (Ma) e rênio (Re) na Coluna VII, do manganês (Figura 2).[105]

---

104 Mary Elvira Weeks, *The discovery of the elements* (Easton, Pa.: Mack Primburg, 1933), págs. 321-322.
105 Um anúncio para a venda de uma nova Tabela Periódica (1941), compilada por Henry Hubbard (do Instituto de Normas dos EUA), também mostra o masúrio e o rênio. O anúncio foi frequentemente exibido nas páginas do *Journal of Chemical Education* durante os anos da Segunda Guerra.

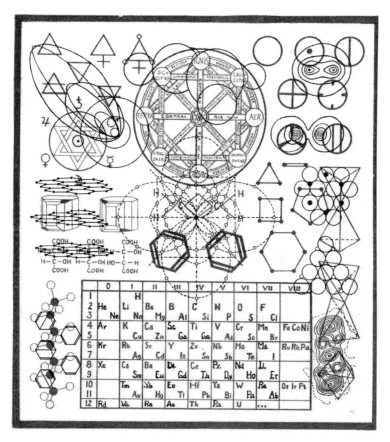

Figura 2. Capa de Journal of Chemical Education, com masúrio e rênio na Coluna VII (Vol. 14, nº 11, November, 1937). Cortesia da Chemical Heritage Foundation.

Mais recentemente, Roberto Zingales revisou a disputa sobre a prioridade, que nunca contemplou o caminho dos Noddacks, na descoberta do elemento 43.[106] Embora Zingales tenha posteriormente mudado sua opinião (diante das críticas de suas opiniões, vindas de muitas frentes), a controvérsia

---

106 Pieter van Assche reabriu essa controvérsia em 1988. De acordo com ele, John T. Armstrong, do Instituto Nacional de Normas dos EUA, usou equipamentos modernos e análises espectrais para confirmar que as linhas espectrais atribuídas ao masúrio pelos Noddacks eram consistentes com o elemento 43. Ele concluiu a partir disso que o equipamento do casal era suficientemente sensível para detectar seus traços na década de 1920; ver P. van Assche & J.T Armstrong, *J. Res. Nat. Inst.*, 104, (1999), p. 599. Para uma reavaliação da possibilidade de descoberta real do elemento 43 pelos Noddacks, vide o artigo de Roberto Zingales, "From masurium to trinacrium: the troubled history of Element 43", *Journal of Chemical Education*, 82 (2005), págs. 221-227, e as discussões subsequentes por Fathi Habashi e outros na mesma revista.

não parece ter sido satisfatoriamente resolvida.[107] Os problemas geralmente associados ao trabalho experimental, especialmente aqueles relacionados à medição e replicação, também têm um papel nessa história. Deve-se dar atenção aos vieses interpretativos dos cientistas tanto no favorecimento quanto na oposição aos resultados que contradizem as teorias científicas vigentes, e atualmente há uma crítica crescente à inexorabilidade e inquestionabilidade de um "método científico" auto-justificante.[108] Acredito que essa característica da ciência para despertar controvérsias é pertinente a este caso.

Na literatura relacionada a essa controvérsia em particular, é comumente afirmado que o nome "tecnécio" foi oficialmente adotado em 1947, após um artigo publicado pelo químico Fritz Paneth na *Nature*.[109] Lá Paneth reconheceu e lamentou que

> *Os nomes "masúrio" e "ilírio" estão tão firmemente enraizados em livros-texto e tabelas que os trabalhos recentes sobre isótopos artificiais dos elementos 43 e 61 são algumas vezes referidos como a produção de espécies de masúrio e ilírio.*

Paneth continuou explicando que a lentidão dos químicos em abandonar os nomes era devida à omissão dos nomeadores em retirar suas reivindicações. Acrescentou que, no caso do masúrio, Walter Noddack (ele sistematicamente ignorava Ida) chegou ao ponto de reclamar em 1930 ao "coordenador de uma reunião química em Königsberg" (na verdade, o próprio Paneth) que ele deveria ter sido convidado a falar sobre esse elemento, mas não o foi. Em

---

107 Por exemplo, Eric Scerri escreveu em 2007: "As evidências reunidas por Van Assche são bastante convincentes e implicam que o primeiro isolamento do elemento 43 envolveu um elemento de ocorrência natural"; vide Scerri, *The Periodic Table. Its story and significance* (Oxford: Oxford University Press, 2007), p. 174. Em 2013, Scerri mudou de opinião e voltou a ideia de que o elemento 43 só poderia ter sido produzido artificialmente, admitindo que ele havia "aceitado erroneamente este trabalho como evidência para a validade da descoberta por Noddack et al. em 1925"; vide Scerri, *A tale of seven elements* (Oxford: Oxford University Press, 2013), p. 224, n. 17. No entanto, Scerri acompanhou essa mudança de opinião com a observação de que a descoberta de um reator natural de fissão no Gabão, que estava ativo há 2 bilhões de anos, mostrava que uma série de elementos antes considerados ausentes da Terra ocorreram naturalmente; esses elementos incluíam o tecnécio (id., pp. 138-139).

108 Ainda é útil ler a apresentação mais antiga deste problema por Allan Franklin, em *The neglect of experiment* (Cambridge: Cambridge University Press, 1986), bem como a discussão mais recente de Harry Collins e Trevor Pinch, *The Golem. What you should know about science* (Cambridge: Cambridge University Press, 1998).

109 "The making of the missing chemical elements", *Nature*, vol. 159, págs. 8-10, 1947.

apoio ao seu argumento, Paneth afirmou que, durante a guerra, Walter havia sido nomeado professor de química inorgânica em Estrasburgo pelo "poder de ocupação" (novamente escolhendo ignorar Ida), e que após a guerra "quando os químicos franceses voltaram, encontraram o símbolo "Ma" pintado na parede do principal anfiteatro de aula de química em uma grande representação do Sistema Periódico".

Ele terminou seu artigo com uma convocação premente:

> *Até agora nenhum nome para os elementos 43, 61 e 85 foi oficialmente apresentado por seus descobridores, Perrier e Segrè, Coryell e seu grupo, e Corson, Mackenzie e Segrè, respectivamente. Todos os químicos preocupados com a tarefa de ensinar química inorgânica sistemática e de conhecer sua* tabela *atualizada do Sistema Periódico ficarão gratos se publicarem logo os nomes que considerarem adequados.*

Não havia necessidade de preocupação séria por parte de Paneth, pois em uma manobra obviamente calculada, a página 24 da mesma edição da *Nature* trazia uma carta assinada por Perrier e Segrè nomeando o elemento 43 como tecnécio, e outra carta assinada por Corson, Mackenzie e Segrè, nomeando o elemento 85 como astatínio (o promécio, elemento 61, foi omitido).

No entanto, esses nomes não foram imediatamente impostos. Após o fim da Segunda Guerra Mundial, o trabalho da União Internacional de Química Pura e Aplicada (IUPAC) continuou por alguns anos a abraçar problemas de nomenclatura, incluindo esses elementos. Nesses anos, Paneth participou de conferências internacionais da IUPAC, nas quais, apesar de seu destaque científico, a Alemanha não tinha permissão para participar, uma vez que após 1945 era um país ocupado e não independente. Os registros da IUPAC mostram que os congressos do pós-guerra deixaram em branco o nome do elemento 43.[110] Finalmente, o grupo da IUPAC sobre a Nomenclatura de Química Orgânica

---

110 Os registros da IUPAC são mantidos na Chemical Heritage Foundation (atualmente Science History Institute) em Filadélfia, Pensilvânia. Gradualmente, as proibições sobre a participação alemã foram suspensas, como pode ser visto a partir de um "Relatório" do Simpósio sobre Geoquímica realizado em Zurique, de 11 a 13 de agosto de 1953, onde Walter Noddack deu uma palestra sobre armazenamento de energia em minerais (IUPAC Addenda, Caixa 214). A República Federal da Alemanha foi totalmente restabelecida em 1955.

preparou seu Relatório de 1957, que foi publicado em 1959. A partir dele foi dado oficialmente o nome de tecnécio para o antigo masúrio.[111]

A versão posterior de Segrè desta história em uma entrevista dada em 1967 também é interessante.[112] Ele disse que na questão do tecnécio os Noddacks "tinham sido simplesmente desonestos", baseando esta séria acusação em uma visita e conversas que ele teve com os Noddacks. Acredito que o fato de Paneth e Segrè serem judeus exilados, enquanto os Noddacks eram então, e continuavam a ser, ainda equivocadamente caracterizados como partidários dos nazistas, desempenhou um papel significativo nesta avaliação, um assunto ao qual eu retornarei mais adiante.

A distribuição de elementos químicos no universo

Todas as controvérsias anteriores são historicamente interessantes em si mesmas, mas a abordagem dos elementos feita por Ida era parte de uma visão de mundo mais ampla que não tem sido suficientemente discutida, com o resultado de que o que talvez tenha sido sua contribuição mais original da equipe formada com Walter foi negligenciada. Em seu artigo de 1934, Ida considerou que o sistema periódico era capaz de fornecer novas descobertas além dos elementos químicos, revelando mais sobre a estrutura da matéria. Ela mencionou um possível novo sistema natural de classificação que seria baseado em uma tabela de isótopos, não apenas de elementos.

Já em 1930, Ida e Walter publicaram tabelas com os valores existentes para a composição da crosta terrestre, introduzindo correções relativas aos elementos mais raros, para os quais encontraram uma porcentagem maior do que havia sido relatado em estudos semelhantes. Eles também deram valores para a composição de rochas meteóricas muito semelhantes às da crosta terrestre.[113] Suas curvas de distribuição mostraram um aumento na frequência a

---

111 *Nomenclature of Inorganic Chemistry (1957 Report)* (London: Butterworths Scientific Publications, 1959).

112 Também citado em Scerri, op. cit. (2013), págs. 136-137; a transcrição completa pelo Instituto Americano de Física pode ser acessada em http://www.aip.org/history/ohilist/4876.html

113 A obra original, "Die Häufigkeit der chemischen Elemente", apareceu em *Naturwissenschaften* 18, nº 35, pp. 757-64 (1930), e foi devidamente resenhada em "The distribution of chemical elements" em *Chem. Abtstr.*, 24, p. 5546 (1930). Também relacionado a esse tema é seu artigo mais denso no *Zeitschrift für physikalische Chemie* de 1931, resenhado em "Ocurrence of the platinum metals in the earth's crust", *Chem. Abstr.*, 26, p. 672 (1931).

partir dos elementos mais leves até o oxigênio, seguido por um declínio lento depois disso. Eles também confirmaram a alternância de intensidades maiores e menores entre os elementos de números ímpares e pares, bem como picos no silício, estanho e chumbo, com vales no escândio, gálio, índio, telúrio, cloro, masúrio e rênio. Isso levou Ida à hipótese de que o núcleo formava camadas com números atômicos crescentes, algo semelhante ao sistema de camadas eletrônicas.[114]

Em vez de desconsiderar a importância dos números atômicos, Ida sugeriu que a pesquisa deveria se concentrar na composição dos núcleos dos isótopos individuais. O que estava em jogo era a tentativa de compreender um arranjo de ordem superior que explicasse a formação de isótopos em conformidade com tais propriedades do núcleo. Foi por essa razão que os Noddacks afirmaram corajosamente em seu artigo de 1930 que a "distribuição dos elementos no universo é uma propriedade bem definida do núcleo". Outra afirmação forte foi "que os meteoritos certamente não deveriam ser considerados como detritos de um grande corpo cósmico... eles foram condensados durante a formação do sistema solar".

Não está no âmbito do presente artigo examinar até que ponto os pensamentos provocativos de Ida refletiram questões históricas e filosóficas mais amplas relacionadas aos fundamentos da Tabela Periódica.[115] No entanto, a extensa bibliografia sobre o assunto dá ampla evidência de um debate ainda aberto, que destaca a observação de Ida sobre a adequação da fundação do

---

114 Em 1917, William Harkins havia estudado a abundância de isótopos em função do número atômico, e Richard Sonder (cujas obras eram conhecidas por Ida Noddack) sugeriu que essas relações refletiam a estrutura do núcleo. Vide Helge Kragh, "An unlikely connection: geochemistry and nuclear structure", *Phys. Perspect.*, 2, págs. 381-397 (2000). A ideia de camadas nucleares foi mais tarde desenvolvida por Maria Goeppert-Mayer e Johannes Jensen (pelo que foram premiados com o Prêmio Nobel de 1963). Como observa Kragh, Maria Goeppert-Mayer chegou a essa concepção enquanto tentava entender a formação primordial de elementos.

115 Refiro o leitor interessado ao trabalho abrangente de Eric Scerri, *Selected papers on the Periodic Table* (London: Imperial College Press, 2009). Nele, Scerri argumenta que aspectos filosóficos continuam a subscrever o sistema periódico e que seu futuro está, consequentemente, aberto ao escrutínio e ao debate. Vide também Michael Gordin, "The short happy life of Mendeleev's Periodic Law", e Michael Laing, "Patterns in the Periodic Table – old and new", em Dennis Rouvray e Bruce King (eds.), *The Periodic Table into the 21st Century* (Baldock, Hertfordshire: Research Studies Press, 2004). Um interessante e abrangente levantamento das estruturas propostas para o Sistema Periódico é o de Edward Mazurs, *Graphic representations of the Periodic System of chemical elements* (publicado pelo autor, 1957), e sua edição revisada *Graphic representations of the periodic system during one hundred years* (Tuscaloosa, Al.: University of Alabama Press, 1974).

sistema periódico sobre os isótopos e não sobre os elementos, uma questão no centro de sua discordância com Paneth e Georg Hevesy na primeira metade do século.[116] A questão implícita ao considerar elementos como substâncias básicas (não simples) ou, pelo contrário os isótopos, como base para o sistema periódico, é se existe uma classificação "natural", mesmo que isso não tenha ainda sido descoberto. As configurações eletrônicas são suficientes para essa classificação, ou precisamos nos aprofundar ainda mais na configuração do núcleo para descobrir um tal sistema "natural"?[117]

Esta última pergunta é o cerne do artigo de Ida de 1934 sobre o sistema periódico, no qual ela ampliou uma ideia presente no artigo de 1930 do casal sobre a distribuição dos elementos. O artigo de 1934 reproduziu uma conferência dada por Ida para comemorar o centésimo aniversário de Mendeleev, no qual ela afirmou que o sistema periódico estava incompleto, e não apenas pela falta dos elementos 61, 85 e 87, ou dos transurânicos. Ela insistiu na "possibilidade de também se fazer descobertas interessantes nos fundamentos do sistema periódico, que possam influenciar nossas ideias sobre a estrutura do mundo material para além do domínio da química".

A maioria dos elementos químicos, Ida continua, possui isótopos, que não poderiam ser separados por meios químicos. O progresso da física até o momento ensinou que as propriedades químicas dependem das camadas eletrônicas externas; só isso, no entanto, levaria à identidade química dos isótopos de um elemento. Neste ponto Ida faz uma afirmação radical: este era um dogma, e como tal precisava seguir o destino de todos os dogmas, ou seja, um dia seria contrariado, como tinha acontecido com o isótopo de hidrogênio. Foi por essa razão que ela conclui que os isótopos aumentaram as unidades do sistema periódico dos 92 elementos para cerca de 280, de modo que um novo sistema natural deveria ser buscado.

Em 1942, no único livro que escreveu sem parceria, dedicado a um relato do desenvolvimento e constituição da química, Ida retornou a questões

---

116 Ver Scerri, op. cit. (2007), págs. 278-280.

117 Para uma proposta alternativa e provocativa de uma estrutura do núcleo, vide a descrição do modelo de Robert Moon explicando o crescimento ordenado dos núcleos com o aumento do peso atômico - Laurence Hecht, "Mysterium Microcosmicum: the geometric basis for the periodicity of the elements", *Campaigner*, vol. 1, n° 2, May-June (1988), págs. 18-30. Isso vai além da ideia de "camadas" no núcleo, assumindo que seus constituintes formam estruturas geométricas internas bem ordenadas.

semelhantes.[118] Embora o livro tenha sido escrito para o grande público, Ida o usou para defender sua posição firmemente mantida: a ciência deve constantemente se livrar dos dogmas, pois eles são sempre um sinal da incompletude humana e retardam o desenvolvimento da ciência.

Em 1936, Ida publicou outro artigo altamente significativo (Figura 3), baseado na continuação de seu intenso trabalho laboratorial na análise química das concentrações de elementos nos minerais e minérios.[119] Depois de analisar muitas amostras, ela estava convencida de que "*a maioria dos elementos mais conhecidos foram encontrados nesse material; os que ainda faltam não tinham sido suficientemente procurados. Tem-se a impressão geral de que esses elementos também seriam encontrados depois que trabalho e tempo suficientes fossem gastos com eles*".

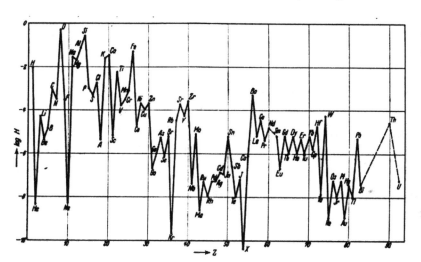

Figura 3 Abundância relativa dos elementos na crosta terrestre - Ida Noddack (1936, p. 760). Cortesia da Chemical Heritage Foundation

---

118 *Entwicklung und Aufbau der chemischen Wissenschaft* (Freiburg: Hans Ferdinand Schulz, 1942). Este continua sendo um trabalho bastante legível e elegantemente escrito. Um de seus pontos altos é a definição prática, mas rigorosa, de observação científica/experimentação, hipótese, e teoria, com distinção nítida entre si. Ida e Walter foram os autores conjuntos de outro livro anterior, também para um público geral, sobre a história e aplicações da geoquímica, *Aufgaben und Ziele der Geochemie* (Freiburg: Hans Ferdinand Schulz, 1936).

119 «Über die Allgegenwart der chemischen Elemente», *Angew.Chem.* 49, nº 47, págs. 835-841 (1936); resenhado em "The over-all occurrence of the chemical elements ", *Chem. Abstr.*, p. 586 (1936). Os Noddacks haviam publicado uma versão preliminar na Suécia em 1934, resenhada em "The geochemical distribution coefficient of the elements", *Chem.Abstr.* 29, p. 707 (1934). Ida também se baseou em sua pesquisa sobre terras raras nos meteoritos, em "Die Häufigkeit der Seltenen Erden in Meteoriten", *Zeitschrift der anorganischen allgemeine Chemie*, 225, (1935), 337.

A partir destas descobertas, Ida tirou uma primeira conclusão muito geral: que cada elemento químico poderia ser encontrado em qualquer minério. A propriedade, no entanto, não se limitava aos minerais: *"também substâncias de organismos vivos e produtos artificiais exibem o mesmo quadro"*.

Isso levou à sua segunda conclusão, de que todos os elementos químicos provavelmente existem em todas as substâncias terrestres (*Allgegenwartshäufigkeit* – onipresença, ou abundância universal). Esta hipótese é válida apenas para condições macroscópicas, obviamente, uma vez que o processo de refinamento poderia atingir *in extremis* apenas um único átomo. Isso também explicaria por que cada tipo de solo e rocha na superfície da Terra é até certo ponto radioativa.

A hipótese de que todos os elementos estão presentes em qualquer mineral foi derivada dos exaustivos experimentos de Ida, de tentativa e erro. Seguia-se que, tomando qualquer sistema material natural suficientemente grande, chega-se aproximadamente à mesma distribuição de frequência para todos os elementos da Tabela Periódica. A partir disso, ela desenvolveu mais especulações sobre a gênese dos elementos no universo, sendo o ponto de partida a formação e estabilidade interna dos núcleos atômicos.[120] A concentração mínima na qual um determinado elemento está presente em qualquer mineral foi chamada por Ida de "concentração universal" do mineral (*Allgegenwartskonzentration*). Seu exame de minérios da Terra, dos meteoritos do sistema solar e dos espectros estelares indicou uma primeira aproximação para essa concentração. Por exemplo, nenhum mineral que ela examinou continha menos de 0,02% de oxigênio ou 0,025% de ferro.

Seguia-se ainda que a criação e distribuição de elementos no universo, nas estrelas e na Terra não é um processo aleatório; em vez disso, elas seguiram certas regras, relacionadas com as propriedades do núcleo atômico. Ida, na verdade, parecia estar procurando um significado nos alicerces da matéria. Ao contrário de sua abordagem supostamente antiquada no que diz respeito à energia nuclear, todo o conceito de busca de um sistema de ordem superior dos

---

[120] O artigo de Ida apareceu antes das publicações de Carl von Weizsäcker sobre transmutações de elementos dentro das estrelas (1937, 1938), e de George Gamow sobre a origem dos elementos (1946), apontadas por Kragh, op. cit. (2000).

elementos, baseado em seus isótopos, parece hoje ser mais promissor do que o foi na década de 1930.[121]

Após os anos difíceis de reconstrução pós-guerra, e apesar da perda de seu prestígio remanescente de antes da guerra, Ida continuou sua pesquisa em Bamberg, embora suas publicações agora parecessem mais rotineiras. Neste período, ela não publicou nada mais por conta própria, mas apenas como parte de uma equipe, trabalhando com Walter ou com outros colaboradores.[122] Após a morte de Walter, no entanto, ela retomou sua autoria individual quando foi convidada a contribuir para uma revista mais direcionada para um público geral, *Vitalstoffe, Zivilisationskrankheiten*.[123]

Isso deu a Ida uma chance de voltar ao seu trabalho de trinta anos antes. Ela o fez ao escrever uma série de três artigos sobre a teoria da distribuição universal dos elementos químicos. No primeiro deles, ela lembrou que o material previamente observado havia sido ampliado, cobrindo 2400 amostras de 800 tipos de minerais, e que novos métodos mais sensíveis haviam sido aplicados, especialmente análises de ativação com isótopos radioativos artificiais, e determinação fotográfica de traços (uma invenção que alegou como sendo dela).[124] Desde 1936, a concentração mínima universalmente presente tornara-se de interesse mais do que apenas acadêmico: em transistores trabalhava-se com traços de impureza de 10^{-8} a 10^{-9}, e em biologia a eficácia de traços inferiores a 10^{-10} tinha sido demonstrada. Quando a Terra foi formada, todos os elementos estavam presentes, e sua distribuição era igual às suas concentrações universais; além disso, a composição dos elementos terrestres deve ter sido mais ou menos

---

121 A perspectiva de uma nova ciência de materiais baseados em isótopos, incluindo os transurânicos, foi apresentada por Jonathan Tennenbaum, em "The isotope economy", *21st Century*, Fall-Winter (2006), págs. 8-37.

122 Cf. I. e W. Noddack, "Rhenium and its present technical uses", *Chemical Abstracts* 45, p. 9441 (1951); I. Noddack e E. Wicht, "Separation of rare earths in an inhomogeneous magnetic field", *Chem. Abstr.* 50, (1956), págs. 13-14; W. e I. Noddack e E. Wicht, "Separation of rare earths in an inhomogeneous magnetic field", *Chem. Abstr.* 52, (1958), p. 11642; W. e I. Noddack, "Determinatiopn of traces of sulphur", *Chem. Abstr.* 53, (1959), p. 12929; H. Thies, W. Oppelt, W. e I. Noddack, "The anticoagulation effects of twelve rare-earth metals in animals", *Chem. Abstr.* 57, (1962), págs. 3083-84.

123 Este foi o órgão oficial da Sociedade Internacional de Pesquisa em Nutrição e Substâncias Vitais, com sede em Hannover, Alemanha Ocidental, da qual Ida foi membro honorário, na companhia de figuras bem conhecidas, como Linus Pauling e Albert Schweitzer.

124 "Zur Allgegenwart der chemischen Elemente", *Vitalstoffe, Zivilisationskrankheiten* 6, (1961), págs. 15-19.

a mesma encontrada nos meteoritos de ferro. Posteriormente, os valores de distribuição mudaram, e a difusão de átomos ou íons desempenhou um grande papel, algo que ela havia estudado pela primeira vez em Bamberg. O artigo termina com um relato fascinante da distribuição de elementos em animais marinhos, florestas, plantas, carvões e grafites, para os quais ela explicou as diferenças como sendo devidas à sua formação temporal sequencial e ao papel da filtragem de elementos, desempenhado por substâncias orgânicas.

Em seu artigo seguinte, Ida discutiu o rênio no contexto da concentração universal de elementos químicos.[125] Ela afirmou novamente que todas as substâncias terrestres podem conter todos os elementos químicos (sua hipótese de 1936). Desta vez, no entanto, ela acrescentou a especulação de que uma determinada concentração frequentemente permitiria que a origem do material fosse determinada, e que esta propriedade poderia ser aplicada a materiais históricos antigos como uma indicação de seu território original e até mesmo da mina de onde eles foram extraídos. Outra aplicação seria que todos os organismos vivos assimilaram direta ou indiretamente substâncias de seu ambiente. Assim, comparando os traços de elementos em animais marinhos com a água do mar ambiente, ela foi capaz de prever em 1939 que eles conteriam metais pesados em concentrações muito minúsculas que teriam alguma função vital, como foi devidamente demonstrado para o cobalto através da descoberta da vitamina B_{12}. Em conclusão, segundo este e outros exemplos de aplicações de sua teoria, Ida insistiu na hipótese de que todos os seres vivos, bem como todos os minerais, contêm todos os elementos da Tabela Periódica.

Seu último artigo discutiu três fatores relacionados à distribuição dos elementos: sua migração, o ciclo do carbono e a poeira interplanetária que cai permanentemente na Terra.[126] A migração de elementos é um processo geológico, envolvendo rios, oceanos, e suas condições de mudança (por exemplo, a evaporação resultando em depósitos de sal). Essa transformação tinha

---

125 «Über das Rhenium und die Allgegenwart der chemischen Elemente", *Vitalstoffe, Zivilisationskrankheiten 8*, págs. (1963), 194-202. Na mesma edição (págs. 44-47) ela publicou um tema mais tópico, um relato dos procedimentos para dissolução química de pedras nos rins humanos. A fonte de uma substância química, deduzida a partir de impurezas minúsculas presentes no composto, havia sido investigada pela primeira vez em 1934 por Ida e Walter, vide "Source studies", *Journal of Chemical Education*, vol. 12, (1935, p. 98.

126 "Zur Allgegenwart der chemischen Elemente", *Vitalstoffe, Zivilisationskrankheiten* 10 (1965), págs. 83-86.

possíveis consequências comerciais: no futuro, os fundos oceânicos poderiam ser explorados para obter qualquer metal desejado, desde que a recuperação fosse economicamente viável. Discutindo o conhecido ciclo de carbono, envolvendo plantas, animais, águas, e a atmosfera, Ida concluiu que o teor de CO_2 do ar e do mar, e até mesmo a massa de substâncias vivas, tinha sido aproximadamente constante por muitos milhões de anos. Finalmente, ela examinou a influência da poeira interplanetária na distribuição universal dos elementos na crosta terrestre. De acordo com seus cálculos, nos últimos 4,5 bilhões de anos essa poeira extraterrestre havia se assentado, formando uma camada acumulada de pelo menos 36 cm de altura e pesando cerca de 124 g por centímetro quadrado. Devido a essa poeira, assim como os meteoritos e as "chuvas de estrelas" conterem praticamente todos os elementos químicos, eles contribuíram para intensificar a distribuição universal dos elementos na Terra, e assim para a nutrição de plantas e animais.

Essas ideias altamente originais parecem não ter tido impacto algum nas ciências geológicas. Nenhum dos livros que consultei sobre geoquímica publicados desde a aposentadoria de Ida referem-se a ela.[127] Uma das razões para isso pode ser que nem Walter nem Ida pertenciam a uma extensa rede científica e que, consequentemente, não tinham nenhuma instituição de retaguarda para apoiar suas opiniões.[128] Será que seu isolamento relativo explica completamente o desaparecimento virtual de seu trabalho em química física e geoquímica? A natureza de tais ideias era tão especulativa que elas foram ignoradas? Embora as ideias de Ida incorporassem uma boa dose de especulação, ela sempre testou cuidadosamente suas hipóteses ousadas contra seus dados experimentais, assim como muitos outros cientistas notáveis o fizeram.[129] A minha sugestão, portanto, é que deve haver outras razões pelas quais os Noddacks, e Ida em particular, foram negligenciados.

---

127 No entanto, A. Vynogradov, em *The geochemistry of rare and dispersed chemical emements in soils* (New York: Consultants Bureau, 1959), p. 136, corroborou parte da ideia de Ida (sem mencioná-la): "Pode-se afirmar que todos os elementos ocorrem em solos em maior ou menor quantidade".
128 Para essa opinião, vide Van Tiggelen, op. cit. (2001, p. 200) e Habashi, op. cit. (2005, p. 79).
129 Em relação à formação de elementos no universo, várias especulações foram imaginadas por Walther Nernst e James Jeans; cf. Helge Kragh, "Superheavy elements and the upper limit of the periodic table: early speculations ", Eur. Phys. J., H 38, págs. 411-431 (2013). Kragh observa que esses e outros cientistas estavam dispostos a se envolver em especulações quase completamente divorciadas de dados empíricos. Concordo plenamente com Kragh que as especulações também são uma parte importante da história da ciência (mas, acrescento, também da própria ciência).

História e reconhecimento: antissemitismo e a culpa alemã

Em uma biografia de Victor Goldschmidt (1888-1947) por Brian Mason, na qual Goldschmidt é retratado como o "pai da geoquímica", afirma-se que, após produzir gráficos da abundância terrestre relativa dos elementos, Gold especulou em 1938 sobre as possíveis "origens nucleares" dessas características. Isso foi em uma publicação intitulada *Die Mengenverhältnisse der Elemente und derAtomarten*, a nona parte de sua pesquisa sobre as leis que regem a distribuição geoquímica dos elementos. Goldschmidt se referiu a isso como sua "Nona Sinfonia", contendo dados sobre a abundância dos elementos em rochas ígneas, meteoritos e na atmosfera solar.[130] Mason observa que essa ideia iria influenciar o trabalho dos futuros ganhadores do Prêmio Nobel de 1963, Maria Goeppert-Mayer e Jensen. No entanto, ele não faz menção aos Noddacks, embora eles e Goldschmidt tivessem se encontrado em congressos, e Ida anteriormente tivesse publicado seu artigo também sobre o mesmo assunto em 1936.[131] Mason, porém, enfatiza como a Alemanha nazista dificultou o trabalho científico de Goldschmidt e quase o mandou para um campo de concentração.

O papel dos químicos alemães parece semelhante, mas também é diferente quando o comparamos com o dos físicos. Ute Deichmann mostrou que as duas associações alemãs de químicos se alinharam mais facilmente com o Partido Nacional Socialista do que seus colegas da física, e que eles já expulsavam membros judeus logo após 1933.[132] Isso estava em consonância com o

---

130 Brian Mason, *Victor Goldschmidt: father of modern geochemistry* (San Antonio, Texas: The Geochemical Society, 1992), págs. 74-76. Em sua "Nona Sinfonia", Goldschmidt especulou sobre a possível existência de elementos transurânicos, como Ida já o havia feito em 1934. Pode ser coincidência, mas Ida e Goldschmidt participaram ambos de uma conferência em Moscou em 1934 para comemorar o centenário do nascimento de Mendeleev.

131 Aparentemente, o único historiador da ciência que prestou atenção ao trabalho pioneiro dos Noddacks em geoquímica foi Helge Kragh; vide seu "From geochemistry to cosmochemistry: the origin of a scientific discipline, 1915-1955", em Reinhardt, op. cit. (2001), págs. 160-190. Kragh observa que em 1901 o geólogo norte-americano Oliver Farrington tinha a hipótese de que a abundância relativa dos elementos químicos em meteoritos e na terra eram praticamente os mesmos, fato corroborado pela análise química mais tarde realizada por Ida.

132 Ute Deichmann, "To the Duce, the Tenno and our Führer: a threefold Sieg Heil! The German Chemical Society and the Association of German Chemists during the Nazi Era", em Dieter Hoffmann e Mark Walter (eds.), *The German Physical Society in the Third Reich. Physicists between autonomy and accomodation* (Cambridge: Cambridge University Press, 2012). Walter Noddack expressou preocupação em uma reunião da Associação de Químicos Alemães em 1939 porque o governo queria reconhecer os técnicos em química como tendo o mesmo status que doutores

objetivo do governo de engajar organizações acadêmicas para fornecer apoio técnico à economia alemã. Observou-se, no entanto, que a maioria dos cientistas era mais acomodada e, em particular, que a tentativa de formar uma "química alemã" comparável com a "física alemã" teve menos impacto na comunidade química.[133]

No período imediato do pós-guerra, os cientistas trabalharam duramente para reconstruir seus *campi* bombardeados. Ao contrário dos alemães exilados, sua percepção era de que a Alemanha não deveria ser considerada absolutamente culpada pela guerra em si (embora tal defesa não se estendesse aos campos de extermínio): o país não tinha feito nada de errado, ele simplesmente perdera a guerra. O resultado foi que eles sentiram hostilidade contra os Aliados e suas políticas de desmantelar a indústria alemã e provocar a fome.[134]

O peso negativo dos anos de Estrasburgo no auge da repressão nazista pode ter tido consequências para a disseminação das ideias dos Noddacks, durante e após a guerra. A Lei para a Libertação do Nacional-Socialismo e Militarismo (1946) obrigou todos os cidadãos alemães a preencher um questionário referente à antiga participação em organizações nazistas. A resposta era então enviada para o Ministério Público, e o processo terminava com uma notificação formal classificando cada pessoa em uma de cinco categorias, da mais grave ("grande infrator") à inocência ("exonerado"). Enquanto aguardavam a investigação das circunstâncias, funcionários públicos, incluindo os cientistas, estavam demitidos de seus cargos e tinham suas contas bancárias congeladas.[135] Apenas documentando ou conseguindo testemunhas para provar que suas atividades tinham sido de natureza puramente acadêmica durante a era nazista, poderiam os cientistas garantir emprego na Alemanha pós-guerra. É possível que houvesse casos de vingança pessoal também. Embora os Noddacks fossem considerados "exonerados", os registros de desnazificação

---

em química academicamente treinados. Esse movimento político podia ser visto como uma forma de abrir uma porta para membros do partido nazista que desejassem entrar na organização científica.

133 Jeffrey Allan Johnson, "The case of the missing German quantum chemists: on molecular models, mobilization, and the paradoxes of modernizing chemistry in Nazi Germany ", *Hist. Stud. Nat. Sci.*, vol. 43 (2013), págs. 391-452.
134 Klaus Hentschel, "Distrust, bitterness, and sentimentality. On the mentality of German physicists in the immediate post-war period", in Hoffmann & Walter, op. cit. (2012), págs. 317-366.
135 Johnson, op.cit. (2013).

mostram quão profundamente as relações com cientistas, incluindo Walter, ainda eram coloridas pela política interna datada do período nazista.[136]

Em contraste com uma investigação completa, após a guerra, "certificados de lavagem" foram comumente emitidos por cientistas considerados livres da ideologia nazista para colegas que precisavam da autorização de desnazificação. Bastava dizer que a pessoa tinha mais ou menos expressado sua oposição ao Nacional-Socialismo (mesmo que apenas confidencialmente, e não abertamente), e tinha apoiado apenas a ciência pura e "não suja".[137] Era bastante comum que alguma evidência de ter de alguma forma ajudado a proteger judeus já oferecia uma imunidade contra as acusações de nazismo, como aconteceu no caso dos Noddacks.[138]

Apesar do desejo de que as suspeitas fossem eliminadas o mais rápido possível, as cicatrizes permaneceram por muito tempo. Paneth e Segrè, ambos refugiados judeus do fascismo nazista, persistiram afirmando que os Noddacks deveriam ser considerados suspeitos de colaboração com o nazismo. Isso poderia explicar por que Segrè até os acusou de "desonestidade científica" em relação à controvérsia do tecnécio – masúrio? Qualquer que seja o motivo, o fato é que muitos cientistas altamente qualificados, como Walter e Ida, tiveram problemas em encontrar emprego, e Ida deve ter sentido que para ela seria melhor continuar como uma colaboradora não remunerada. Em particular, mesmo antes da guerra, Ida havia sofrido um preconceito adicional contra suas ideias por ser mulher e, portanto, alguém em desacordo com a ideologia nazista, que classificava as mulheres como intelectualmente inferiores, adequadas

---

[136] Alan Beyerchen, *Scientists under Hitler. Politics and the physics community in the Third Reich* (New Haven and London: Yale University Press, 1977), págs. 197-210. Vide também Andreas Karachalias, *Erich Hückel (1896-1980): From Physics to Quantum Chemistry*, Boston Studies in the Philosophy *of Science,* vol. 283 (Dordrecht: Springer, 2010), págs. 171-175.

[137] Klaus Hentschel e Ann Hentschel (eds.), *Physics and National Socialism. An anthology of primary sources* (Basel: Birkhäuser, 1996). Vide a correspondência de Gustav Mie para Max von Laue, de novembro de 1934 (págs. 87-91), citando a oposição acadêmica à nomeação de Walter Noddack para substituir George Hevesy, que era judeu e tinha sido parceiro de Fritz Paneth, antes de fugir da Alemanha. O perfil biográfico de Ida Noddack apresentado neste mesmo livro ainda se refere ao seu "envolvimento pró-nazista" (p. xl). Em geral, o rigor da desnazificação foi gradualmente diminuindo, e em 1951 havia uma tendência de encobrir o passado não só da parte dos alemães, mas também dos aliados ocidentais, que estavam ansiosos para se utilizar da experiência técnica de cientistas alemães.

[138] Carole Sachse, "Whitewash culture: how the Kaiser Wilhelm/Max Planck Society dealt with the Nazi past", em Suzanne Heim, Carole Sachse e Mark Walker (eds.), *The Kaiser Wilhelm Society under National Socialism* (Cambridge: Cambridge University Press, 2009), p. 385.

basicamente para a vida doméstica. As estatísticas alemãs durante a guerra mostram que as mulheres compunham cerca de 40% do total em laboratórios, mas poucas chegavam a assistentes e ainda menos conseguiam uma *Dozentur* (docência).[139] Fica claro que Ida, excepcionalmente, era altamente considerada, e foi precisamente durante esse período nazista que ela foi nomeada para um cargo de professora na Universidade de Estrasburgo.

O caso da fissão ilustra claramente o desequilíbrio entre a realização e o reconhecimento. Quando Fermi concluiu em 1934 que sua equipe romana havia produzido artificialmente novos elementos mais pesados do que o urânio, bombardeando os últimos elementos da tabela periódica com nêutrons, Ida discordou resolutamente. Porque os produtos não mostravam as propriedades esperadas da periodicidade, ela sugeriu corretamente que o que o grupo de Fermi tinha realizado era a fissão nuclear de elementos pesados, divididos em elementos muito mais leves, uma reação até então desconhecida. Essa contradição com a interpretação de Fermi em 1934 parece ter inflamado uma faísca que foi convenientemente extinta por considerações extracientíficas, especialmente depois que os resultados de Fermi foram confirmados pela equipe de Otto Hahn em Berlim, entre 1935 e 1938.[140] Em 1935, Walter reclamou com Hahn em um seminário em Berlim que a hipótese de Ida da fissão nuclear nem sequer tinha sido examinada, ao que Hahn respondeu que ele não queria envergonhar a esposa de Walter.[141] Entretanto, aqueles que deveriam ter se sentido posteriormente envergonhados seriam os próprios Hahn e Fermi (mesmo Fermi tendo recebido um Prêmio Nobel em 1938 por trabalhos relacionados com a suposta produção do elemento 93 por fusão).[142]

---

139 Tilgner, op. cit. (1999), págs. 132-138.
140 Johnson, op. cit. (2013), p. 441.
141 Jonathan Tennenbaum, *Kernenergie, die weibliche Technik* (Wiesbaden: Dr. Böttiger Verlag, 1994), págs. 211-227; Tilgner, op. cit. (1999), p. 206; Ruth Lewin Sime, "The search for artificial elements and the discovery of nuclear fission", em Reinhard, op. cit. (2001), págs. 146-159.
142 De acordo com o Comitê Nobel, o Prêmio de Física de 1938 foi concedido a Fermi "por suas demonstrações da existência de novos elementos radioativos produzidos pela irradiação de nêutrons, e por sua descoberta relacionada de reações nucleares provocadas por nêutrons lentos". No entanto, Fermi não havia descoberto nenhum "novo elemento", como argumentou Ida, embora tenha afirmado em sua palestra no Nobel (12 de dezembro de 1938) que havia produzido os elementos 93 ("ausênio") e 94 ("hespério"), precisamente o erro apontado por Ida. É interessante notar que o artigo de Ida de 1934 descartava não apenas a suposição de Fermi, mas também uma reivindicação anterior para o elemento 93 feita pelo engenheiro químico tcheco Odolen Koblic (por este chamado de "boêmio"); vide Kragh, op. cit. (2013), p. 415.

Ida também pode ter sofrido porque ela tinha suas próprias idéias no campo da física, e houve uma disputa na teoria atômica entre físicos e químicos. Mary Jo Nye aponta que pode ter sido a poderosa influência da falta de interesse do prestigiado Wilhelm Ostwald (1853-1932) no avanço contemporâneo da física que levou os químicos alemães a ignorar a nova física quântica.[143] A historiografia da ciência ajudou a estabelecer uma suposta prioridade científica para a disciplina da física sobre a química, apesar das evidências historiográficas em contrário, e Nye ilustra uma antiga tensão entre essas disciplinas.[144] Esta tensão ainda está presente na ciência hoje, e alimenta discussões em curso.[145] Tem sido argumentado que as teorias físico-químicas não são extensões lógicas das teorias da física e, portanto, que a química não se reduz à física.[146] Embora Ida insistisse constantemente na hipótese de fissão, sua alegação foi ignorada por muitos físicos nucleares proeminentes, embora no final foi a sua interpretação que prevaleceu.[147]

Conclusão

É evidente pelas publicações autorais atribuídas a Ida que ela não só trabalhou com objetivos práticos sobre elementos químicos e separação de isótopos; ela também estava pronta para questionar os fundamentos do sistema periódico e, mais diretamente, para buscar novas percepções sobre a estrutura e essência da matéria. Ao fazê-lo, ela estava frequentemente disposta a

---

143 Mary Jo Nye, *From chemical philosophy to theoretical chesmistry. Dynamics of matter and dynamics of disciplines, 1800-1950* (Berkeley: University of California Press, 1993), págs. 6-8.

144 Nye, id. (1993), págs. 32-55.

145 Vide Nikos Psarros, "The lame and the blind, or how much physics does chemistry need?" *Found. Chem.*, vol. 3, (2001), págs. 241-249; e também Ana Simões e Kostas Gavroglu, "Issues in the history of theoretical and quantum chemistry, 1927-1960", em Reinhardt, op. cit. (2001), págs. 51-74.

146 G.K. Vemulapalli, "Physics in the crucible of chemistry. Ontological boundaries and epistemological blueprints", em Davis Baird, Eric Scerri e Lee McIntyre (eds.), *Philosophy of chemistry. Synthesis of a new discipline*, Boston Studies in the Philosophy of Science, vol. 242 (Dordrecht: Springer, 2006).

147 Em uma entrevista de rádio em 1966, Otto Hahn finalmente confirmou, após um longo silêncio sobre o assunto, que Ida é que estava certa: "*die Ida hatte doch Recht*" – Tilgner, op. cit. (1999), p. 216. De acordo com Fathi Habashi, a recusa de Hahn em reconhecer o trabalho de Ida, mesmo depois que ela escreveu uma nota em *Die Naturwissenschaften* em 1939, observando que havia identificado corretamente a fissão em 1934, manchou a imagem de Hahn como cientista - Habashi, op. cit. (2005), p. 80. Mas provavelmente prejudicou ainda muito mais a reputação contemporânea de Ida.

contradizer teorias científicas predominantes, a ponto de chamar a atenção quando estivessem se tornando "dogmas". Sua ênfase, aliada a ser mulher e ter uma língua afiada, pode ter feito que fosse impopular entre os físicos e assim contribuiu para as dificuldades que surgiram em torno das controversas descobertas de elementos, em particular a "falsa" descoberta do masúrio. É crédito seu que o profundo conhecimento da Tabela Periódica tornou possível sua crítica à suposta fusão nuclear em 1934. Acusações posteriores de colaboração nazista dirigidas aos Noddacks influenciaram a avaliação histórica de sua relevância científica, e ainda estão presentes nos relatos relacionados ao elemento 43. Provavelmente isso também ainda tem desempenhado um papel na escassa atenção dada à hipótese de Ida sobre a abundância relativa dos elementos no universo, praticamente relegada ao ostracismo.

Em conclusão, gostaria de salientar o quão sugestiva a história da ciência pode se tornar em relação a questões científicas *per se*. Além de sua função primária de proporcionar uma melhor compreensão dos acontecimentos passados e do seu contexto, a história da ciência também tem potencial propedêutico, permitindo-nos recuperar caminhos para uma futura reavaliação de questões científicas que emergem como ainda abertas à discussão.

Agradecimentos

Para a pesquisa em que este artigo se baseou, o autor se beneficiou de uma bolsa de pesquisas como "Ullyott Scholar" na Chemical Heritage Foundation (Filadélfia, EUA, atualmente renomeado como Science History Institute) durante o último trimestre de 2013. Registro as discussões com diversos colegas e funcionários do CHF, com agradecimentos especiais devidos a Ron Brashear, Carin Berkowitz e Ashley Augustyniak. O autor também reconhece as sugestões valiosas dadas por Fathi Habashi e Brigitte van Tiggelen, bem como os comentários de dois árbitros anônimos de *Notes & Records* da Royal Society.

Artigo originalmente publicado em **Notes & Records. The Royal Society Journal of the History of Science**, *vol. 68, nº 4 (2014), p.373-390.*

Emergência: continuidade ou rompimento? Um olhar além da física e por trás da economia

Observações preliminares

No presente artigo, serão brevemente revisitadas algumas questões que foram há muito tempo focalizadas por inúmeros autores, cientistas e filósofos. O objetivo aqui não é sondá-las em profundidade, pois isso obviamente exigiria um esforço tremendo e diferente, mas espera-se que uma nova perspectiva possa ser adquirida para lidar com essas questões em um futuro próximo. Escolhemos um ponto de vista que não foi explorado antes, um que analisa questões como continuidade, emergência e criatividade, levando em conta as novas contribuições sobre não linearidade inicialmente trazidas como uma tentativa de superar os paradoxos da física quântica ortodoxa, adotando uma formulação estritamente causal e um princípio de ordenação chamado euritmia.[148]

Para começar, tomamos como ponto de partida o problema de caracterizar fluxos contínuos. Para recordar o pensamento pré-socrático, devemos mencionar a afirmação "Panta rhei" – para o filósofo Heráclito de Éfeso (ca. 500 a.C.), "tudo flui", à maneira de um rio. Pois sempre que alguém entra em um córrego, suas águas a correr são sempre diferentes, e essa situação dialética

---

148 A formulação inicial desta nova física começou na primeira década do ´seculo XXI com José Croca e seus associados no Centro de Filosofia da Ciência da Universidade de Lisboa – a partir de J.R. Croca, em *Towards a nonlinear quantum physics* (Singapore: World Scientific, 2003). A divulgação para um público mais amplo foi objeto de José R. Croca & Rui n. Moreira, em *Diálogos Sobre Física quântica* (Lisboa: Esfera do Caos, 2007). Novas contribuições apareceram em J. Croca & J. Araújo (eds.), *A new vision on physis – eurhythmy, emergence and nonlinearity* (Lisboa: FCT, 2010).

confronta permanentemente a identidade das coisas que existem e a diversidade contínua delas. A realidade é, de fato, um constante devir, e na fonte do ser, algum tipo de "movimento" (mudança) vai ser encontrado. Embora diferentes interpretações de matéria, energia e tempo tenham evoluído na civilização e em diferentes culturas, é uma noção comum na física prática que, de uma forma heracliteana, matéria e energia fluem, e o tempo também, pelo menos isso é um atributo no senso comum do tempo.[149]

A observação dos fenômenos de fluxo na práxis cotidiana, especialmente do fluxo de fluidos, levou à inferência da conservação da quantidade total transportada. A conservação implica uma condição de continuidade, que tem sido usada na física para descrever como uma determinada propriedade – como a quantidade de matéria ou energia – é transportada através de uma região limitada e conservada, sem perda líquida intermediária. Assim, a propriedade conservada (massa, energia, impulso, carga elétrica, etc.) muda de um lugar para outro exatamente pela quantidade que passa dentro da fronteira, de modo que não desaparece nem é criada no processo. O protótipo para esta descrição é o de fluidos ideais em um tubo (sem perdas devido à viscosidade), que fluem de uma forma que a matéria total é conservada. Foi aparentemente natural generalizar esse ponto de vista para todos os fenômenos de transporte, ou mais geralmente para o movimento de alguma quantidade, e em seguida para o balanço líquido de qualquer transformação. Isso se tornou um famoso aforismo antigo de continuidade, mais tarde registrado por Lavoisier para reações químicas, e depois tomado como um conhecimento comum: nada na natureza é ganho ou perdido, apenas transformado.

A equação de continuidade

Como sugerido acima, a ideia por trás da equação de continuidade é a suposição do fluxo de alguma propriedade conservada, como massa, energia, carga elétrica, impulso (e já houve até mesmo uma extensão para o fluxo de

---

[149] A filosofia clássica e contemporânea do tempo não são o foco aqui, mas talvez valha a pena apontar que uma nova concepção naturalista e cognitiva do tempo está se tornando possível através do trabalho recente de José Croca, op. cit. (2010), onde o estudo do fenômeno do tunelamento quântico tornou possível uma interpretação onde o tempo não desempenha um papel, e a transmissão instantânea de informações pode ser assumida causalmente. Neste caso, toda a noção de um substrato quântico poderia ser integrada com um conceito operacional diferente do tempo.

probabilidades) através de superfícies de uma região do espaço para outra.[150] As superfícies, em geral, podem ser abertas ou fechadas, reais ou imaginárias, e têm uma forma arbitrária, mas são fixadas para o cálculo (ou seja, não variando o tempo, de modo a não complicar os cálculos envolvidos). Seja esta propriedade simplificada e representada por uma variável escalar q, e seja ϕ a densidade de volume desta propriedade (a quantidade de q por unidade de volume V). Matematicamente, ϕ é uma razão de duas quantidades infinitesimais:

$$\varphi = \frac{dq}{dV},$$

e seja ainda que esta propriedade esteja "se movendo", de modo que haja um vetor de fluxo **f**, que deve representar o fluxo ou transporte da propriedade. Nos casos em que partículas/portadores da quantidade q estão se movendo com velocidade **v**, como partículas de massa em um fluido, ou portadores de carga em um condutor, **f** pode ser relacionado a **v** por:

$$\mathbf{f} = \varphi\mathbf{v}.$$

A forma diferencial para uma equação geral de continuidade é:

$$\frac{\partial \varphi}{\partial t} + \nabla \cdot \mathbf{f} = \sigma$$

onde t é o tempo, e σ é a geração de q por unidade de volume por unidade do tempo t - termos que geram q ($\sigma > 0$) ou removem q ($\sigma < 0$) são referidos como "fontes" e "sumidouros" respectivamente, e $\nabla \cdot \mathbf{f}$ é a divergência de **f**.[151]

Em termos físicos, a definição matemática de divergência para um campo vetorial tridimensional significa até que ponto o fluxo do campo vetorial se comporta como uma fonte ou um sumidouro em um dado ponto. É uma medida local de sua "entrada/saída" — até que ponto algo mais sai de uma região infinitesimal do espaço do que entra nele, ou vice-versa. Se a divergência não for zero em algum momento, então deve haver uma fonte ou sumidouro nessa posição.

---

150 Material para discussão da equação de continuidade foi acessado em *www. en.wikipedia.org/ wiki/ en.wikipedia.org/wiki/Continuity_equation*, em 01/02/2012.

151 Em 3 dimensões, se **F** = U**i** + V**j** + W**k**, a divergência é: div **F** = $\nabla \cdot \mathbf{F} = \frac{\partial U}{\partial x} + \frac{\partial V}{\partial y} + \frac{\partial W}{\partial z}$.

No caso de q ser uma quantidade conservada, de modo que não possa ser criada ou destruída, esta condição se traduz em σ = 0, e a equação de continuidade torna-se:

$$\frac{\partial \varphi}{\partial t} + \nabla \cdot \mathbf{f} = 0$$

Na dinâmica dos fluidos, a equação de continuidade afirma que, em qualquer processo de estado estável, a taxa em que a massa entra em um sistema fixo é igual à taxa em que a massa sai do sistema. Essa equação de continuidade é análoga à lei das correntes de Kirchhoff em circuitos elétricos, e sua forma diferencial é:

$$\frac{\partial \rho}{\partial t} + \nabla \cdot (\rho \mathbf{u}) = 0$$

onde ρ é densidade de fluido, t é tempo, **u** é o campo vetorial de velocidade de fluxo. Euler publicou pela primeira vez este resultado em seus *Principes généraux du mouvement des fluides* (*Mémoires de l'Academie des Sciences de Berlin*, 1757).[152]

Aplicada à teoria eletromagnética, a equação de continuidade afirma que a divergência da densidade de corrente **J** é igual ao negativo da taxa de mudança da densidade de carga ρ,

$$\nabla \cdot \mathbf{J} = -\frac{\partial \rho}{\partial t}$$

A conservação de energia, se assumirmos que a energia só pode ser transferida, e não criada ou destruída, também leva a uma equação de continuidade,

$$\nabla \cdot \mathbf{q} + \frac{\partial u}{\partial t} = 0$$

onde u é a densidade de energia local (volume de energia por unidade), **q** = fluxo vetorial de energia (transferência de energia por unidade de área transversal por unidade de tempo).

O chamado "teorema da divergência", também conhecido como teorema de Ostrogradsky, relaciona o fluxo de um campo vetorial através de uma superfície ao comportamento do campo vetorial dentro da superfície. Mais precisamente, o teorema da divergência afirma que o fluxo externo de um campo vetorial através de uma superfície fechada é igual ao volume integral

---

152 G.A. Tokaty, *A history and philosophy of fluid mechanics* (New York: Dover, 1994), p. 76-77.

da divergência na região dentro da superfície. Intuitivamente, isso implica que a soma de todas as fontes menos a soma de todos os sumidouros dá o fluxo líquido para fora de uma região. Esse teorema foi descoberto pela primeira vez por Lagrange em 1762, depois redescoberto independentemente por Gauss em 1813, por Green em 1825 e em 1831 por Ostrogradsky, que também deu a primeira prova do teorema.

A hipótese não conservativa

Uma outra abordagem para a hipótese de continuidade, e também relacionada à ideia de conservação, é que a natureza as propriedades são conservadas em condições de vizinhança, de modo que se evite um comportamento de "saltos", ou descontinuidades dessas propriedades.[153] Isso foi intuitivamente definido por Augustin-Louis Cauchy em 1821, dizendo que uma mudança infinitesimal na variável independente corresponde a uma mudança infinitesimal da variável dependente.

A continuidade representa um problema ontológico geral, mesmo quando se lida com construções matemáticas ideais e bem-comportadas, e isso foi reconhecido há muito tempo. Neste contexto, o Cardeal Nicolau de Cusa apontou (em 1440) que a essência de um círculo é radicalmente diferente daquela de qualquer polígono regular nele inscrito: mesmo que o número de lados do polígono aumente indefinidamente, quanto mais lados houver e mais próxima a área poligonal se aproxima do círculo, mais vértices surgem e, portanto, mais longe estamos da própria ideia de círculo.[154] A questão é ontológica e epistemológica, uma vez que os processos envolvidos na geração de um círculo e de um polígono são diferentes: o círculo é obtido através da rotação de um segmento de linha em torno de uma de suas extremidades, enquanto que para inscrever um polígono regular assumimos que o círculo já foi dado, e então dividimos sua circunferência pelo número de lados do polígono. Uma consequência importante dessas diferenças está no cálculo conceitual da razão da circunferência para com seu diâmetro, o número π: este não só é irracional,

---

153 Essa ideia que se tornou amplamente conhecida como as *Natura non facit saltum* é um aforismo antigo; ele era conhecido por Aristóteles, e foi adotado por Leibniz (*Nouveaux Essais*, 4, 16).

154 Nicolau de Cusa, *A douta ignorância* (De Docta Ignorantia) (Porto Alegre: EDIPUCRS, 2002), Livro I, cap. III, p. 47; cap. XIII, p. 68.

mas também não construível, e só pode ser aproximado por séries infinitas. Tais séries convergem sem "saltos" e, usando o conceito de continuidade, podemos lidar com aplicações numéricas usando π. Por mais direto e linear que seja o passo mental que damos para isso, fica sendo, no entanto, também uma "questão de fé" assumir que π é equivalente às aproximações da série utilizada, porque na verdade π "emerge" como uma entidade ontológica totalmente diferente.

O aspecto de continuidade da realidade também foi assumido por várias questões importantes que confrontam o avanço da física, quando se sabia que alguma teoria era válida em um caso específico, de modo que poderia ser gradualmente estendida aos casos vizinhos. Por exemplo, Galileu recorreu a este aspecto do princípio da continuidade quando aplicou sua noção de corpo descendo um plano inclinado e subindo em outro plano inclinado. Ao abaixar o segundo plano inclinado cada vez mais em direção ao plano horizontal, e assumindo a ausência de atrito, ele deduziu a lei da inércia.[155]

Essa abordagem comprovou ser muito frutífera ao longo da história da física. Outro exemplo a ser lembrado é a grande multiplicidade de problemas no eletromagnetismo que são resolvidos, tanto para campos estáticos quanto variáveis no tempo, olhando-se para as condições de limite nas fronteiras, e impondo a continuidade de campo tangencial nas superfícies adjacentes dos dois materiais. Em eletrostática, a continuidade permite o cálculo dos respectivos campos em dois meios diferentes; em campos dinâmicos onde há descontinuidade do campo tangencial na fronteira isso é devido à existência de correntes superficiais.[156]

As condições de Euler para a dinâmica dos fluidos mencionadas acima resultam em equações hiperbólicas não lineares e suas soluções gerais são ondas. Assim como as ondas familiares no oceano, as ondas descritas pelas equações de Euler também "quebram" e, assim, dão origem às chamadas "ondas de choque";[157] este é um efeito não linear e implica que a solução possui multivalores. A onda de choque fisicamente representa um colapso das premissas

---

155 Cf. Ernst Mach, *The science of mechanics* (LaSalle: Open Court, 1989), p. 168-169.

156 S. Ramo, J. Whinnery, T. van Duzer, *Fields and waves in communication electronics* (New York: John Wiley and Sons, 1994).

157 Isso foi cuidadosamente estudado por Riemann; vide Ralf Schauerhammer e Jonathan Tennenbaum, "The scientific method of Bernhard Riemann - Part 2: Riemann the physicist", *21st Century*, vol. 5, nº 1, 1992.

que levaram à formulação das equações diferenciais correspondentes, e para extrair mais informações devemos voltar à forma integral, mais fundamental da equação. Soluções fracas podem então ser formuladas trabalhando nos "saltos" (descontinuidades) nas quantidades de fluxo – densidade, velocidade, pressão – usando condições de choque.

Outra condição importante que foi reconhecida como um "salto" envolve a função delta de Dirac, que é representada como um impulso de amplitude infinita e duração zero. Suas aplicações matemáticas e físicas durante o século XX foram tantas que se pode facilmente esquecer que ela é essencialmente uma ruptura com a continuidade; mesmo assim, a função delta pode ser diferenciada ou integrada, e adquire um significado físico relevante.

Como é bem conhecido, a hipótese quântica, introduzida por Planck em 1900, mudou completamente a perspectiva adotada anteriormente, de que as quantidades físicas são contínuas. Mesmo que a ideia tenha gradualmente sido assimilada e mudado a visão geral de mundo dos cientistas, ela permaneceu totalmente além da compreensão. O efeito de quantização é desconcertante: o que exatamente ocorre quando um elétron em um átomo muda seu nível de energia e "pula" para outra órbita? Dizemos que esse movimento requer um quantum de energia, relacionado com a constante h de Planck, mas é realmente inexplicável por que um nível de energia proporcional a $h - \varepsilon$, ou $h + \varepsilon$ (ε sendo um infinitésimo), não consegue fazer o truque. A resposta de que devemos aceitar que a natureza é quantizada realmente esconde nossa ignorância de uma possível explicação verdadeira, o que, além do mais apenas enfatiza nossa observação de que a condição de continuidade não se mantém aqui. Algo acontece exatamente no valor h, e alguma condição fenomenal extraordinária é introduzida neste valor. Poderíamos chamar isso de um fenômeno *emergente*, uma vez que é equivalente ao elétron desaparecendo em um nível e de repente reaparecendo em outro, aparentemente instantaneamente.[158]

Mais um caso ilustrativo é dado pela refração da luz. Uma fronteira como aquela entre o ar e a água é apenas idealmente uma superfície matemática. Quando um raio de luz vindo, digamos, do ar, atinge a superfície da água, ele não continuará em linha reta, mas irá dobrar formando um ângulo em relação

---

158 Chamamos a atenção em nota de rodapé anterior em relação às consequências que poderiam ser esperadas a partir de uma concepção diferente de tempo no nível subquântico. O salto de nível de energia eletrônica pode ser um caso semelhante ao fenômeno de tunelamento quântico.

à linha normal à superfície, de acordo com a relação de Snell entre o seno do raio incidente e o seno do raio refratado. O que exatamente acontece no limite, na primeira camada de moléculas de água em contato com a última camada de moléculas de ar, que quebra a continuidade anterior e que de outra forma exigiria uma linha reta, não uma quebrada? Sabemos que há motivos físicos para isso, levando em conta o gasto mínimo de energia no processo – o princípio de Fermat equivale a isso, mas como pode a frente de onda da luz "saber" disso, ou seja, isso funciona como se ela conhecesse o futuro e pudesse ser conduzida no local (instantaneamente?) a abandonar a velha trajetória, e a partir daí tomar um caminho de menor energia? Não sabemos a resposta, pois não entendemos a interação dos fótons de luz e das primeiras moléculas de água encontradas no caminho. Novamente, no limite parece que outra entidade emerge: o raio de luz refratado.

Para um último exemplo, na nova física quântica causal o surgimento de um ácron (anteriormente isso era chamado de "singularidade") para fora do meio subquântico implica uma reordenação deste substrato pelo efeito de um estímulo transportado por uma onda "vazia" (onda teta), isto é, uma onda quase desprovida de energia. Onde a nova entidade encontra sua fonte de energia para "emergir"? Trata-se de uma representação muito grosseira, talvez até mesmo uma deturpação, uma vez que é cada vez mais claro que os ácrons não existem cada um por si só, mas devem ser entendidos em sua ligação com o coletivo de outros ácrons, mas de qualquer forma o problema geral da emergência de um ácron está relacionado às condições de continuidade, e sua violação quando a nova entidade aparece.

Emergência: continuidade ou rompimento? Um olhar além da física e por trás da economia

Representação esquemática e simplificada de um ácron e sua onda - cf. Croca (2010)

Todos esses e muitos outros casos levam a nos perguntarmos se a natureza apresenta, no caso mais geral, um comportamento com o qual parece que a energia é criada, violando assim a equação de continuidade pertinente. Levando este tema para o extremo cosmológico, ignoramos as condições de formação da matéria no universo, passado ou presente. É certamente reconfortante postular que a energia foi conservada em todo o universo, durante toda a sua história (obviamente outra propriedade desconhecida). No entanto, não há garantia de que tal propriedade chamada "energia" seja conservada, por mais que possamos melhorar nossa compreensão ainda crua do que seja "energia". O caso mais geral seria de fato uma equação de continuidade da energia com fontes e sumidouros no universo, de tal forma que com $\sigma \neq 0$, teríamos para esta condição em um determinado domínio:

$$\frac{\partial \varphi}{\partial t} + \nabla \cdot \mathbf{f} = \sigma$$

Em relação à energia, a propriedade chamada entropia tem sido assumida como aumentando em sistemas fechados, de acordo com a Segunda Lei da Termodinâmica. Por melhores que sejam as aproximações que usamos para sistemas práticos, para que pareçam funcionar relativamente bem de acordo com esta lei, de forma alguma estamos autorizados a extrapolar e afirmar que existem sistemas realmente fechados no universo.

Talvez uma boa metáfora para ilustrar o tipo de problema visado aqui seja o processo histórico de descoberta da fissão e da fusão nuclear; até as primeiras décadas do século XX, a humanidade só poderia sondar as fronteiras externas de átomos e moléculas, de modo que para reações químicas o equilíbrio energético funcionasse bem, e os efeitos de acumulação pudessem ser considerados lineares. O núcleo foi considerado como um sistema fechado; no entanto, na década de 1930, a divisão (fissão) dos núcleos forneceu uma quantidade tremenda e insuspeita de energia, para a qual o intercâmbio de massa e energia era necessário como explicação. Essa foi uma evidência do surgimento de novos processos, de modo que o antigo acúmulo linear não funcionou mais. A fronteira se expandiu e então o sistema "fechado" passou a envolver não o núcleo em si, mas seus diversos componentes. Não sabemos o que nos espera ao irmos mais fundo na estrutura de ácrons, como elétrons ou fótons, e suas ondas-mães. Da mesma forma, desde o muito pequeno e indo até o outro extremo das grandes estruturas, não sabemos o que encontraremos em aglomerados maiores de complexos cósmicos, e se será possível verificar se todo o universo é um sistema fechado. Em última análise, também continua sendo um ato de fé acreditar na conservação da matéria/energia, nas equações de continuidade correspondentes e na inexorabilidade do aumento da entropia em uma escala cósmica.[159]

Voltando para a pergunta ainda irrespondível, como funciona uma fonte ou sumidouro "internos" no mundo natural? Se pegarmos, por exemplo, um elétron e considerarmos sua "autoenergia", o pequeno volume do elétron faz com que essa autoenergia tenda ao infinito. Como uma distribuição espacial que não é um ponto matemático ideal - como aquela da carga elétrica do elétron - não explode, dada a repulsão mútuo de suas partes? A postulação de forças internas desconhecidas é certamente um recurso puramente *ad hoc*, mas pode bem ser que um elétron tenha uma estrutura interna complexa, de

---

[159] Em um trabalho futuro esperamos voltar à questão da neguentropia e da diminuição geral da entropia no Universo, considerando a "flecha do tempo", e a irreversibilidade de certo nível de fenômenos, mas levando em conta contribuições recentes do grupo de Lisboa para a compreensão do tempo de uma forma mais abrangente, tanto no nível subquântico quanto macroscopicamente.

tal forma que o fluxo de sua carga negativa através desta estrutura acabe por contrabalançar a potencial explosão de suas partes.

De qualquer forma, todas as transições de uma escala interior e menor para uma maior (como um ácron emergindo do substrato quântico) envolvem um fenômeno não linear. A não linearidade é apenas outra maneira de dizer que uma condição de continuidade se quebra, e um novo conjunto de condições prevalece, geralmente onde se pode novamente invocar uma equação de continuidade. Em outras palavras, podemos usar o raciocínio linear como uma aproximação razoável para "fora", mas ela permanece proibida dentro" do fenômeno, e na fronteira de transição, onde presentemente está o mistério.

A natureza abunda em transições que podem ser caracterizadas como emergências de um tipo análogo. Na biologia, uma questão importante tem sido a discussão sobre a origem da vida: em termos modernos, em que ponto uma cadeia química onde moléculas orgânicas se acumulam, como as que formam o RNA e DNA, estão prontas para se replicar e emergir como vida autossustentável? Da mesma forma, a ocorrência da formação de novas espécies tem sido um debate espinhoso, e em vez da série contínua prevista por Darwin, a hipótese descontínua de "saltos" foi proposta para explicar o surgimento repentino de uma espécie diferente das gerações anteriores.[160]

A emergência é, em geral, um fenômeno de fronteira, e em uma imagem metafórica a natureza parece para nós como uma cebola, de modo que o conhecimento científico que somos capazes de descobrir e formular em um determinado período histórico é como explorar uma camada da pele da cebola. Então algum avanço começa a nos deixar suspeitar que há outra camada a ser explorada por baixo, mas na realidade não somos capazes de passar de uma camada para a próxima subjacente, a menos que abramos mão de alguma condição de continuidade. Depois de longos períodos de tempo, começamos a entender o mundo como uma série de tais camadas sobrepostas, mas não podemos ter certeza se a própria cebola não cresceu – e a história da ciência tem ensinado que sempre haverá mais camadas para explorar, além e acima de qualquer limite.

---

[160] Niles Eldredge, *The pattern of evolution* (New York: W.H. Freeman, 1998). O "saltacionismo" na variante discutida por Eldredge e S. J. Gould de forma alguma significa uma teoria da evolução anti-darwinista, pois ainda assume que as mutações são o produto da aleatoriedade, e não de uma mudança proposital.

Emergência como uma condição econômica diária

A quebra da continuidade não se limita à escala subquântica, ou a processos descritos nos campos físicos-químicos, ou mesmo nos campos biológicos. Alguns cientistas naturais se esforçaram para estudar isso no processo econômico humano. Bem, isso é interessante porque há uma certa analogia entre a estrutura física do universo e nossa existência humana, vista pelos processos econômicos.[161] Estes não são processos contínuos, mesmo em uma economia sadia. Historicamente considerada, a formação de capital é como um fluxo que sofre saltos repentinos causados por mudanças científicas e tecnológicas, e a consequente maior produtividade do trabalho. Em outras palavras, as mudanças tecnológicas introduzem singularidades, que por sua vez são a causa de uma maior produção, desde que o processo esteja devidamente ancorado na produção de bens físicos. Ao contrário das crises que abalam a economia capitalista e interrompem a produção pela injeção artificial de lastro monetário irreal e irrealizável (fictício), um ciclo econômico virtuoso recorrerá ao crédito (uma invenção humana magistral) em quantidades que se espera que se antecipem produção futura e estejam a ela relacionadas, e todo o processo deve ser ajustado dinamicamente, pois é altamente não linear e difícil de prever.

Acontece que, devido à abertura permanente de novos níveis tecnológicos e fronteiras geográficas, bem como ao barateamento do custo de produção, as equações da economia se comportam não linearmente, como um fluxo descontínuo. Quando se trata da emissão de crédito (títulos, etc.), se esse crédito não for apoiado e controlado por agências governamentais centrais, que podem responder responsavelmente por tal emissão, experimentamos o que o mundo tem visto nas últimas décadas: crédito administrado privadamente acumulado na forma de valor irreal, enquanto que a consequente insolvência privada é transferida para agências governamentais. A solução tem sido a falência dos governos, e o ônus dos custos tem sido descarregado nas costas dos contribuintes, com os cortes resultantes na aposentadoria, saúde, educação, nas atividades culturais e – o mais importante – atrasando ou cancelando investimentos em

---

161 Os ganhadores do Prêmio Nobel, Wilhem Ostwald (*Die Philosophie der Werte*) e Frederick Soddy (*Cartesian economics, Wealth, virtual wealth and debt*) são exemplos notáveis. Eles são discutidos em: Joan Martinez Alier e Klaus Schlüpmann, *La ecología y la economía* (México: Fondo de Cultura Económica, 1993. A estes cientistas podemos adicionar o físico Maurice Allais, que estudou a teoria do crescimento econômico e ganhou um Prêmio Nobel de Economia.

infraestrutura que seriam o único remédio para a doença, pois esses investimentos podem garantir o retorno aos bens produzidos fisicamente através do trabalho humano – e facilitar a "afinação" do sistema. O lucro da especulação privada toma o lugar do valor do excedente que pode ser social e relativamente apropriado por todos os trabalhadores – por mais antiquado que isso possa soar a todos aqueles que acreditam que o capitalismo selvagem triunfou para sempre sobre todos os outros modos econômicos possíveis de produção.

O capital circulante, o fixo, o financeiro, todos estes podem ser considerados fluxos que materializam o trabalho humano e a transformação da natureza através dele. Mas de onde vem o excedente? À primeira vista, a solução simplista é que é o lucro roubado pelo dono do capital dos salários dos trabalhadores. Por mais que isto tenha sido tristemente verdade nas sociedades pré-capitalistas e em nossas atuais sociedades capitalistas, não é uma resposta completa. O excedente se origina da promessa de produção futura – se investido para esse fim. Além disso, é uma função não linear do trabalho passado e da produção futura, devido à produtividade cada vez maior alcançada pelos avanços técnico-científicos, que podem, em parte, estar no passado/presente ou se tornar realidade no futuro. Seria um conjunto complicado de equações aquele que pudesse representar tudo isso, mas se pudermos simplificar o processo, ainda poderíamos usar uma equação de continuidade - mas sem a ideia de "conservação", se pretendermos ter uma representação de primeira ordem da "reprodução expandida de capital". Caso contrário, alcançaremos no máximo o que a teoria marxista clássica chamou de reprodução simples. Isto é muito semelhante ao que foi discutido acima para a física, incluindo a recente formulação da euritmia, na medida em que o excedente "emerge", e é socialmente relevante, enquanto a categoria de "lucro" não o é.

Fundamentalmente, toda a crise atual se deve ao subinvestimento, e à ilusão de manter um fluxo contínuo de capital irreal para as economias menos desenvolvidas. O processo realmente saudável é diferente: definitivamente não segue uma equação de continuidade, exige um fundamento são no investimento em ciência e tecnologia, e precisa de uma política de crédito ancorada na economia física. O desenvolvimento científico e tecnológico promoverá os saltos necessários que compõem o que costumava ser chamado de reprodução ampliada do capital – tudo alimentado por políticas de crédito competentes. Esta é a única alternativa para manter o crescimento e aumentar o bem-estar da humanidade como um todo, admitindo o esgotamento dos recursos naturais usuais em favor dos recursos novos e mais energéticos, e a expansão da fronteira do conhecimento, todos os quais são as bases para alcançar um dia um estado de "felicidade" para todos, um desejo que realmente supere o mundo material. Qualquer equação que descreva fluxos econômicos apropriados enfrentará pontos onde alguma variável tenderá ao infinito (singularidade) - da mesma forma que nossas equações para os ácrons subquânticos necessariamente tendem para o infinito - sinalizando o surgimento de novos *onta* econômicos. As fontes e sumidouros dos processos econômicos também estão relacionados ao surgimento de novas características da formação permanente da natureza pelo homem – como a "revolução" do computador, que nada tem a ver com conceitos absurdos como "sociedade pós-industrial" – pelo contrário, uma sociedade que perdeu sua capacidade de produzir bens industriais logo caminhará para trás em termos do que já conquistou.

Portanto, não é surpresa que a existência contínua do homem no planeta tenha, de certa forma, imitado o que a própria natureza executa auto-poeticamente: o surgimento do excedente deve ser visto de modo tão natural como o surgimento de um ácron. Resta dizer outra coisa sobre essa analogia. Há sumidouros onde o excedente gerado desaparece, e é obviamente constituído pelas crises que atingem o fluxo de capital, esmagam o crédito e fazem despencar o valor dos ativos. A "Grande Depressão" após a quebra da Bolsa de Wall Street em 1929, a "Segunda-Feira Negra" de 1989, que se seguiu à desregulamentação e às reformas neoliberais, o contágio "asiático" de 1998, ou a atual crise da Comunidade Europeia a partir de 2008, são apenas alguns exemplos de sumidouros de capital especulativo que desvalorizaram a economia mundial.

Por outro lado, qual é a fonte de novos excedentes? Está na capacidade que o cérebro humano tem de imitar a expansão da natureza, ou seja, expandir o conhecimento, e o poder associado de criar ciência e arte. Deste ponto de vista, o cérebro não é um sistema fechado. Na medida em que essa capacidade é aplicada para gerar novas invenções, ou aperfeiçoar as existentes, a produtividade da economia aumenta, e o crédito pode ser emitido, contando com os benefícios futuros que essas criações poderão acumular para a economia humana. Manter o processo em andamento resultará no resgate do crédito adiantado no passado, e a chamada de novos créditos pode ser garantida de forma saudável pela produção constante de novas ideias do homem e sua aplicação ao desafio permanente de dominar a natureza.

A título de uma conclusão preliminar neste artigo que não fornece respostas, mas se contentou em fazer algumas perguntas, a questão que temos enfrentado aqui é de natureza muito significativa, pois tem a ver com uma tarefa: como o conhecimento é aplicável a questões separadas e, ao mesmo tempo, como pode se referir a uma concepção unificada do universo conhecido? Hoje mal somos capazes de visualizar isso nos casos que percorremos de física, biologia e economia, com diferentes graus de participação da humanidade em sua constituição, mas todos eles integrados em uma cosmovisão muito maior de um mundo, o único mundo que pode ser objeto de estudo do homem, onde ele pode usar sua razão.

Apresentado oralmente no Colóquio Internacional "Emergence and Non-Fundamental Metaphysics", Universidade de Lisboa, 15 de maio de 2012

Sobre uma possível contribuição da matemática transfinita para o euritmia

Algumas considerações epistemológicas

O conhecimento nunca chega ao final. Qualquer sistema de teorias, por mais excelente que seja, termina gerando anomalias e paradoxos. Esta afirmação é válida para sistemas filosóficos, teorias científicas ou outras formas de conhecimento investigativo. Se se tomar, digamos, a história da física, há muitos exemplos para ilustrar o ponto, como o sistema geocêntrico ptolomaico, ou a mecânica de Newton, ou a teoria quântica ortodoxa. Não há metodologia para criar axiomas e regras que permaneçam eternamente válidas, portanto, é capital que a história da ciência se preocupe com controvérsias que envolvem esse tipo de conhecimento, incluindo o ambiente sociocultural onde esses axiomas se originaram. Do ponto de vista epistemológico, é útil explorar como foram as reações às controvérsias, como elas foram julgadas na época em que diferentes hipóteses, teorias e experimentos surgiram – bem como como elas são avaliadas histórica e cientificamente no presente.

Por outro lado, a natureza não funciona arbitrariamente, pelo contrário, está aberta à nossa racionalidade, e é precisamente esse recurso que nos permite conhecê-la, em aproximações cada vez melhores. Que a natureza não é arbitrária pode ser demonstrado inclusive em um campo como a matemática, considerado mais impermeável às influências externas, inclusive em aplicações matemáticas modernas, como a teoria do caos: na descrição de processos naturais que são aparentemente aleatórios, um grande número de casos mostra possuir uma regularidade matemática oculta, que era inacessível à primeira vista.

Assim, é razoável supor que sempre há progresso no conhecimento, mesmo que enfrentemos a contingência de criarmos novas teorias, de tempos em tempos. Há também um fator atenuante nesse processo de transformação do corpo da ciência: mesmo que os dogmas do cânon científico predominante sejam alterados, geralmente uma nova teoria aceita a antiga teoria como caso limite válido. Portanto, não há uma revolução abrupta no curto prazo, mas sim reformas graduais. Embora muitos filósofos da ciência afirmem que não é possível comparar paradigmas diferentes porque são incomensuráveis, é duvidoso se os dois sistemas realmente não conversam entre si. Velhas e novas controvérsias se misturarão e contribuirão para um aprofundamento epistemológico e um melhor entendimento mútuo.

As considerações acima têm a ver no presente texto inicialmente com nossa discordância em relação à oposição, às vezes em tons radicais, entre realismo e idealismo, quando este último termo é tido como sinônimo do conceito de ideias em Platão, porque iremos insistir em uma interpretação realista de uma teoria matemática contemporânea que é a de Cantor, um autor reconhecidamente platônico. Pode-se dizer que toda teoria destinada a explicar o mundo é, em princípio, um modelo, ou seja, uma representação idealizada da realidade. A construção de modelos permite algumas previsões quanto ao mundo real, quando o modelo é realmente adequado; historicamente falando, modelos explicativos substituem-se uns aos outros, mas como observado acima, em geral algo é mantido para além dos modelos anteriores, originando uma sucessão de modelos mais ou menos entrelaçados, permeando o avanço do conhecimento. No chamado mundo platônico das ideias, a verdade existe, assim como a "ideia verdadeira" – podemos ter acesso limitado ao "mundo verdadeiro", enquanto nossos modelos de algum jeito sondam tal verdade, embora sempre de forma incompleta. No conhecido mito da caverna, Platão explora a descoberta aproximada da ideia verdadeira, e sua alegoria se ajusta bem até mesmo às teorias mais realistas que a ciência adota – sempre de forma provisória.

A partir deste ponto de vista, acrescentamos nossa opinião de que a história das ciências muitas vezes corrobora que, em particular, a matemática está enraizada nas atividades de observação e interpretação da realidade. Assim, a matemática de alguma forma descobre o que já existe no universo, mesmo quando as teorias são aparentemente inventadas a partir "do nada". Embora a ciência matemática tenha e use plenamente a liberdade para propor hipóteses e axiomas, possivelmente mais independentemente do que em outras ciências, é notável que mesmo aquelas teorias que parecem ser mais abstratas e desprovidas de conteúdo da experiência, mais cedo ou mais tarde acabam como aplicações práticas em ciências naturais como física, química, biologia ou outras formas de conhecimento.

A teoria de Cantor dos transfinitos

Em seguida, avançaremos algumas reflexões envolvendo, por um lado, as recentes propostas relativas à euritmia feitas pelo Grupo de Lisboa [CROCA: 2010] e, por outro lado, um tema que já despertou muito horror entre os matemáticos: as descobertas sobre o infinito por Georg Cantor (1845–1918). O que será investigado é se também no caso de infinitos, pode haver alguma aplicação àquela teoria recém-nascida da euritmia na física. Procederemos com cuidado, uma vez que não temos elementos suficientes para torná-la operacional.

Inicialmente, recordamos que Cantor, em seus *Grundlagen* de 1883 (*Fundamentos de uma teoria geral de conjuntos*, "Nota à Seção 1") justifica recorrer a diferentes infinitos, citando o diálogo de Platão do *Filebo ou o Bem Supremo*. Há nesse diálogo uma passagem interessante (16: b, c, d) que importa para o nosso assunto; ouçamos Platão falar por meio de Sócrates:

> (...) não há, e nem pode haver, um caminho mais belo do que aquele que sempre amei, mas que perco mui frequentemente, ficando sempre na maior perplexidade.

> (...) *É um método bastante fácil de indicar, mas difícil acima de tudo é percorrê--lo. Foi graças a esse método que se descobriu tudo o que diz respeito às artes.*

> (...) *Os antigos, que eram melhores do que nós e viviam mais perto dos deuses, nos conservaram essa tradição: que tudo o que se diz existir provém do uno e do múltiplo e traz consigo, por natureza, o finito e o infinito.*

A elaboração desse pensamento na teoria dos números foi a principal contribuição da matemática cantoriana para a ciência. O ponto de partida que permitiu a Cantor chegar ao transfinito, além da já mencionada inspiração platônica, parece ter sido Santo Agostinho, que em *A Cidade de Deus* (Livro 12, cap. 19) caracterizou toda a série de números inteiros como um infinito real, e não apenas potencial ou virtual, como exigido pela filosofia antiga, especialmente no aristotelismo.

Georg Cantor, por volta de 1870
www.clube.sp,.pt

Georg Cantor estudou filosofia em Zurique, e depois matemática com Karl Weierstrass (1815-1897) em Berlim, onde terminou seu doutorado em 1867. Até 1878, seus trabalhos tratavam de matemática clássica, e depois disso, ele trabalhou na teoria dos números infinitos. Seus resultados originais o levaram a ser severamente atacado por matemáticos ortodoxos, orquestrados por seu grande inimigo pessoal, Leopold Kronecker (1821–1897), que o difamava e impedia de ser publicado em prestigiados periódicos de matemática, bem como tentou por todos os meios que ele não conseguisse uma cátedra universitária. O isolamento de Cantor devido a tamanha perseguição o mergulhou em períodos de depressão, paranoia e colapso nervoso, mas que ele inicialmente foi capaz de superar, voltando a escrever seu grande trabalho, *Contribuições para a fundação de uma teoria dos números transfinitos* (1895–1897). Depois, porém, sofreu novamente várias crises mentais, e acabou internado em um hospital psiquiátrico, onde morreu. O reconhecimento de seu trabalho foi tardio, e ainda sofre ataques até hoje – embora o famoso matemático David Hilbert (1862–1943) tenha afirmado (em 1926) que "ninguém pode nos expulsar do Paraíso para nós criado por Cantor".

Cantor chama um "conjunto" (em alemão "Mannigfaltigkeit", ou mais precisamente "múltiplo") tudo o que é completo e determinado, mesmo que infinito. Um conjunto constitui uma coleção de objetos de sensação, intuição ou pensamento, e para ele tal coleção está relacionada à "ideia" platônica. Além de encontrar inspiração em Platão e no filósofo e teólogo Santo Agostinho, Cantor estudou cuidadosamente Tomás de Aquino e Nicolau de Cusa, além de Giordano Bruno, que também refletiu sobre a questão do infinito. Basicamente, em sua jornada intelectual ele tomou partido contra Aristóteles, para quem o infinito real não existe, e tudo o que nos é percebido é finito e limitado - a partir de nossa percepção limitada dos sentidos deriva a finitude da mente.

Sabemos que na física algo como uma onda de luz não é realmente infinita no tempo ou no espaço, embora considerá-la como infinita possa ajudar a entender seu comportamento aproximado, uma aproximação útil sob certas circunstâncias. De fato, apenas recentemente, substituindo as ondas infinitas que têm sido usadas desde o século XIX na análise de Fourier por "onduletas" (ondas finitas), como feito no Grupo de Lisboa por José Croca, foi possível criar uma teoria causal para fenômenos quânticos e que tem se revelado consistente. Existem sistemas infinitos em nossa prática comum? Mesmo que nos oponhamos a isso por motivos físicos, como no exemplo citado da luz, adotando o ponto de vista aristotélico que não vai além dos limites de sentido impostos ao espaço e ao tempo, ainda não fomos capazes de verificar se o espaço real é infinito ou não. Podemos, no máximo, admitir que "infinito" pode significar uma aproximação de uma finitude espacial inalcançável. Isso também é assumido pela nova "hiperfísica" (hyperphysis), onde se imagina como significativo, pelo menos aproximadamente, descrever um ácron (entidade subquântica) como tendo intensidade infinita - esta é a "hipótese de visitação" [CROCA: 2010, p. 20], para compará-lo com o de sua onda teta (que acompanha o ácron) – como veremos mais à frente.

O mesmo tipo de desconforto com infinitos revelados na práxis da física parece ter muitas vezes cercado o pensamento matemático. Reformulando a questão: há uma contradição em assumir que conjuntos infinitos existam, matematicamente falando? Conceitualmente, a resposta é negativa: pelo menos para Cantor e seus adeptos, temos o direito de considerar as infinidades como uma descrição matemática exata. Richard Dedekind (1831-1916), amigo íntimo e correspondente de Cantor, definiu em seus *Ensaios sobre a teoria dos números* (1888) como infinito o sistema que é semelhante a uma parte de si mesmo, e então provou que existem sistemas infinitos usando o conjunto S composto pela totalidade das coisas que podem ser objeto de seus próprios pensamentos. Ou seja, se s é um elemento de S, então o novo pensamento s', de que s pode ser um objeto de pensamento é, ele mesmo, um elemento de S. Se considerarmos isso como uma transformação $\Phi(s)$ do elemento s, a transformação Φ tem a propriedade de que a transformada faz parte de S; certamente S' faz parte de S, há elementos em S (por exemplo, nosso próprio ego) que são diferentes de tal pensamento s' e, portanto, não estão contidos em S'.

A capacidade do pensamento de pensar a si mesmo foi usada por Cantor em sua segunda grande publicação sobre o transfinito, *Contribuições para a fundação de uma teoria dos números transfinitos*. Ele começou com o conjunto de números naturais 1, 2, 3, 4, ..., que pode ser colocado em uma relação de um-para-um (biunívoca) com o conjunto de números pares 2, 4, 6, 8, ..., mesmo que este último esteja contido no primeiro. Conjuntos serão "equivalentes" sempre que um deles ou parte dele estiver, desse modo, relacionado com o todo do outro conjunto. Esta propriedade, por sua vez, está conectada com a linearização do processo de contagem, pois um todo linear contém suas partes, mas a tentativa de linearizar conjuntos infinitos nos confronta com um paradoxo: o todo é equivalente às suas partes, e esta é a propriedade que define um conjunto infinito, ou como Cantor o chamou, um "transfinito". A linearização pode estender, portanto, as propriedades de um conjunto até o infinito, mas em um modo fixo, o que não altera o processo em si.

Aliás, essas propriedades de linearização reapareceram mais recentemente quando a teoria fractal surgiu na matemática através de conjuntos de Mandelbrot: figuras geométricas são geradas, de modo que quando estas são ampliadas, vê-se que reproduzem a configuração inicial. Esses fractais também são conjuntos infinitos, e eles verificam a afirmação de que o todo é equivalente a uma parte dele. Mais uma vez a matemática e a realidade são combinadas, uma vez que os fractais são a melhor descrição para uma série de processos físicos, inclusive da vida: a anatomia de redes biológicas, como vasos circulação nas plantas, ou o sistema nervoso animal; o perfil geográfico das zonas costeiras do mar; e muitas outras aplicações práticas.

Em uma carta (1885), Cantor diz que a série 1, 2, 3, ... é uma magnitude variável, que pode aumentar sem limites – é um infinito potencial. Definiu então a «potência» (em alemão, Mächtigkeit), ou «cardinalidade», de um conjunto como sendo um número que denota uma medida de transformação: quantas ordens de abstração diferenciam um determinado conjunto de um outro. Essa foi a consequência da percepção de Cantor de que os infinitos números naturais poderiam ser organizados em uma relação de um-para-um, não apenas com os números infinitos pares ou ímpares, mas também com as frações infinitas (números racionais), contendo inteiros tanto no numerador quanto no denominador. Seu raciocínio estava de acordo com a figura reproduzida a seguir.

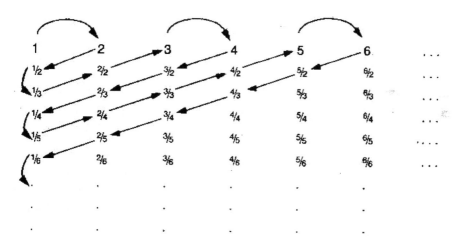

Racionais: infinitos, mas enumeráveis (Parpart, 1976)

A demonstração de Cantor de que infinitos conjuntos de números racionais são contáveis, e têm a mesma potência que os números naturais, é engenhosa: as frações da figura anterior estão dispostas em uma matriz, de tal forma que a primeira linha tem todas as frações $n/1$ (n são os números naturais). A segunda linha tem todas as frações *n*/2, a terceira *n*/3, e assim sucessivamente. Em seguida, é aplicado um processo de diagonalização, começando com a fração 1/1, indo depois para 1/2, 1/3, 2/2, 3/1, etc. No *n*-ésimo passo "*n*" elementos foram escolhidos, de modo que todas as frações possíveis estarão incluídas. O resultado obtido é uma correspondência de um-para-um entre os números naturais da primeira linha e todas as frações existentes possíveis, que são, portanto, contáveis, embora haja um número infinito delas, como entre 1 e 2, por exemplo. Há também uma correspondência de um-para-um entre o conjunto de números naturais (ou contáveis) e muitos outros, como o conjunto de todos os números quadrados, ou também o conjunto de todos os números primos.

No entanto, desde pelo menos a Grécia Antiga sabemos que existem números como a raiz quadrada de 2, que não podem ser expressos por frações, os chamados números irracionais. Todos os números construíveis (isto é, aqueles que podem ser construídos "com régua e compasso", são algébricos – sendo então raízes de uma equação da forma $a_n x^n + a_{n-1} x^{n-1} + \cdots + a_1 x + a_0$, em que os coeficientes são números racionais. Cantor ficou surpreso ao descobrir que os números algébricos irracionais (como $\sqrt{2}$, que pode ser construído como a diagonal de um quadrado cujo lado é igual a 1), embora haja um número infinito deles, também poderiam ser colocados em uma correspondência de um-para-um com os números naturais. Cantor chamou então todos esses diferentes tipos de números de "contáveis", apontando que todos eles têm o mesmo princípio generativo, ou seja, a mesma potência: todos eles podem ser ordenados linearmente, e corresponder geometricamente a pontos definidos em uma linha, onde podem ser contados usando a sequência dos números naturais.

Os conjuntos de números descritos até agora fazem numa representação geométrica que a respectiva linha seja infinitamente densa. Mesmo assim, existem "lacunas", uma vez que deixamos de fora os números transcendentais, ou não-algébricos, como π, a razão entre a circunferência e seu diâmetro. Essa foi a chave para Cantor perceber que há mais de um tipo (ou potência) de conjunto transfinito. Como no caso de $\sqrt{2}$, o número π não pode ser expresso como uma fração, mas, mais importante ainda, não pode ser construído com régua e compasso. Isto só seria possível se π pudesse ser definido através de uma equação semelhante à que define a diagonal de um quadrado; π até pode ser expresso como a soma de uma série infinita, mas na prática isto é uma aproximação, e não um processo que permita a construção exata.[162] Portanto, π é irredutível, é algo primitivo e dado, e embora seja uma relação muito concreta entre dois valores, a circunferência e seu diâmetro, só pode ser idealizada, no sentido platônico.

Levando em conta os números transcendentais, a infinidade de números contáveis não é mais suficiente para contê-los no novo conjunto. A potência de um conjunto de números reais, incluindo os transcendentais, é maior do que a potência dos números contáveis e, por esse motivo, Cantor chamou aquele conjunto dos reais de "não-contável". O primeiro infinito é contável e tem um número cardinal que ele, usando o alfabeto hebraico, chamou de $\aleph_0$ (álefe zero), ao passo que o segundo infinito é incontável, com uma cardinalidade de $\aleph_1$ (álefe um).

Para demonstrar que os números reais são não-contáveis, Cantor usou um processo diferente de diagonalização, como na figura que se segue.

$$a = 0.\,a_1\,a_2\,a_3\,a_4\,\ldots$$
$$b = 0.\,b_1\,b_2\,b_3\,b_4\,\ldots$$
$$c = 0.\,c_1\,c_2\,c_3\,c_4\,\ldots$$
$$d = 0.\,d_1\,d_2\,d_3\,d_4\,\ldots$$

$$n = 0.\,n_1\,n_2\,n_3\,n_4\,\ldots$$

Reais: infinitos, mas não-enumeráveis (Parpart, 1976)

A demonstração de que o conjunto de números reais tem uma potência maior é através da *reductio ad absurdum*, admitindo-se que há uma maneira de ordená-los (ou seja, colocá-los em uma correspondência de um-para-um com números contáveis. Cantor escolheu representar números reais como uma série infinita de decimais, periódicas ou não. Qualquer número real é, portanto,

---
162 A prova de que π não é um número algébrico só foi dada em 1882 por Ferdinand von Lindemann, terminando assim a milenar controvérsia, historicamente conhecida como "quadratura do círculo" (a álgebra moderna aborda o conceito geral de número de uma forma mais abstrata, usando grupos de Galois).

expresso com uma parte inteira, seguida por decimais – por exemplo, 2 = 2,000000...; π = 3,141592...; √2 = 1,414286... Na figura, supõe-se que a lista infinita contém, em princípio, todos os números reais (para simplificar, a parte inteira foi escolhida como zero, para uniformização). A nova diagonalização concebida por Cantor pretende construir um novo número, que não estava na tabela, começando com a mesma parte inteira. Para um novo primeiro decimal, escolhe-se qualquer dígito diferente de a_1; para o segundo, qualquer dígito diferente de b_2; e assim por diante. O novo número é de fato diferente de qualquer outro da lista infinita: é completamente diferente do primeiro porque seu primeiro decimal é diferente; também é diferente do segundo da lista, etc. Se o novo número for adicionado à lista original, aplicamos o mesmo procedimento e criamos um número mais novo ainda, que por sua vez não está presente na lista modificada. Isso significa que se chegou a um absurdo: não há processo de contagem que passe por todos os números reais, ao contrário da suposição inicial.

É surpreendente que a potência do conjunto de pontos em uma linha tão densa associada aos números reais seja a mesma que qualquer subconjunto da linha como, por exemplo no intervalo de zero a um. Também é igual à potência de pontos em qualquer dimensão, como na área unitária ou no volume unitário, de lados igual a um. O processo de formação de infinitos não contáveis é, portanto, não linear.

Estendendo seu raciocínio para além desses conceitos, Cantor concluiu que é possível criar um número transfinito para além de álefe um, ou seja, álefe dois, e de fato transfinitos números transfinitos, de modo que não existe um transfinito maior do que todos os outros. Cada um deles será não contável e caracterizado por uma potência; como visto antes, números inteiros, racionais e irracionais têm uma potência igual a zero, e os números reais têm potência igual a um. Para números transfinitos sucessivamente maiores, tais que A<B<C ..., Cantor demonstrou que $2^A = B$, $2^B = C$, etc.

A cardinalidade está associada ao tamanho do infinito de um conjunto, ou seja, o número e tipo de elementos que ele contém. A aritmética dos números cardeais transfinitos segue algumas regras que são diferentes daquelas dos números finitos, tais como:

    i) Se a, b forem cardeais, com $b \geq a$, e se pelo menos um deles (b) for infinito, então $a + b = b = a = a.b = b.a = b$

ii) $a < 2^a$, sendo *a* finito ou infinito

Para Cantor o que importa é o princípio gerador das novas classes numéricas, e cada uma não pode ser gerada a partir de um simples aumento linear da série anterior, ao contrário de como podemos, digamos, formar um inteiro maior do que qualquer outro, apenas adicionando uma unidade, ou seja, através da contagem.

Há ainda um problema não resolvido na história dos números transfinitos, o contínuo: o conjunto C de todos os números reais é parte do álefe um, ou é exatamente igual ao álefe um? Como dito anteriormente, pelo mapeamento dos números reais em uma linha infinitamente longa, pode-se demonstrar que o conjunto desses números contém tantos elementos quantos há em um segmento da linha. Isso torna qualquer seção de linha infinitamente densa e sem lacunas: entre dois números reais, há um infinito (de cardinalidade álefe um) de números reais. É exatamente a presença dos números transcendentais que preenche as lacunas. A "hipótese do contínuo" é que o conjunto de números reais tem uma cardinalidade de álefe um, como Cantor sustentou algumas vezes, mas não há nenhuma prova disso. Em 1938, Kurt Gödel (1906–78) provou que não era possível demonstrar a falsidade da hipótese do contínuo, e 25 anos depois Paul Cohen (1934–2007) provou também a recíproca, ou seja, não pode ser demonstrada verdadeira usando os axiomas da teoria dos conjuntos. Cohen ainda conjecturou (em *Set theory and the continuum hypothesis*, 1966) que o contínuo seria de fato muito mais denso, e teria uma cardinalidade maior do que qualquer álefe, sendo sua geração um processo totalmente diferente do que geralmente se supunha – mas isso permanece uma questão em aberto.

Além do que já foi apresentado, Cantor trabalhou com o conceito de ordinalidade. Um conjunto tem um número ordinal que corresponde à posição que este conjunto ocupa em uma lista cuja primeira posição é a dos conjuntos com apenas um elemento, a segunda posição é a dos conjuntos com dois elementos, e assim por diante. No caso de conjuntos finitos, a cardinalidade e a ordinalidade coincidem. Para conjuntos infinitos, seu cardinal não coincide com o ordinal, e há infinitos ordinais distintos (posições) para o mesmo cardeal.

Uma nova aritmética para números ordinais transfinitos surge então, com propriedades peculiares comutativas, associativas e distributivas, tais como:

- $a + b \neq b + a;\ a.b \neq b.a$

- $(a + b) + c = a + (b + c)$, $(a.b.).c = a.(b.c)$
- $a.(b + c) = a.b + b.c$

Se ω designar o número ordinal associado ao cardeal álefe zero (números contáveis), pode-se demonstrar que ω + ω = ω, e também que ω . ω = ω.

Os transfinitos e a razão humana

Sobre o antigo "problema do uno e do múltiplo", Cantor escreveu ao seu amigo Richard Dedekind sobre uma contradição quando o conjunto múltiplo é considerado um membro do conjunto original do "uno". É o famoso paradoxo identificado pelo próprio Cantor, e mais tarde no final do século XIX discutido pelo matemático Cesare Burali-Forti (1861–1931), mais conhecido na versão sob o nome de antinomia de [Bertrand] Russel (1872–1970), como se segue: o barbeiro de uma aldeia onde nenhum homem se barbeia, e onde cada homem é barbeado apenas por este barbeiro, ele consegue se barbear? Isso lembra o tipo de contradição que surge de afirmações como: "esta frase é falsa". Isso não é, no entanto, o que Cantor considera válido em sua formulação da teoria de conjuntos, para ele essa armadilha mental pode ser evitada considerando que uma multiplicidade, mesmo quando infinita, deve ser pensada como algo totalmente novo e diferente de seus elementos contáveis, e só assim pode ser adequadamente concebida.

A própria mente humana, ou mundo dos pensamentos (em alemão, *Gedankenwelt*) foi objeto de uma demonstração matemática oferecida a Cantor por Dedekind, que considerava tal conjunto como uma multiplicidade infinita, com todos os infinitos álefes que poderiam ser concebidos. Este ponto é extremamente importante: a mente humana, apesar de sua limitação biológica – que existiria de acordo com a linha apontada por Aristóteles em relação ao infinito potencial - tem uma possibilidade infinita de formar novas classes de números transfinitos com potências ordenadas de forma crescente. Esse exercício mental é fundamental para formular matematicamente a criatividade humana, que se manifesta em todas as áreas do conhecimento, inclusive na criação artística. O álefe zero seria então um primeiro "modo de pensar", enquanto o álefe um é um "modo de pensar o modo de pensar". É como se cada transfinito fosse um quantum, ou uma mônada: é uma unidade que pode ter partes, mas se comporta como um novo ser, que é mais do que a soma de suas partes – não é linearmente redutível.

No contexto em que Cantor discutiu essas noções havia também um problema teológico, que desafiava sua fé religiosa, embora ele não fosse afiliado a nenhuma igreja. Ao contrário do que se pode pensar hoje em dia, quando é comum empurrar considerações religiosas inteiramente para fora da prática científica, foi exatamente a teologia que ajudou Cantor a resolver alguns problemas formais da matemática transfinita. Para ele, ficou claro que o transfinito de números reais é uma criação pertencente a este mundo e pode ser inteligível para a humanidade, ao passo que um "infinito absoluto" ou residiria no mundo das ideias de Platão, ou é, teologicamente falando, o atributo não criado e exclusivo de Deus. Isso o levou a concluir que o homem pode admitir infinitos reais e, portanto, a unidade dentro do múltiplo, sem se contradizer – uma multiplicidade é consistente com um "conjunto" provido de sua própria individualidade. Esse poder de ser ele mesmo um criador permite que o homem resolva problemas criando novos problemas. Se não houvesse problemas para resolver, nem inconsistências que surgem deles, o homem não teria necessidade de criatividade. Todas essas considerações são pertinentes ao mundo dos pensamentos, como Cantor e Dedekind perceberam.

O argumento teológico acima tem uma implicação matemática e científica importante: não pode haver sistema axiomático completo, uma vez que cedo ou tarde novos axiomas devem ser criados para resolver os paradoxos de incompletude. Tal característica concorda plenamente com a realidade, como demonstra um estudo cuidadoso da história da física, ou ainda a história de qualquer ciência. A verdade se torna um caminho a ser descoberto e seguido, não um objetivo final: o transfinito final não está ao alcance do humano, o infinito absoluto só pode ser intuído, mas nunca alcançado. A verdade final pertence ao absoluto – seja um "Deus" como Cantor acreditava, ou o próprio universo, em uma versão natural. É a trilha do avanço do conhecimento que nos impede de abraçar o nada, o vazio – como o romancista Michael Ende bem caracterizou em sua fábula (igualmente para crianças e adultos), *A história sem fim*, onde ele retrata como a pior ameaça para a humanidade seria a perda da criatividade e da imaginação, levando ao avanço do nada – a destruição da fantasia acarreta a substituição do universo por um não-universo.

As tentativas de transformar todo o conjunto da matemática apenas em lógica e simbolismo, divorciados da realidade, receberam um forte impulso com a formalização empreendida por Bertrand Russell e Alfred Whitehead no início do século XX, em sua obra conjunta, *Principia Mathematica*. O já citado matemático Kurt Gödel contra-atacou essa tendência filosófica no início da década de 1930, quando publicou seu ensaio "Sobre proposições formalmente indecidíveis dos *Principia Mathematica* e sistemas relacionados". Ele demonstrou que qualquer sistema formal, para ficar livre de contradições (ou ser "consistente") deve ser incompleto, ou seja, aberto à geração de novas leis e novos axiomas. Em 1964, Gödel expandiu seu escopo inicial para se opor ao trabalho de Alan Turing (1912–54) em cibernética, incluindo sua pretensão de construir uma "inteligência artificial" através de um computador.

A definição geral de algoritmo avançada por Turing é bem conhecida. Está associada à chamada "máquina de Turing" (1936), um dispositivo sequencial que processa algumas operações simples de forma recursiva (implicando num processo "mecânico", que é contável), assim como fariam os futuros computadores digitais. No entanto, o uso de uma máquina de Turing é viável exatamente apenas para procedimentos contáveis, que aceitam um algoritmo, com uma definição precisa e fechada para estabelecer um cálculo. Quando é aplicada a problemas tais como, por exemplo, a definição de números reais transcendentes, a máquina eventualmente não sabe se deve parar ou não seu processamento, pois não há algoritmo para definir tais números, nem qualquer infinito que seja não-contável. A validação do cálculo, neste caso, deve ser realizada por meios externos, como demonstrou Gödel, que aliás se baseou no trabalho precursor de Cantor.

Em outras palavras, o que distingue o funcionamento da mente humana de qualquer linguagem computacional é que estamos abertos a aceitar contradições na forma de ambiguidades, anomalias, paradoxos, metáforas, etc., que resolvemos e incorporamos, enquanto que os sistemas formais são fechados e excluem tais contradições e inconsistências, sob o risco de não poder prosseguir - e qualquer tentativa adicional de fornecer uma regra para o computador lidar com ambiguidades será de relativa curta duração, pois irá parar novamente em uma nova contradição.

De fato, o avanço do conhecimento, que costuma ser mais facilmente verificado no caso das ciências naturais, tem sido possível através da constante intrusão de anomalias, como mostra a história da ciência. Tais anomalias são como não-linearidades em um processo que até certo ponto é bem conduzido e bem descrito por uma aproximação linear. Embora essa aproximação possa ser bastante útil dentro de certas condições, pode, no entanto, revelar-se falaciosa quando estendida além desses limites. O não linear pode até ser linearizado e fornecer respostas satisfatórias, mas é preciso estar pronto em algum momento para encontrar paradoxos derivados da aproximação adotada.

O substrato quântico e o transfinito

Uma nova questão surge: se a própria mente humana trabalha com descontinuidades (quanta) no processo de criação, os processos naturais no universo que habitamos também compartilham a essência de partes distintas, que no final formam conjuntos transfinitos? Para Cantor a resposta era, sem dúvida, sim, pois tanto o contínuo quanto o descontínuo, tanto o transfinito quanto o finito, são dois aspectos de um todo unitário, ao qual também pertencemos. Para exemplificar a questão, o chamado "contínuo espaço-tempo", popularizado pela teoria da relatividade, seria um contínuo "estratificado", mas não linear? Se fosse assim, na hiperfísica ao se lidar com o espaço-tempo ao nível subquântico, o substrato permitiria a linearização, e apareceria como algum substrato tradicional, já que a realidade muitas vezes parece ser linear em uma escala maior?

A resposta não deve ser simples. A linearização é, no máximo, um caso específico, e é passível de introduzir distorções, que podem ser mais ou menos relevantes. Mesmo no domínio matemático, esta é uma possibilidade interessante, quando se considera, por exemplo, a classe de funções que Karl Weierstrass (1815–1897) demonstrou existir: funções contínuas que não são diferenciáveis em ponto algum. Tal função não pode ser linearizada, nem mesmo em uma vizinhança infinitamente pequena de qualquer um de seus pontos. A propriedade de ser contínua e não diferenciável é visualizada quando o gráfico da função mostra pontas ou quando dá saltos, ou também se não converge nem é definido.

Como isso impacta os processos físicos no nível subquântico? Propriedades muito peculiares do meio subquântico foram assumidas como hipóteses na hiperfísica. A hipótese mais forte é que, consoante com o princípio da euritmia, a organização do meio subquântico que chamamos de ácron (por exemplo, um elétron) tem uma espécie de sensório, sua onda teta ("onda vazia", ou "onda piloto"), com a qual o ácron "sente" seu mundo externo. Este seria um tipo especial de sensor, pelo qual a propriedade eurítmica faz com que os ácrons se movam ao longo da direção onde a intensidade da onda teta é maior, para preservar sua existência, que é, por sua vez, o que conseguimos observar direta ou indiretamente. Apesar de sua aparência peculiar e da metáfora de "sensor", que poderia ser considerado aristotélica e mais apropriada para a biologia do que para a física, o princípio da euritmia conseguiu ser aplicado com sucesso para explicar fenômenos naturais conhecidos, como o princípio de Fermat (tempo mínimo para propagação da luz num dado meio), e a lei de Snell para refração da luz, ou mais geralmente o princípio da menor ação (Maupertuis e outros), todos resultantes da maior eficiência e harmonia associadas à citada propriedade da euritmia.

Na hiperfísica falamos de ondas teta e ácrons, e estes são gerados ou emergem fora do meio subquântico, e além de possuírem uma intensidade "infinitamente" maior, têm uma vida média mais longa, em comparação com sua onda teta (neste caso, a "onda-mãe"). Movendo-se à sua própria velocidade, a onda-mãe tende a desaparecer, devolvendo a sua energia para o meio subquântico. Para que essa onda persista, ela deve ser regularmente revisitada pelo ácron (a "hipótese de visitação" mencionada anteriormente), ou então o ácron é dissociado de sua onda-mãe e gerará novas ondas teta à medida que se move. O ácron supostamente não perde energia ao se mover, e se comporta como um reservatório infinito de energia, capaz de gerar uma infinidade de ondas teta. Para derivar a expressão da intensidade da onda teta, tal como "vista" por um ácron, presume-se que se encontrar outra onda teta cuja intensidade seja muito maior do que sua onda-mãe, ele sentirá apenas a energia da onda mais forte. Reciprocamente, se a onda-mãe original é mais forte, ele vai continuar seguindo esta.

De uma forma análoga pode-se supor que uma função que descreva a estrutura interna de um ácron no nível subquântico não deve ser linearizável abaixo de uma certa distância mínima a partir dele, ou seja, a não linearidade torna-se um indicativo da existência de estruturas internas, o que também pode explicar seu movimento no substrato. A energia de cada par está praticamente concentrada no ácron, mas é a onda teta que o guia, sua energia é relativamente insignificante (uma estimativa é que seja da ordem de 10^{-54} vezes menor). Como pode essa energia tão pequena, distribuída de forma ondulatória, ajudar a guiar o ácron para onde sua intensidade seja um máximo, a menos que haja uma estrutura interna para o ácron?

Não possuímos uma resposta física no modelo da hiperfísica para essa pergunta, mas uma maneira formal de colocá-la seria atribuir ao ácron a propriedade matemática da cardinalidade infinita, deixando que o ácron seja associado a algum álefe, de modo que seu conteúdo energético siga a composição infinita de intensidades transfinitas. Naturalmente, não pretendemos aqui nada além de uma descrição aproximada em certas condições subquânticas, onde para a intensidade do ácron teríamos algo como $\omega + \omega = \omega$. Isto tudo são apenas conjecturas, e podemos muito bem também supor que as interações entre ácrons seguem a aritmética transfinita, usando números cardeais ou ordinais. Também qualquer onda teta poderia ser considerada como composta por uma onda-mãe e outras ondas teta, formando um pacote de onduletas.

Como podemos descrever o resultado de várias ondas teta e seus ácrons que interagem mutuamente, dado que cada interação é em si não linear? A dificuldade matemática que a hiperfísica encontrou levou primeiramente a uma solução tradicional "prudente" no caso, que foi o retorno à aproximação linear, mas reconhecendo de antemão que a validade do resultado é limitada. Desta forma, várias hipóteses para determinar a velocidade do ácron foram estudadas, variando a intensidade da onda teta da qual o ácron emerge, o tipo de meio e sua velocidade inicial. Talvez usando a matemática transfinita se pudesse obter uma ferramenta aplicável, com a vantagem de que não teria as falhas filosóficas que as aproximações lineares carregam, e considerando algumas semelhanças de não linearidade entre a teoria de Cantor e as propriedades da hiperfísica. Em particular, se o ácron tem uma intensidade infinita a e a onda teta uma intensidade finita b, obtemos $a + b = b + a = a.b = b.a = a$.

É como se tivéssemos dito que o princípio da euritmia é uma manifestação de um tipo de interação resultante de intensidades infinitas, que levam à predominância de novas infinidades. Embora essa descrição fornecida seja apenas puramente qualitativa, as razões para o paralelo entre a matemática transfinita e fenômenos de hiperfísica devem-se a considerações como as recapituladas a seguir:

- O infinito real é algo constante, não muda por adição ou subtração de elementos de conjunto, ou para dizê-lo com palavras diferentes, o todo é semelhante a uma parte de si mesmo. Ao reproduzir suas partes, o todo é equivalente às suas partes, e esta propriedade define o que é um conjunto infinito. Da mesma forma, o conjunto definido formado por pelo menos um ácron e sua onda parece exibir uma propriedade semelhante.

- A linearização pode estender infinitamente as propriedades de um conjunto contável, mas o faz de forma fixa, que não altera o processo em si. Por outro lado, o processo de formação de infinidade é não linear. Cada transfinito é uma unidade, mesmo que tenha partes, ele se comporta como um novo ser que é mais do que apenas a soma de suas partes. De uma forma totalmente geral, a natureza não parece corresponder a uma linearização exata de seus processos, fato que se torna evidente quando uma descrição linear de um fenômeno falha em um determinado ponto. Este é exatamente o caso da física quântica, onde a linearização tem sido intimamente associada a uma descrição não causal dos fenômenos.

- O que deveria acontecer nas proximidades de um ácron no nível subquântico tem alguma analogia com o comportamento de funções contínuas que não são nem diferenciais nem linearizáveis em uma vizinhança arbitrariamente pequena.

Finalmente, devemos notar que a hiperfísica enfrenta em um ponto o mesmo problema que tem confrontado as teorias quânticas até agora, ou seja, como lidar com valores infinitos que provavelmente são resultado de ignorar a estrutura interna das entidades. Por exemplo, na teoria clássica, quando se considera o raio do elétron praticamente zero, então sua auto-energia tende ao infinito - como no caso de várias outras entidades que são aproximadamente consideradas como "partículas pontuais". Para lidar com esse problema, a teoria quântica introduziu o conceito de renormalização, que corresponde grosseiramente falando a subtrair um valor infinito de outro infinito, sob certas condições, deixando um resultado finito.

Os valores infinitos poderiam, no entanto, ter um significado diferente, um que ainda não sabemos como interpretar. Uma primeira pista disso é que as infinidades podem indicar que a aproximação adotada do modelo não é mais utilizável, ou seja, chegamos a uma escala onde entra em jogo uma ação significativa de uma estrutura interna. Se insistirmos em ignorar a estrutura, encontraremos valores infinitos, e o conhecimento só avançará quando houver coragem suficiente para ir atrás dessa morfologia interna. A proposta avançada em 1985 por Winston Bostick (1916–1991) para uma estrutura denominada por ele de "chayah" (hebraico para "viver") ainda merece ser lembrada. Tal elétron "vivo" tem uma estrutura filamentar semelhante aos vórtices de plasma de fusão, tanto aqueles produzidos em laboratórios quanto os naturais, observados nas estrelas como nosso Sol. É possível que em tal escala haja uma enorme liberação de energia – historicamente semelhante ao que a energia nuclear representou no passado, quando ainda se supunha que o núcleo tinha uma estrutura de apenas prótons e nêutrons, e a conversão da matéria em energia nos processos de fissão e fusão nuclear mostrava níveis de energia muito acima dos conhecidos na época. Analogamente, a estrutura do meio subquântico pode mostrar magnitudes energéticas insuspeitas.

Em segundo lugar, do ponto de vista formal, a matemática agora utilizada no procedimento de renormalização pode não ser adequada, pois pode falsear o comportamento de funções cujo valor é tão grande que as consideramos infinitas. Conceitualmente, podemos estar fazendo algo equivalente a uma afirmação falsa sobre infinitos, como $\omega - \omega = 0$ (ou algum outro valor finito), em vez de $\omega - \omega = \omega$, ou seja, a renormalização pode erroneamente evitar infinidades inevitáveis, que acabam sendo finalmente evidenciadas. A renormalização não seria mais do que a reintrodução da linearidade em um processo aonde as infinidades estão lá para enfatizar a não linearidade de um fenômeno. A hiperfísica evitará esse procedimento?

Deixamos essas questões no ar como sugestões, pois resultam de pensamentos bastante hipotéticos, para aqueles dispostos a trabalhar com a hiperfísica e euritmia, e não satisfeitos com os fundamentos matemáticos para tal trabalho.

Referências

AGOSTINHO, Santo, *City of God* (New York: Image Books, 1958)

BOSTICK, Winston, "The morphology of the electron", *International Journal of Fusion Energy*, vol. 3, nº 1, January 1985, págs. 9-52

CANTOR, Georg, "Foundations of a general theory of manifolds" (Orig. 1883), *Campaigner*, vol. 9, nº 1-2, January-February 1976, págs. 69-97

CANTOR, Georg, *Contributions to the founding of the theory of transfinite numbers* (Orig. 1895 e 1897), (New York: Dover, 1955)

CHAITKIN, Gabriele (transl.), "Correspondence of Georg Cantor and J.B. Cardinal Franzelin". *Fidelio*, vol. III, nº 3, Autumn 1994, págs. 97-116

CROCA, José, "Hyperphysys – the unification of physics"," in JR. Croca and J.E.F. Araújo (eds.), *A new vision on physis* (Lisboa: FCT/CFCUL, 2010)

ENDE, Michael, *A história sem fim* (São Paulo: Martins Fontes/Editorial Presença, 1990)

DUNHAM, William, *Journey through genius. The great theorems of mathematics* (New York: Penguin, 1991)

FUCHS, Walter, *Matemática moderna* (São Paulo: Polígono, 1970)

MESCHKOWSKI, Herbert, *Problemgeschichte der neureren Mathematik (1800-1950)* (Mannheim, Wien, Zürich: Bibliographisches Institut, 1978)

PAOLI, Dino de, "A refutation of artificial intelligence", *21st Century*, vol. 4, nº 2, Summer 1991, págs. 36-54

PAOLI, Dino de, "Mathematics and the paradoxical in nature", *21st Century*, vol. 10, nº 2, Summer 1997, págs. 22-35

PARPART, Uwe, "The concept of the transfinite", *Campaigner*, vol. 9, nº 1-2, Jamuary-February 1976, págs. 6-68

PENROSE, Roger, *The emperor's new mind. Concerning computers, minds, and the laws of physics* (London: Vintage, 1989)

PLATÃO, *Filebo* (Traduzido por Carlos Alberto Nunes), *Diálogos*, vol. VIII (Belém: Universidade Federal do Pará, 1974)

RUCKER, Rudi, *Infinity and the mind. The science and philosophy of the mind* (London: Penguin, 1997)

SANCHEZ, Antonio Leon, "Sobre la aritmética transfinita de Cantor", em www.interciencia.es (acessado em 1º de julho de 2011)

Publicado em: José Croca, Pedro Alves, Mário Gatta (eds.), **Space, Time, and Becoming** *(Lisboa: Faculdade de Letras da Universidade de Lisboa, 2013), p. 85-102.*

A braquistócrona, o melhor dos mundos e o conceito de euritmia

Introdução: o princípio de Fermat

A luz tem sido desde tempos antigos um dos assuntos dominantes na física para se entender a natureza com profundidade cada vez maior. Um dos muitos aspectos da luz e de suas propriedades leva de volta à lei da refração, como formulada dentre outros pelo astrônomo holandês W. Snell em 1621.[163] A lei de Snell da refração diz que a relação entre os senos dos ângulos dos raios incidente e refratado com a normal numa superfície separando dois meios com densidades diferentes é uma constante. Este foi um resultado experimental que pode ser visualmente comprovado, mas o resultado em si não explica por que a luz se move numa trajetória com aquela relação.

Na Antiguidade, Hierão de Alexandria tinha estudado o fenômeno da reflexão luminosa. Numa linha de ideias relacionadas com a luz, Pierre de Fermat retomou esse assunto e, em 1657, enunciou seu princípio do mínimo tempo, ao mesmo tempo expondo o erro de René Descartes que, para deduzir a relação de Snell assumiu que a luz se propaga mais rapidamente num meio denso do que num meio mais rarefeito. Usando a hipótese de que a luz deve se propagar de acordo com um princípio do mínimo tempo, Fermat conseguiu o resultado correto e inverso ao cartesiano: para os ângulos de incidência i e refração r, velocidade nos raios incidente v_i e refratado v_r, que é sen i / sen r = v_i / v_r, iniciando assim uma longa controvérsia com os adeptos de Descartes.

A oposição dos cartesianos a Fermat tomou a forma de negação de que a natureza deva seguir um princípio como o de mínimo tempo ou de menor

---

[163] E.J. Dijksterhuis, *The mechanization of the world picture* (Princeton: Princeton University Press, 1986), p. 389.

esforço, porque consideraram absurdo que a luz pudesse saber de antemão qual seria o caminho de menor tempo. A acusação era equivalente a dizer que uma explicação metafísica como a daquele princípio pressupunha uma causalidade direcional, teleológica, e isto não poderia ser tolerado na física. Fermat encerrou sua participação na discussão dando uma resposta irônica, de que ele não tinha a menor intenção de ajudar a natureza, que bem poderia dispensar sua contribuição, mas insistindo que a conclusão de Descartes sobre a velocidade da luz estava errada.

Num desenvolvimento mais amplo, esta questão se tornou o ponto de partida para discutir um tema bastante geral, que é o chamado princípio da mínima ação, como será aqui apresentado.[164]

Leibniz e o melhor dos mundos

O prolífico cientista holandês Christiaan Huygens também investigou a óptica em seu *Tratado* (1690), propondo uma teoria ondulatória da luz, onde endossou o princípio de Fermat, do menor tempo. Em continuação, seu discípulo de matemática Gottfried Wilhelm Leibniz expandiu tal ideia e foi favorável à existência de causas finais para um funcionamento ótimo da natureza. Ele expôs em sua *Teodiceia* (1710) o argumento de que, de todos os mundos possíveis, este que existe é o melhor, e incidentalmente sua conclusão está diretamente relacionada com sua adoção para a luz do princípio do menor tempo, que ele generalizou.

É bem conhecido que uma feroz disputa surgiu entre Leibniz e Isaac Newton, mas o tema da prioridade entre os dois sobre o aperfeiçoamento do cálculo infinitesimal não deve ofuscar as questões mais importantes em jogo para o presente propósito. Os próprios fundamentos empregados pelos dois matemáticos são diferentes em relação ao conceito e à existência de infinitésimos. Mais relevante para o ponto aqui tratado, o famoso debate entre Leibniz e o epígono de Newton, Samuel Clarke, é sobre a existência de causas finais. A metáfora do universo como mecanismo de relógio expressou bem a divisão

---

[164] Uma percepção do significado histórico e científico deste assunto foi fornecida por Max Planck; vide seu "The principle of least action", em *A survey of physical theory* (New York: Dover, 1993). Mais recentemente, um trabalho bastante útil e erudito é o de Augusto José dos Santos Fitas, *O princípio da menor acção, uma história de Fermat a Lagrange* (Casal de Cambra: Caleidoscópio, 2012).

entre as duas correntes: para Newton esse mecanismo vai perdendo impulso com o tempo e necessita da intervenção da divindade para periodicamente dar-lhe corda para que não pare, enquanto que, para Leibniz, o criador do universo seria também capaz de fazê-lo tão perfeito que ele se perpetua sem a intervenção divina. Mais especificamente, o tratado de óptica de Newton reafirma a solução (errada) de Descartes para as velocidades da luz na refração.[165]

Uma tradição de longa duração começou então por se estabelecer, opondo as visões de mundo de Newton às de Leibniz e seus seguidores. Por exemplo, essa disputa estará presente na clivagem entre cientistas franceses do início do século 19, que tinha a ver com a adesão ortodoxa ao newtonismo, de acordo com o modelo inaugurado por Voltaire. Assim, na França dessa época, estavam em lados opostos do campo os newtonianos Lagrange, Laplace, Biot, Malus, ao passo que, do outro lado, podiam ser encontrados Fresnel, Fourier, Ampère e, depois de um flerte inicial com os newtonianos, Arago. Um dos grandes episódios desse debate nesta época posterior foi provocado exatamente com relação à natureza da luz, quando a teoria então dominante de Newton dos corpúsculos luminosos foi desafiada pela teoria rival de Fresnel, da natureza ondulatória da luz.

Jean Bernoulli e a braquistócrona

Examinaremos essa rivalidade a partir do ponto de vista mencionado anteriormente como sendo o mais relevante, o das intenções ou das causas finais, no período seguinte a Fermat. Para este fim, voltamo-nos para o método de Jean Bernoulli para resolver um problema famoso, colocado pelo próprio matemático (Figura 1, também designado como Jean Bernoulli I, para distingui-lo de outros membros da conhecida família de matemáticos). Ela apareceu na *Acta Eruditorum* de Leibniz em 1697: "Determinar a curva ligando dois pontos dados, a diferentes distâncias da horizontal e não na mesma linha vertical, ao longo da qual uma partícula móvel sob a ação do próprio peso e partindo do ponto mais alto, desce o mais rapidamente até o ponto inferior".

---

165 Fitas, op. cit., págs.56-59.

Figura 1 - Jean Bernouilli (1667-1748) – em suas mãos o desenho de uma braquistócrona – pt.wikipedia.org

O método empregado por Bernoulli para responder a questão forneceu não apenas uma solução, mas acima de tudo pretendeu responder o que geraria tal solução. Para cumprir essa tarefa ele desenvolveu um diferencial para demonstrar que a curva da braquistócrona (a trajetória desejada de mínimo tempo) é uma ciclóide, assim como a curva de Huygens da tautócrona (a trajetória de tempos iguais). É notável que Bernoulli tenha usado uma propriedade da luz para determinar uma trajetória para um corpo em queda sob ação da gravidade. Ele seguiu uma ideia física engenhosa: se colocarmos várias camadas de meios diferentes (com diferentes densidades) por cima uma da outra, de forma que a velocidade da luz passando por elas aumente de uma camada superior para uma inferior, da mesma forma que aumenta a velocidade de um objeto em queda com a distância percorrida, então a luz que passa pelas camadas tomaria o caminho do mínimo tempo (seguindo uma propriedade peculiar à luz), e tal arranjo garante que este é também o mínimo tempo para uma queda por gravidade.

A ilustração na Figura 2 é tirada do artigo originalmente publicado por Bernoulli na *Acta Eruditorum* (Leipzig, maio, 1697), para mostrar sua própria solução ao problema da braquistócrona, em que seu ponto de partida não é a gravidade – como apontado atrás - mas sim a luz ao atravessar um meio hipotético que não é uniformemente denso, mas composto por um número infinito de camadas horizontais, cuja densidade varia monotonicamente de acordo com uma dada lei.[166] Um feixe de luz incidente em cada camada é refratado e passa de um ponto a outro, seguindo o mínimo tempo em cada estágio, de acordo com a hipótese de Fermat.

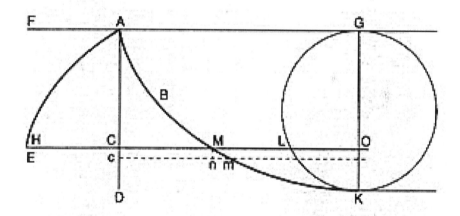

Figura 2 – Jean Bernoulli e sua demonstração da braquistócrona – reproduzido em Smith (1959)

---

166 O texto de Bernoulli se intitula "A curvatura de um feixe de luz num meio não uniforme, e a solução do problema proposto na *Acta* de 1696, p. 269, de encontrar a braquistócrona, i. é, a curva ao longo da qual uma partícula escorrega de um ponto dado a outro ponto dado no mínimo tempo, e a construção da síncrona, ou a frente de onda do feixe"; para uma tradução desse trabalho, vide David Eugene Smith, *A source book in mathematics* (New York: Dover, 1959, pp. 644-655). Esta será a fonte de todas as citações do referido trabalho.

Seja a mencionada lei de variação da densidade do meio dada pela curva AE, em que na altura AC = x a densidade correspondente à velocidade do raio é CH = t. A luz emanada do ponto A está agora no ponto M da trajetória procurada e CM = y. Para a camada infinitesimal abaixo de CM há um diferencial Cc = dx, um diferencial nm = dy, e um diferencial Mm = dz. O seno do ângulo de refração em M é proporcional a nm, e pela lei de Snell há uma relação constante dy/dz = t/a, em que a é uma constante arbitrária, ou

$$ady = tdz$$

Multiplicando-se cada lado desta equação por si mesmo, obtemos $a^2dy^2 = t^2dz^2$. Mas do triângulo retângulo Mnm temos que $dz^2 = dx^2 + dy^2$ e, portanto, $a^2 dy^2 - t^2 dy^2 = t^2 dx^2$, de onde se tem a equação diferencial para a curva procurada

$$dy = tdx/\sqrt{(a^2 - t^2)}$$

Um caso especial surge da hipótese provada por Galileu: a velocidade de corpos em queda varia com a raiz quadrada da altura da queda. Com esta pressuposição, a curva AE será uma parábola, isto é, $t^2 = ax$, e

$$dy = dx \sqrt{[x/(a - x)]},$$

que é a equação da ciclóide gerada pelo ponto K, rolando-se o círculo GLK e começando a rotação em A.

Nas palavras de Bernoulli, "você ficará petrificado de surpresa quando eu disser que essa ciclóide, a tautócrona de Huygens, é a nossa desejada braquistócrona": elas são a mesma ciclóide. Ou, em outras palavras, essa curva satisfaz duas propriedades: uma esfera colocada sobre uma fina lâmina metálica com o formato desta curva cairá durante um mesmo intervalo de tempo, não importa onde seja inicialmente colocada e este é o menor intervalo de tempo de queda dentre todas as possíveis curvas.

O que costuma ser ignorado nesta demonstração é exatamente o que foi enfatizado atrás: que para esta finalidade Bernoulli tratou como luz a gravidade.[167] Igualmente importante é também o uso que ele fez do negligenciado princípio do mínimo tempo, de Fermat.[168] Em suas próprias palavras:

> *Pois seja que o incremento na velocidade dependa da natureza do meio, mais ou menos resistente, como no caso do raio de luz, ou seja ainda que removamos o meio e suponhamos que a aceleração seja produzida por um outro agente, como no caso da gravidade; já que no fim se supõe que a curva seja percorrida no tempo mais curto, o que nos impede de substituir um pelo outro?*

Novamente, Bernoulli exclama com admiração: "Assim com um só golpe resolvi dois problemas notáveis, um óptico e outro mecânico... Mostrei que os dois problemas tomados de campos inteiramente distintos da matemática, são no obstante da mesma natureza".

No final de seu trabalho, Bernoulli mostra como construir o lugar de todas as ciclóides para pontos que descem desde A até diferentes alturas no menor tempo, e mostra que este lugar é o que Huygens chamava de frente de onda, cortando todas ciclóides ortogonalmente. Ele chama essa curva de "síncrona", e isto é geralmente considerado uma primeira aproximação ao problema isoperimétrico e, portanto, ao cálculo matemático de variações.

O princípio da mínima ação e sua sorte

Fitas (op. cit.) reconstruiu diversos episódios dos desenvolvimentos seguintes que foram de Fermat até Lagrange. Para melhor entender a atitude lagrangiana ao final dessa peregrinação é necessário retroceder até Pierre Louis de Maupertuis, que em 1744 escreveu um trabalho relacionado com o

---

167 Vários trabalhos examinados sobre a história da matemática e da física deixaram de mencionar este ponto. Uma exceção é o físico e filósofo Ernst Mach, que considerou a solução de Bernoulli usando uma propriedade da luz como "uma das mais notáveis e belas realizações na história da física" (Ernst Mach, *The science of mechanics*. LaSalle: Open Court, 1989 [1893], p. 522). A apresentação feita por Mach foi seguida de perto por Richard Courant e Herbert Robbins em *What is mathematics?* New York/Oxford: Oxford University Press, 1996, págs. 383-384.

168 O tradutor do artigo de Bernoulli deixa inteiramente de entender o que está em jogo ao acrescentar uma nota sua (Smith, op.cit. páginas 650-651), explicando que, pressionado pelos cartesianos, Fermat "abandonou seu princípio do mínimo tempo". Pelo contrário, como Fitas (op. cit.) mostra cuidadosamente, Fermat em sua última carta ao cartesiano Cleselier estava seguramente sendo irônico quando escreveu que a natureza pode bem tomar conta de seus próprios negócios sem sua ajuda, porque na mesma sentença Fermat acrescentou que tinha encontrado a trajetória de uma partícula no tempo mais curto ao passar através de dois meios diferentes.

princípio do mínimo tempo de Fermat, introduzindo então o princípio, mais geral, da mínima ação. No início, Maupertuis era um adepto das ideias de Newton, especialmente em relação à forma da Terra, e à essa época ele era também próximo do escritor Voltaire (François Marie Arouet), que ajudou a promover o newtonismo no continente e era um inimigo figadal da filosofia de Leibniz.[169] Maupertuis chegou a ser amigo íntimo de Jean Bernouilli, e gradualmente se desviou de sua lealdade inicial para com Newton, de forma que no trabalho de 1744 ele generalizou o princípio de Fermat, afirmando que sempre que houver uma variação na natureza, a quantidade de ação (definida como o produto da massa pela velocidade e pelo deslocamento no espaço) correspondente àquela variação é sempre a menor possível. De acordo com os escritos de Maupertuis, é como se a natureza agisse conforme uma estratégia de economizar os meios à sua disposição ou, em outras palavras, a natureza deve seguir um propósito.[170]

Leonhard Euler, que trabalhou junto a Maupertuis na Academia Prussiana de Ciências em Berlim, de início também aderiu ao princípio metafísico de Leibniz, de causas finais e harmonia do mundo. Considerando o princípio de Maupertuis, ele alterou a formulação deste, introduzindo a necessidade de manter mínimas as "forças vivas" (*vis viva*, um conceito introduzido por Leibniz e igual ao produto da massa pelo quadrado da velocidade, ou energia cinética). Entretanto, Euler posteriormente mudou sua posição filosófica, talvez devido à sua associação com newtonianos como D'Alembert, mantendo o princípio apenas como um resultado algébrico, vazio de implicações filosóficas.

Joseph-Louis Lagrange (em 1760), por sua vez, ao desenvolver o cálculo variacional, modificou o enfoque de Euler ao princípio da mínima ação. De

---

169 Voltaire não hesitou em ser intelectualmente desonesto e apresentou uma imagem parcial e falsa da harmonia do mundo exposta por Leibniz, a quem caluniou em sua novela *Candide* sob o pretexto de julgar o "injusto" terremoto de Lisboa, de 1755. Quanto ao papel de Voltaire para difundir Newton no continente europeu, vide Paolo Casini e *Newton e a consciência européia* (São Paulo: UNESP, 1995) – mas deve-se notar que foi uma cientista, Madame du Châtelet, que realmente traduziu e explicou as ideias de Newton para Voltaire, que não tinha o treinamento matemático necessário para ler Newton.

170 Neste contexto, é instrutivo comparar os argumentos de Voltaire (que influenciaram Lagrange) em sua controvérsia com Leibniz/Maupertuis em torno do princípio de mínima ação com outro episódio de sua vida, o feroz debate mantido entre o mesmo Voltaire (depois que rompeu sua amizade com Maupertuis) e o pároco e cientista inglês John Needham (que simpatizava com Maupertuis), sobre pré-formacionismo versus epigênese e a origem da vida – cf. Hal Hellman em *Great feuds in science* (Wiley, 1999).

acordo com Lagrange, de todos os deslocamentos possíveis para um sistema material se mover entre duas posições, desde que a energia total seja constante, ele realizará aquele que corresponde à mínima ação, agora definida como a integral no tempo da *vis viva*. Também para Lagrange, um típico e radical newtoniano, este é um problema puramente algébrico que nada tem a ver com considerações metafísicas.

Em minha opinião, toda essa fascinante história é mais complexa do que apenas restrita ao princípio do menor tempo, ou mesmo do próximo passo no qual este tomou a forma do princípio da mínima ação. O foco principal tinha a ver com aceitar ou não injunções metafísicas na fronteira das ciências, um problema que por sua vez se ramificou em diversas outras grandes questões. Na física, especialmente, essas questões se manifestaram em problemas tais como a "unidade da natureza", um aspecto capital do movimento da *Naturphilosophie* no começo do século 19; mais tarde elas estão também por trás das discussões sobre o princípio antrópico e, por último, mas não menos importante, elas ressurgiram na grande busca pela causalidade na visão de mundo da física quântica.

Naturalmente, o recurso à metafísica pode dar ensejo a excessos que frequentemente têm sido renegados e chamados de meras "especulações", que por sua vez são desculpas fáceis para jogar fora o bebê com a água do banho. Por exemplo, tal qualificação foi injustamente estendida a todo e qualquer aspecto do citado movimento da *Naturphilosophie* durante o século 19 e subsequentemente. De fato, essa abominação à metafísica tem prevalecido para ajudar os cientistas a convenientemente fugirem de algumas preocupações mais profundas e espinhosas sobre o universo físico. Um dos aspectos históricos da ciência que tem sido raramente evocado é que nem todos aderiram a essa postura evasiva. Por exemplo, em conexão com a suposta não cientificidade da *Naturphilosophie*, é instrutivo hoje rever abordagens como a do físico alemão Christian Heinrich Pfaff, que, em seu esboço histórico pioneiro do eletromagnetismo (1824), via os físicos de sua época divididos entre "dinamistas" (seguidores de Leibniz) e "atomistas" (adeptos de Newton).[171]

Ernst Mach, em seu citado trabalho histórico e filosófico que marcou época, *The science of mechanics* (1883, op. cit.), identificou que foi a influência

---

171 Vide: Gildo Magalhães, *As ciências e a filosofia da natureza no Romantismo* – acessível em http://cfcul.fc.ul.pt/cursos/curso_gildo.htm

de Lagrange (novamente) que prevaleceu no começo do século 19 e mesmo depois, com sua visão de uma ciência física "limpa", na medida em que ela deveria privilegiar apenas a ciência matematicamente "objetiva", rejeitando definitivamente as digressões filosóficas. O ponto de vista de Lagrange foi consolidado na esteira da condenação por Napoleão Bonaparte do grupo de intelectuais chamados de "ideólogos", considerados pelo imperador francês como um bando de "metafísicos obscuros".

Em 1833, o físico irlandês William Hamilton trabalhou sobre o princípio da mínima ação, desta vez admitindo em sua formulação que a energia não precisa ser constante. Em sua concepção, a ação precisa ainda ser um mínimo, e ele definiu "ação" como a integral da diferença entre energia cinética e potencial.

Em mecânica ondulatória Louis de Broglie, como é bem conhecido, propôs no primeiro quartel do século 20 associar uma onda a cada corpúsculo. Ao considerar o movimento de qualquer partícula num campo constante, de Broglie foi levado a imaginar a trajetória do corpúsculo como um raio de propagação ondulatória; exatamente identificando o princípio de Fermat com o princípio de mínima ação, de Broglie chegou à relação entre corpúsculo e onda: a energia do corpúsculo é igual à frequência da onda multiplicada pela constante de Planck h, a quantidade de movimento varia de um ponto a outro no campo e é igual ao quociente de h dividido pelo comprimento de onda, igualmente variável, da onda associada.[172]

A braquistócrona como um processo eurítmico

A solução da braquistócrona por Jean Bernoulli ilustra bem o pano de fundo para o conceito de euritmia, tal como aplicado nos dias de hoje por José Croca e seu grupo de Lisboa a uma original formulação causal da física quântica, também inspirada pelas ondas de matéria de Louis de Broglie.[173] Qual o raciocínio por trás disso? Por um lado, essa nova formulação começou como

---

[172] Louis de Broglie, *La physique nouvelle et les quanta* (Paris; Flammarion, 2005 [1937]), págs. 167-174. O caso análogo para a mecânica clássica foi entendido por de Broglie como apoiado pela identidade entre o princípio de Fermat e o princípio de Maupertuis da mínima ação, tal como generalizado por Hamilton e pelo alemão Carl Gustav Jakob Jacobi (de Broglie, id. ib. págs. 42-46).

[173] Cf. José Croca, *Towards a non linear quantum physics* (World Scientific, 2003); José Croca e Rui Moreira, *Diálogos sobre física quântica* (Esfera do Caos, 2007); José Croca e João Araújo (eds.), *A new vision on physis* (CFCUL, 2010).

uma clara recusa das hipóteses probabilísticas não causais em torno do dualismo onda-partícula na interpretação clássica (de Copenhague). Revelando-se as hipóteses *ad hoc* envolvidas no princípio da incerteza, de Heisenberg (especialmente a hipotética infinitude das ondas no espaço e no tempo), foi possível rever a questão e derivar teoricamente uma fórmula mais geral para aquele princípio que não tinha seus limitantes de incerteza, e explicar por meio dela os resultados contraditórios obtidos na prática com microscópios de varredura, que alcançam precisões muito maiores do que o limite imposto pelo princípio de Heisenberg. Isto levou à quebra de barreiras que associavam a interpretação da função de onda a um número puramente estatístico. A nova interpretação causal estava alinhada com a noção de Louis de Broglie de funções de onda reais e não apenas supostamente probabilísticas, revivendo assim a noção e a realidade das chamadas "ondas vazias" e fornecendo uma explicação causal para uma série de fenômenos oriundos da classe de experiências com fendas duplas.

Por outro lado, a palavra "euritimia" foi introduzida para descrever o comportamento da matéria/energia existente no nível subquântico e inadequadamente referida como "partículas" no jargão ordinário. Estas foram subsequentemente denominadas "ácrons", ou condensações do meio subquântico associadas às ondas "teta" ("vazias") acompanhantes dos ácrons. "Ritmo" foi pensado como parte da expressão porque tem sido em várias línguas a palavra de origem grega para denotar alternâncias, como as de som e silêncio relacionadas com a música e, de forma mais geral, com qualquer cadência ou manifestação de diferenças de fluxo. "Ritmo" foi também naturalmente escolhido devido à conexão entre ondas – um reforço das ondas de matéria propostas por de Broglie – e todo o conceito de que o meio subquântico se expressa por meio de rarefações e condensações. O prefixo grego "eu" significa "bom", e isto está evidentemente ligado com os princípios de mínimo tempo e mínima ação na tradição de Fermat/Leibniz, isto é, aponta que existe um padrão para ação causal no meio subquântico, pelo qual o comportamento resultante revela a essência deste melhor dos mundos, que é o nosso.

Há um fundamento para todas essas hipóteses, basicamente é aquele também admitido por Fermat, Leibniz, Maupertuis e outros como sendo as "causas finais". A luz, por exemplo, prefere uma trajetória em que esteja envolvido o mínimo dispêndio de energia na propagação, e na refração isso resulta no menor tempo considerando as velocidades diferentes da luz nos dois meios. Vários problemas também exibem essa característica de terem uma solução unívoca de extremos (mínimo ou máximo, dependendo do problema). Este é o nó do problema da refração da luz: se não houvesse um dispêndio mínimo unívoco, então a luz poderia se deslocar por infinitas outras trajetórias, sem qualquer preferência, o que equivale a dizer que a transmissão da luz seria um movimento caótico ao acaso. Isto seria também válido para outros fenômenos e, em última instância, este mundo seria verdadeiramente um acaso, e a causalidade forçosamente desapareceria, de modo que, no máximo, previsões estatísticas seriam possíveis; contudo, no pior caso nem mesmo suposições estatísticas seriam factíveis, já que tudo desapareceria sob um manto de ruído branco indiferenciado: o mundo logo se desestabilizaria e cessaria de existir sem um princípio causal de ordem, sem uma direção, i. é, sem euritmia. (Nem mesmo a moderna teoria do caos ousa propor um universo totalmente ao acaso. Em geral, os fenômenos estudados pela teoria do caos exibem "atratores" que polarizam o acaso em direção à emergência de padrões.)

A euritmia é, portanto, uma tradução da existência de padrões causais que contribuem para um bom resultado dos sistemas, mesmo quando abandonados a si mesmos. É também importante notar que a causalidade não força o mundo a um tipo de determinismo laplaciano, porque no processo existem graus de liberdade. Os homens se confortam naturalmente com o pensamento de liberdade, que na prática tem sido tão altamente considerada como resultado de uma longa luta da humanidade. Se o mundo subquântico não fosse mais do que perfeito não sofreria mudanças, seria uma perfeição congelada. Precisamos assumir que neste nível não há uma completa simetria nos sistemas, de forma que podem surgir diferenciações que introduzem vários graus de liberdade. Estes são como o proverbial "grão de sal" que faz toda a diferença na comida e em outras coisas em geral.

Um exemplo dessa diferença é o que Pasteur identificou como o impulso por trás da vida (substâncias derivadas de compostos orgânicos), ao estudar os diferentes aspectos da matéria do ponto de vista da passagem de luz polarizada através de isômeros ópticos. Em outro nível, essa diferenciação pode ser identificada em outras estruturas regulares, como nas células musicais nas melhores composições (como Bach, Mozart e Beethoven), que repentinamente mostram uma combinação diferente da exposição anterior de um tema melódico chegando numa surpresa, como por exemplo numa modulação inesperada, o que muda completamente o clima da peça. A mesma "estranheza" é também a chave para entender as mudanças irônicas ao final de um soneto de um grande poeta como Camões, ou outras expressões artísticas. O mundo subquântico é seu próprio "artista" – a causalidade e a lei ali predominam, mas como resultado de um processo onde há graus de liberdade, e poderíamos certamente descrever o processo como um todo, não ao acaso, mas talvez como um "quase determinismo", porque a longo prazo a causalidade vence o caos, mas há também uma evolução.

O desconforto e revolta que sentem algumas pessoas em face da euritmia é o sentimento de teleologia com que se defrontam, de forma que acabam desgostosas e negando qualquer possibilidade de entender o mundo de maneira causal, preferindo o epifenômeno kantiano às causas dos fenômenos em si, que permanecem inacessíveis por princípio. Como poderia, por exemplo, a luz saber que apenas uma trajetória entre infinitas outras é a "melhor"? Richard Feynman apreendeu este sentimento quando conferenciou exatamente sobre o princípio de mínimo tempo.[174] Sua resposta foi que o feixe de luz ao se refratar de um meio para o outro como que "fareja" o caminho à frente por meio de seu comprimento de onda, para garantir uma diferença nula de fase ao escolher a trajetória do menor tempo, quando comparada com caminhos alternativos. É como se a primeira refração na trajetória "correta" pudesse guiar o resto do trem de ondas.

De fato, parece que a solução de Bernoulli leva a conjecturar que esse método poderia ser tornado suficientemente geral para acomodar qualquer função que descreva a forma pela qual diferentes camadas refratantes superpostas são arranjadas. O objetivo na época de Bernouilli era encontrar a curva para um campo gravitacional que obedecesse a lei de Galileu, da raiz quadrada do espaço percorrido versus velocidade, mas isto não precisa ser assim: talvez a função não tenha de ser monotônica nem mesmo contínua.

Sem antropomorfizar a luz, é suficiente notar que o questionamento feito a Fermat/Leibniz/Maupertuis pelos cartesianos, bem como pelo Euler mais velho e por Lagrange, era equivalente a negar a tendência da natureza na direção de produção de ordem. Contudo, tem sido uma característica permanente

---

174 Richard Feynman, [Addison-Wesley, 1977 – originalmente publicado em 1964-66], *Feynman lectures on physics*, vol. 1, capítulo 26), págs. 26-7 e 26-8.

da humanidade se esforçar para entender as leis que governam o mundo, de forma que possamos prever eventos com antecedência e intervir para mudar a realidade. E embora a meta de chegar em tais leis últimas seja evasiva e tal tentativa de compreensão esteja sempre mudando, é nesta perspectiva que, no caso da causalidade na física quântica, poderíamos elucidar muitos outros aspectos da realidade, tais como a crescente ordem de complexidade do mundo natural, seja na química ou na biologia, ou em outros campos, como a economia humana.[175]

Contrariamente à popular imagem kuhniana da ciência como uma alternância entre fases "normais" e "revolucionárias", enfatizo que o período nela chamado normal na prática esconde divergências permanentes. Ao invés de um padrão que seja um terreno comum para todos, a história da ciência é mais complicada, porque dúvidas e controvérsias sempre desafiaram de um jeito ou de outro as convicções, de outra forma sólidas, da ciência paradigmática. Os exemplos são numerosos, mas os principais conflitos mencionados neste artigo são uma boa ilustração da questão. A disputa sobre as velocidades comparadas em meios com diferentes densidades durou por muitos anos, e tem estado por detrás do enigma do princípio do menor tempo, que ainda continua depois de quase 400 anos. Por outro lado, a disputa envolve o problema teleológico das causas finais, que se espraiou para outros campos, como a biologia, em termos de atribuir uma direção na evolução das espécies. Opositores deste pensamento ainda debatem-no com os defensores de uma "flecha" evolucionária.[176] O que sucede é que o paradigma esconde os rebeldes e parece como se existisse apenas o reino da ciência "normal". Não obstante, são as controvérsias o motor responsável pelo progresso da ciência e sempre que os inconformistas são silenciados a ciência para de avançar qualitativamente, mesmo que pareça que esteja quantitativamente compensando esse atraso.

A física quântica também experimentou esse avanço proibitivo para todos que concluíram que o mundo é de alguma forma eurítmico, desde que sejam dados tempo e espaço suficiente para que se demonstre essa propriedade. Por

---

175 Vide G. Magalhães, "Some reflections on life and physics: negentropy and eurhythmy", *Quantum Matter* 4 (3), June 2015.

176 É uma crença muito difundida entre biólogos evolucionistas darwinistas que não existem metas teleológicas justificadas na natureza, e que até mesmo a palavra "progresso" deveria, portanto, ser banida para sempre da biologia, como defendido por Stephen Jay Gould em *Full house* (Harmony, 1996).

que isto é assim? Leibniz acreditava que um Criador não ficaria satisfeito com nada menos do que a perfeição. Por meu lado, digo que há uma resposta e estou pronto a testemunhar que este universo tem existido e efetivamente provido nossa própria subsistência.

Apresentado originalmente no Simpósio "Eurhythmy, Complexity and Rationality in an Interdisciplinary Perspective", na Universidade de Lisboa, em 2015

A inspiração republicana e a ideia de progresso: Vauthier, politécnico francês no Brasil Imperial

Para podermos apreciar mais detidamente o significado da presença em terras brasileiras do Recife de um engenheiro como o francês Louis-Léger Vauthier (1815 – 1901), devemos ter em conta o contexto do que à essa época significava ter sido um ex-aluno da Escola Politécnica de Paris, onde ele estudou de 1834 a 1836, ainda sob a influência de professores que por sua vez foram discípulos diretos dos fundadores daquela Escola.

Um dos fatos que se revelaria culturalmente como dos mais impactantes da Revolução Francesa foi justamente a criação da École Polytechnique, expressão institucional de uma elite intelectual reunida em torno do pensamento republicano do cientista e político Gaspard Monge e dois de seus antigos alunos de engenharia militar em Mézières, Lazare Carnot (militar, físico e também político) e Claude-Antoine Prieur-Duvernois (militar e político conhecido como Prieur de La Côte d'Or).

A importância da Escola Politécnica transcendeu muito a instituição em si e mesmo a própria França: para citar apenas um exemplo, sem ela seria muito difícil estabelecer as bases para os avanços das ciências naturais e da tecnologia na Alemanha dos séculos XIX e XX, especialmente em matemática, física, química e suas aplicações. De fato, foi o fracasso dos exércitos alemão-prussiano e austríaco frente à ocupação napoleônica que levou os derrotados a uma percepção de que por trás do sucesso militar francês estava seu ensino técnico-científico, instando especialmente os alemães a tentar superar o modelo francês de escola de engenharia.[177] No entanto, com poucos recursos e numa época de turbulências tremendas como foi a Revolução Francesa, como

---

177 Kirby *et al.* (1990): 327-328; Ben-David (1974): 151-192.

conseguiram os franceses educar quadros cujas obras científicas se revelaram essenciais para o desenvolvimento das nações modernas? A resposta precisa ser buscada na história das ideias discutidas durante o Iluminismo francês.

Em termos dessa história de ideias, Monge e seus seguidores contrapunham-se aos que, apesar do rótulo de iluministas, no fundo menosprezavam a ciência, como Voltaire, Rousseau e Mirabeau e, mais tarde, Marat. Essa corrente, tendo justamente "o amigo do povo" Marat à frente, tinha conseguido acabar em 1793 com todas as academias nacionais francesas, inclusive a de ciências, e tinha lançado a perseguição aos acadêmicos em geral, acusando-os de representantes do *Ancien Régime*, ou de serem pouco radicais, apesar de muitos deles serem revolucionários de primeira hora.[178] A Academia de Ciências, fundada por Colbert em 1666, ao contrário do que propalavam os radicais da Revolução, não era em sua maior parte um antro de parasitas sustentados pela realeza, mas uma instituição que atuava ativamente como parte integrante do governo dedicada à pesquisa, estando por trás de aplicações práticas que muito beneficiaram a economia francesa.

Como um dos resultados da reação Thermidoriana contra o Terror em 1794 (que acabou com a eliminação de Robespierre), Lazare Carnot tomou posse do Comitê de Segurança Pública. Em conjunto com Prieur-Duvernois e Monge, essa equipe cuidou de logo assentar as bases para a fundação da Escola Politécnica, aglutinando pessoas que tinham simpatias republicanas, inclusive algumas que tinham lutado na América contra os ingleses pelo estabelecimento da república independente dos EUA.[179]

---

[178] Marat tinha sido seguidamente rejeitado em sua candidatura a membro da Academia de Ciências, por motivos científicos bem fundamentados, e depois da revolução de 1789 passou a perseguir aqueles que não o reconheciam como cientista autêntico e que ele chamava de "aristocratas da ciência" - cf. Thuillier (1983): 97-112. Entre as cabeças brilhantes de cientistas que perderam a vida em conseqüência do Terror jacobino contam-se o astrônomo Bailly e o famoso químico Lavoisier. Este último era entusiasta da Revolução e tentou até o último minuto salvar o trabalho fundamental da republicana Comissão de Pesos e Medidas, iniciativa também encampada pelos que seriam os fundadores da Escola Politécnica – as peripécias para levar a termo os trabalhos dessa Comissão constam da obra de ficção, muito bem documentada, de Guedj (1988). Deve-se mencionar também como vítima o nome do Marquês de Condorcet, matemático que se tornou um arauto da ideologia do progresso e foi encontrado morto na prisão.

[179] Apesar dessa inspiração e de os caminhos da Revolução Francesa haverem logo se separado do princípio republicano, Monge mantinha que era "melhor ter republicanos sem uma república do que uma república sem republicanos" – cf. Albert (1980): 32.

A partir de então, Carnot e seus aliados pensaram em organizar a futura escola de engenharia para que lá fosse privilegiado o processo criativo da ciência, não apenas seus resultados, ou seja, os alunos não deveriam meramente receber algo pronto para decorar, mas serem capazes de pensar criticamente e fazer pesquisas por conta própria. Planejaram ainda que posteriormente os ex-alunos dessa instituição fossem motivados a contribuir para que essa capacidade de usar a ciência, que fora aprendida e treinada na Politécnica, fosse disseminada ao máximo pela população francesa. De fato, muitos ex-politécnicos se tornaram mais tarde professores de renome em Paris e nas províncias, onde influenciaram muitas gerações no esforço de criar tecnologia e uma indústria francesa de qualidade superior, com mão de obra qualificada.

Até a fundação da Escola Politécnica havia na França quatro escolas de engenharia principais, que não se comunicavam entre si: a escola militar de Mézières (a mais famosa), a escola de artilharia de Chalone-sur-mer, e as duas escolas civis de Paris – a de Pontes e Estradas, e a de Minas. A nova Escola Politécnica deveria ser interdisciplinar, com uma estrutura paramilitar, e compartilhar publicamente seus resultados - sem conhecimentos "secretos", como era a prática anterior das escolas militares - e fazer com que no seu currículo todos os serviços públicos de infra-estrutura (principalmente transportes e saúde pública) se entrecruzassem, na teoria e na prática. De acordo com o politécnico, cientista e historiador das ciências Jean-Baptiste Biot, a Escola Politécnica foi fundada "em primeiro lugar para treinar engenheiros; segundo, para disseminar homens iluminados na sociedade civil; e terceiro, para despertar talentos que pudessem fazer a ciência avançar".[180] O decreto instituindo a escola foi publicado em 1794.

Para se prevenir contra o problema que tinha enfrentado a fundação da também inovadora École Normale, um ano antes, de não conseguir selecionar bons alunos, Monge imaginou para a primeira turma de ingressantes um sistema de 25 instrutores (*chefs de brigade*), escolhidos e treinados por ele entre os melhores, e que tinham cada um deles a missão de por sua vez treinar grupos de 16 alunos, um método de inspiração militar que se revelou naquela

---

180 Esse relato se encontra numa interessante obra - Biot (1803). Este cientista foi ele próprio um brilhante aluno da primeira turma (1797) formada na Escola Politécnica. Trata-se de uma história das ciências assumidamente política, pois pretende descrever o avanço científico durante a Revolução Francesa.

altura bastante proveitoso. A idéia de que, para melhor aprender, um jovem devia se tornar também um educador capaz, provinha das práticas da Ordem dos Oratorianos, responsável pela educação inicial tanto de Monge quanto de Carnot.[181] Monge em especial era famoso por ser um professor que instigava seus alunos a debaterem o conteúdo de suas aulas e não simplesmente acatar os ensinamentos sem espírito crítico.

A equipe inicial de professores da Politécnica contava com nomes de grandes cientistas como o físico-matemático Lagrange e os químicos Fourcroy, Berthollet e Goyton-Morveau. Além de uma ênfase muito grande em matemática, física, química e desenho geométrico, deve-se notar que o currículo da Escola Politécnica incluía desenho artístico. O pintor Neveu, professor dessa matéria, ensinava que a arte devia atingir a alma através dos olhos, para ensinar o senso moral; assim, ela seria instrumental para inspirar nos jovens alunos "o horror à escravidão e o amor à nação".[182]

Para Monge, a geometria em especial era considerada como de excepcional valor epistemológico e os alunos da Escola Politécnica foram bem treinados nessa disciplina, inclusive com as contribuições originais do próprio Monge – e que viriam a constituir um ramo novo da matemática, a geometria descritiva, especialmente útil para representar e resolver nas duas dimensões do plano as questões relativas a objetos no espaço tridimensional. O intenso desenvolvimento industrial do século XIX muito deveu à aplicação da geometria descritiva, que permitiu ao engenheiro projetista por meio do desenho técnico resolver rapidamente intrincados problemas de encaixes de peças de máquinas sem a necessidade de tediosos cálculos numéricos e com a vantagem de se ter uma visão global do problema. Monge estava consciente de que esses resultados poderiam ser muito úteis à metalurgia e à indústria mecânica, atividades em que a França, com o concurso desse auxiliar geométrico, tomou uma posição de liderança em pouco tempo. Monge insistia também que uma educação científica bem feita seria o melhor meio para livrar a nação francesa

---

181 Padres oratorianos foram também fundamentais no processo do Iluminismo português, conseguindo minar a influência dos jesuítas e contando com intelectuais como Luís Verney e todo um círculo de onde despontaria o Marquês de Pombal – cf. Maxwell (1996): 12-16. Outra marca dessa Ordem podia ser vista no Brasil e em Pernambuco, onde ainda ao tempo da chegada de Vauthier, a biblioteca dos oratorianos em Recife, em 1826, era considerada grande e rica, extraordinária para os padrões locais – Gonçalves (2004): 1.

182 Albert (1980): 44

da dependência com relação às indústrias estrangeiras. E a geometria descritiva desempenhou ainda um papel importante na divulgação científica, quando se conseguiu com seus resultados ensinar também os trabalhadores especializados, mesmo sem formação superior, a interpretar corretamente os desenhos das máquinas que eles construíam ou operavam.

O teste prático dos primeiros alunos formados pela Escola Politécnica foi a grande expedição francesa ao Egito, iniciada em 1797 e que, além de ter obviamente um caráter militar, possuía uma dimensão científica muito pronunciada. Monge e Berthollet organizaram uma comissão com cerca de 150 membros competentes em ciências naturais, engenharia, medicina, literatura, música, história, geografia, arquitetura e artes industriais, dos quais um terço era constituído por jovens politécnicos. A comissão começou a trabalhar logo após o desembarque no Cairo das tropas francesas chefiadas por Napoleão, Monge e Fourier. Essa missão pode, sem dúvida, ser vista na perspectiva do avassalador ímpeto imperialista das metrópoles européias no século XIX. De acordo com a visão de Monge, no entanto, sua principal função seria o progresso e a propagação das idéias iluministas no Egito, e é bem possível que os jovens egressos da Politécnica acreditassem sinceramente na nobreza desses ideais, para além de uma condição puramente de agentes do colonialismo francês.

Os politécnicos deram bem conta do recado e fizeram um amplo estudo da região do Nilo. O pântano em torno de Alexandria foi drenado e a hidrovia do delta tornou-se plenamente navegável, elaborando-se ainda um plano para o futuro canal de Suez. O laboratório de Berthollet fazia frequentemente exibições públicas para os egípcios de experiências de física e química, e os médicos da comissão se dedicaram a estudar doenças locais. Os engenheiros politécnicos fizeram pela primeira vez uma bem completa análise geográfica, topográfica e estatística do país, incluindo um censo populacional.[183] Durante muitas décadas o material levantado pela missão serviu na França para pesquisas inovadoras nas ciências naturais e humanas, principalmente em história natural, etnografia, arqueologia, história e geografia.

---

183 Embora antigo e muito criticado, o modelo de desenvolvimento do centro para a periferia, de George Basalla ("The spread of Western science", *Science*, vol. 156, nº 3775), explica bem a atuação e os resultados da missão francesa ao Egito.

Apesar de, a partir de 1804, Napoleão ter forçado uma militarização maior e uma certa elitização da Escola Politécnica, os jovens que regressaram do Egito posteriormente levaram avante as ideias pedagógicas de Monge, o que redundou no efetivo "movimento pela educação industrial" para trabalhadores conseguirem assimilar os progressos das novas tecnologias em liceus de artes e ofícios espalhados pela França. Em paralelo foi empreendida com sucesso a educação primária para todas as crianças francesas, que se tornou uma das realizações mais conhecidas de Lazare Carnot. A ideologia republicana da Escola Politécnica decididamente enfatizava o progresso e a disseminação do conhecimento, inspirando novas levas de estudantes que também teriam papéis de destaque na sociedade francesa, como o físico Augustin Fresnel, ou o político Sadi Carnot. As ciências naturais nas mãos dos alunos que passaram por essa formação na França conduziram o país a uma posição de destaque internacional, influenciando além de países europeus, como no caso já citado da Alemanha, instituições de além-mar, como a Academia Militar de West Point, nos EUA.

Durante a segunda metade do século XIX apenas a Alemanha logrou se tornar um contraponto europeu ao grande desenvolvimento da ciência e engenharia francesas, principalmente porque na Alemanha houve uma articulação bem-sucedida entre ensino acadêmico e pesquisa tecnológica. Já nos EUA muitos dos militares formados por West Point (inclusive os do Corpo de Engenharia) auxiliaram a difundir a ênfase no progresso, principalmente depois da pregação feita pelo economista político alemão Friedrich List, que fora exilado na primeira metade do século XIX devido a suas idéias republicanas. List destacava a importância de estabelecer malhas ferroviárias nacionais e internacionais para desenvolver mercados, e o uso das ferrovias como fator de unificação e circulação de homens e bens também se prestava à difusão de ideias, tendo seduzido muitos engenheiros do século XIX.[184]

Com tal herança ideológica da formação escolar politécnica, e sabendo-se de sua atuação política quando ainda residia na França, pode-se avaliar melhor como Louis Vauthier ao vir para o Recife se relacionou rapidamente com parte da elite pernambucana, justamente aquela que prezava as noções de progresso e igualitarismo. Foi este o caso de Antônio Pedro de Figueiredo, editor da

---

[184] Inclusive Vauthier, que após retornar do Brasil e ficar preso após as turbulências europeias de 1848, foi exilado e trabalhou como engenheiro ferroviário, tratando entre outros temas, da difícil ligação entre a França e Itália por meio de túneis e pontes.

revista *O Progresso*, que circulou de 1846 a 1848 e que já trazia em seu primeiro número textos assinados por Vauthier.[185]

Juntamente com outros franceses contratados nessa época pelo governador Conde de Boa Vista para obras públicas em Recife, Vauthier se dedicou a propagar com entusiasmo as idéias socialistas utópicas de Fourier e seus falanstérios.[186] A pregação da reforma social entre os intelectuais pernambucanos caía em terreno fértil, considerando-se o histórico dos movimentos igualitários e de agitação intelectual que marcavam a província desde a revolução de 1817 e a Confederação de 1824, e que se estenderiam até a Revolução Praieira em 1848. As várias obras de engenharia deixadas por Vauthier atestam que sua agitação social era exercida em paralelo com as aplicações com que procurava racionalizar as construções, dentro da tradição de progresso francês cara aos ex-alunos politécnicos, usando as tecnologias mais modernas da época, como as estruturas de ferro, e fazendo propostas visando um planejamento urbano adequado para Recife.

Louis-Léger Vauthier (1815-1901)
fr.wikipedia.org

---

185 Gonçalves (2005): 5
186 Houve comunidades de falanstérios no sul do Brasil, em Santa Catarina (Colônia do Saí), a partir de 1841.

Apesar de sua atividade política liberal, Vauthier parece ter tido uma posição pessoal relativamente moderada. Talvez não considerasse paradoxal possuir escravos na sua casa do Recife e ao mesmo tempo defender que as reformas políticas e sociais que pregava se coadunavam com a tecnologia moderna que a engenharia preconizava. Entre as contradições do seu pensamento socialista estava também o apoio dado por ele ao projeto político dos grandes capitalistas de Pernambuco, donos das usinas mais modernas de açúcar. Em consequência, durante a Revolução Praieira a influência de Vauthier foi reduzida, porque ele sofreu a oposição da classe média, representada por pequenos agricultores, proprietários de plantações de algodão e banguês de açúcar, que lutavam com os grandes produtores para conseguir uma representação política.[187]

O fato de o governador de Pernambuco ter chamado uma equipe francesa integrada por alguém como Vauthier nos diz do alto conceito desses politécnicos, mas é também significativo para apontar a depauperada situação da engenharia brasileira nessa época. Em contraposição à França, muito poucos eram os formados em engenharia dentro do Brasil, e ainda assim exclusivamente dentro de escolas militares. A Academia Real Militar, que começou a funcionar no Rio de Janeiro em 1811, sofreu certa influência da Escola Politécnica de Paris, pelo menos em termos de bibliografia das disciplinas ensinadas, adotando, por exemplo, o livro-texto da geometria de Monge. No entanto, uma leitura das ementas do curso revela que essa influência não deve ter ido além dos livros, pois ali nada se vê do espírito de epistemologia crítica que deveria nortear os estudos dos futuros engenheiros em Paris.[188]

Também a nova Escola Central do Rio de Janeiro, a partir de 1858 continuou sendo um estabelecimento militar, mesmo formando engenheiros civis. Na década em que Vauthier esteve trabalhando em Recife, as pessoas que queriam se formar em engenharia em outro tipo de escola que não a militar, forçosamente iam estudar no estrangeiro, como foi o caso do Barão de Capanema, um dos raros brasileiros que se notabilizaram como engenheiro durante o Império de Pedro II. Vários desses engenheiros tiveram contato direta ou indiretamente com a ideologia do progresso na versão veiculada

---

[187] Izabel Marson. *Política, engenharia e negócios: a polêmica atuação do Engenheiro Vauthier na Repartição de Obras Públicas de Pernambuco (1840-41)*. Trabalho apresentado ao Colóquio Inernacional Pontes & Idéias, Recife, 2009.

[188] Telles (1994): 95-97

por Auguste Comte e seus discípulos positivistas, ao estudarem na Escola Politécnica parisiense.

A quantidade de engenheiros civis brasileiros aumentou apenas depois que eles começaram a se fazer socialmente mais necessários à economia do país, o que se verificou com o surto de construção das estradas de ferro, durante a segunda metade do século XIX. Enquanto profissionais, eles começam a adquirir visibilidade somente após a criação da primeira instituição verdadeiramente não militar, a Escola Politécnica do Rio de Janeiro em 1874.[189]

Diferentemente de sua congênere francesa, a Escola Politécnica do Rio de Janeiro tinha um ensino que era considerado por alguns como "pouco objetivo".[190] Na verdade, a maioria dos engenheiros brasileiros dessa época não queria ser confundida com pessoas que se envolviam em atividades mecânicas e práticas, ao contrário dos engenheiros estrangeiros.[191] Esse horror a atividades manuais é uma característica que foi notada também nos senhores escravocratas, herdada da mentalidade na colônia e mesmo, mais remotamente, dos senhores medievais. Bem diferente era a atitude dos engenheiros franceses, americanos ou dos ingleses da era vitoriana, que logo passaram a unir o símbolo da era industrial, as máquinas a vapor, com o seu uso na agricultura, inclusive para pequenas propriedades.[192]

Não é, portanto, de admirar que os engenheiros brasileiros se prestavam mais a atividades gerenciais ou administrativas, integrando-se com facilidade no quadro do funcionalismo público local, continuando assim a contar com prestígio social reduzido, traduzido por salários sempre menores do que os formados em direito. Certamente o parco mercado de trabalho para engenheiros que se dedicassem realmente a projetos ou a pesquisas aplicadas explica

---

189 No Rio de Janeiro de 1854 constavam do Almanaque Laemmert apenas seis engenheiros para serviços civis - cf. Telles (1994), vol.1: 585. O crescimento lento da profissão contrasta fortemente com o número de bacharéis de direito. Em 1890, a média anual de engenheiros formados no Brasil era de 28, em 1900 ainda era de 60, chegando em 1930 a 180, número que pouco cresceu em 1940, com 220 formados – cf. Telles (1994), vol. 2: 714. Em contraste, a primeira turma da Escola Politécnica de Paris começou a funcionar em 1794 já com quase 400 alunos.
190 Telles (1994), vol. 1: 468
191 Coelho (1999): 94-95
192 Rolt (1988): 101-115. Nos EUA aconteceu o mesmo, aplainando-se rapidamente a controvérsia entre agricultura e industrialização – cf. Lubar (1986).

a baixa procura de candidatos às escolas de engenharia.[193] Num país em que não se prezava a (pouca) atividade industrial e se defendiam os princípios da economia liberal dos mercados, enunciados com vigor pelo Visconde de Cairu depois da vinda da família real portuguesa, acreditava-se que deveria ser acentuada a propalada vantagem comparativa, pela qual a nação brasileira tinha de desenvolver a sua vocação eminentemente agrícola em detrimento de incentivos às fábricas e aos seus engenheiros.

Em função dessa mentalidade, durante o Império são pouquíssimos os engenheiros que se destacam na vida pública; o já citado Barão de Capanema e André Rebouças são praticamente exceções que confirmam a regra. Foi preciso ainda esperar pela República para que a sociedade brasileira tivesse o apreço pela arte da engenharia manifestada por um Aarão Reis, com o planejamento de Belo Horizonte, e Pereira Passos, com a remodelação do centro do Rio de Janeiro; ou o esforço de engenharia sanitária empreendido por Saturnino de Brito em vários estados; ou ainda a projeção política de Pandiá Calógeras e suas ideias de progresso para a nação. A repercussão social é lenta por falta de massa crítica, pois ainda eram poucos os engenheiros formados e relativamente poucas as obras públicas de que participam, situação que começa a se modificar entre os anos de 1880, quando é fundado o Clube de Engenharia no Rio de Janeiro, e de 1917, com a criação do Instituto de Engenharia de São Paulo.

A Escola Politécnica de São Paulo, que iniciou suas atividades em 1894, tomou como modelo as escolas técnicas superiores de estilo alemão e suíço-alemão (*Technische Hochschulen*), que se dedicavam às ciências aplicadas às artes e indústrias.[194] O engenheiro Paula Souza, que tomou a iniciativa de criar essa escola paulista, era formado na Alemanha e Suíça e uma pessoa que desde cedo mantinha convicções republicanas. O termo "politécnico" era, porém, emprestado da tradição francesa e, no caso da escola de São Paulo, uma preocupação explícita era a ênfase na aplicação industrial. Naturalmente havia engenheiros que endossavam a tese da vocação rural brasileira, mas o

---

[193] Carvalho (2002: 56-57) reforça essa opinião, no caso particular da Escola de Minas de Ouro Preto, instituída em termos modernos para o final do século XIX.

[194] Vargas (1994): 16 -18

pensamento nacionalista e progressista começa a ficar cada vez mais fixado na corporação de engenheiros.[195]

O embate em torno das ideias industrializantes seria intensificado durante o século XX, no início de forma ainda tímida, e depois mais calorosa quando a industrialização começa a se fazer notar de forma proeminente em São Paulo. Uma definição seria desencadeada apenas com o final da Segunda Guerra Mundial, como exemplificado de forma paradigmática pelo debate entre dois engenheiros, o paulista defensor do protecionismo e da industrialização Roberto Simonsen e o liberal carioca Eugênio Gudin, defensor da vocação agrária. Muito tempo passaria, em confronto com as nações desenvolvidas, até que um conjunto maior de engenheiros brasileiros pudesse fazer jus à tradição do nome de "politécnicos", no sentido no qual se formou Vauthier.

Bibliografia

ALBERT, Claude, "The Ecole Polytechnique and the science of Republican education". *Campaigner*, July 1980

BEN-DAVID, Joseph, *O papel do cientista na sociedade* (São Paulo: Pioneira/Edusp, 1974)

Biot, Jean-Baptiste, *Essai sur l'histoire générale des sciences pendant la Révolution Française* (Paris: Duprat & Fuchs, 1803)

CARVALHO, José Murilo de, *A Escola de Minas de Ouro Preto*. 2ª ed. (Belo Horizonte: EdUFMG, 2002)

COELHO, Edmundo Campos, *As profissões imperiais* (Rio de Janeiro: Record, 1999)

GONÇALVES, Adelaide, "As comunidades utópicas e os primórdios do socialismo no Brasil". *E-topia: Revista Electrónica de Estudos sobre a Utopia*, nº 2 (2004)

GUEDJ, Denis, *A meridiana (1792-1799)* (Lisboa: Gradiva, 1988)

KIRBY, Richard, WITHINGTON, Sidney, DARLING, Arthur, KILGOUR, Frederick, *Engineering in History* (New York: Dover, 1990)

---

195 Uma análise dessas idéias a partir das publicações da revista editada pelos alunos da Escola Politécnica de São Paulo encontra-se em Magalhães (2000).

LUBAR, Steven *Engines of change* (Washington, D.C.: Smithsonian Institution, 1986)

MAGALHÃES, Gildo, *Força e luz – eletricidade e modernização na República Velha* (São Paulo: Edunesp, 2000)

MAXWELL, Kenneth, *Marquês de Pombal, Paradoxo do Iluminismo* (Rio de Janeiro: Paz e Terra, 1996)

ROLT, L.T.C., *Victorian Engineering* (London: Penguin, 1988)

TELLES, Pedro Carlos da Silva, *História da Engenharia no Brasil,* 2 vols. (Rio de Janeiro: Clube de Engenharia, 1994)

THUILLIER, Pierre, *Les savoirs ventriloques* (Paris: Seuil, 1983)

VARGAS, Milton, *Contribuições para a história da engenharia no Brasil* (São Paulo: EPUSP, 1994)

Publicado em Claudia Poncioni e Virgínia Pontual, "**Un ingénieur du progrès. Louis-Léger Vauthier entre la France et le Brésil**" *(Paris: Michel Houdiard, 2010), p. 41-52.*

Evolução no sertão: darwinismo, intelectuais brasileiros e o desenvolvimento da nação

A influência de Charles Darwin vai muito além das fronteiras da biologia. No final do século 19 e início do século 20, sua teoria da evolução por meio da seleção natural aleatória tinha se expandido para além da Europa e controversamente influenciou disciplinas como a sociologia, antropologia e economia. A fim de examinar a força de tais ideias evolucionistas neste momento, este ensaio focaliza o Brasil, na época ex-colônia portuguesa com pouca importância intelectual e internacional. Politicamente libertado (formalmente) em 1822, o Brasil se transformou em uma monarquia e não em uma república, ao contrário de seus vizinhos. Como herdeiro da dinastia anteriormente reinante, Pedro, o primeiro imperador brasileiro, não mostrou vontade de industrializar o país, e manteve fidelidade a uma classe alta que dependia da perpetuação da escravidão para abastecer a mão de obra da economia de exportação dos latifúndios, ao longo do século 19.

Nesse contexto, surgiu um debate feroz entre os intelectuais brasileiros sobre a suposta inferioridade racial como justificativa para a escravidão negra. Particularmente importante para esta discussão foi a questão da "degeneração racial" em curso, induzida pela miscigenação em todo o país, um legado amplamente praticado de contato sexual permissivo entre senhores e suas escravas. Muitos desses intelectuais eram entusiastas do darwinismo, conhecido em grande parte no Brasil pelos trabalhos do inglês Herbert Spencer (1820-1903) e do alemão Ernst Haeckel (1834-1919), e estavam engajados nas questões filosóficas desencadeadas pela teoria darwinista da evolução.

A vida e as obras de três ilustres intelectuais brasileiros podem iluminar esse quadro intrincado. Como seus contemporâneos, as obras de Silvio

Romero, Euclides da Cunha e Monteiro Lobato refletiram influências darwinianas. No entanto, suas ideias sintetizaram aspectos importantes desse evolucionismo tão bem que ainda ressonam na cena cultural brasileira. A partir de diferentes abordagens, cada um desses escritores tomou parte no debate crucial de se, e como, uma sociedade agrária, um país que foi o último no continente a acabar com a escravidão e ainda tinha uma elite que era anti-industrial, deveria "progredir" e "evoluir" para a modernização.

Teorias evolucionistas no Brasil do século 19

Ao mergulhar no caldeirão cultural de teorias evolutivas novas ou remodeladas, pode-se acompanhar melhor a produção literária dos três intelectuais brasileiros aqui discutidos. A criação e o posterior itinerário da teoria da evolução de Charles Darwin têm algumas interconexões com o Brasil durante o século 19. Em sua viagem a bordo do *Beagle,* Darwin passou quatro meses de 1832 nesse país, onde coletou espécimes botânicos na selva e se surpreendeu com a diversidade tropical.[196] Foi na Amazônia brasileira que Henry Bates (1826-1892) e Alfred Wallace (1823-1913) coletaram extensivamente espécimes zoológicos que foram cuidadosamente despachados aos compradores na Inglaterra. Eles trabalharam juntos no Brasil em 1848 - Bates estudou o mimetismo das borboletas amazônicas como uma adaptação para a sobrevivência, e suas cartas e relatórios sobre os padrões coloridos delas ajudaram tanto Wallace quanto Darwin a elaborar uma teoria da evolução baseada em pressões ambientais induzindo a seleção natural.[197] Outro ponto de contato foi o naturalista alemão Friedrich ("Fritz") Müller (1821-1897), que vivia e realizava pesquisas zoológicas por volta desta época no sul do Brasil. Baseado em seu estudo cuidadoso de embriões de crustáceos, que ele acreditava provarem o que eventualmente veio a ser conhecido como a "teoria da recapitulação" de Haeckel, ele publicou uma defesa da teoria de Darwin em 1864.[198] Outra conexão, neste caso em sentido contrário, foi o suíço Louis Agassiz, baseado em Harvard, um anti-darwinista que se engajou em uma expedição ao Brasil nos anos de 1865-66. Agassiz pesquisou as florestas amazônicas e florestas

---

196   A possível infecção de Darwin por doença de Chagas é relata por Lewinsohn (2003): 269-273.
197   Ferreira (1990).
198   Domingues & Sá (2003): 99.

tropicais do Sul do país, onde ele procurou provas geológicas e biológicas que refutassem a evolução darwiniana.[199]

A teoria darwiniana chegou ao Brasil provavelmente através de traduções francesas de obras de Darwin, Haeckel, Schleicher, Büchner e outros, bem como revistas médicas francesas publicadas no início da década de 1870. O primeiro trabalho doméstico contendo uma elaboração do darwinismo foi uma conferência no Rio de Janeiro em 1875 pelo médico Miranda Azevedo.[200] Ele e vários outros seguidores da nova teoria da evolução foram identificados localmente como darwinianos "spencerianos", aqueles que preferiam aplicar a ideia de sobrevivência dos mais aptos às sociedades humanas, ou darwinianos "haeckelianos", se apoiassem o monismo que via a evolução como uma característica holística do Universo. Todos eles tendiam a ser anti-clericais e pró-republicanos, isto é, se opunham à monarquia e apoiavam a abolição da escravatura. Os grandes proprietários de plantações de café no Sul do país, responsáveis pela maior parte da riqueza do Brasil, já haviam começado a substituir os imigrantes italianos por escravos negros, pois perceberam que uma força de trabalho livre e mais educada aumentava a produtividade.

Durante o período de 1845-89, associado ao segundo imperador brasileiro, Pedro II, houve um recrudescimento de teorias racistas na Europa. Um amigo muito próximo do imperador foi Joseph-Arthur de Gobineau (1816-1882), que serviu na embaixada francesa no Rio de Janeiro durante o final da década de 1860. Gobineau foi intelectualmente responsável por uma importante reviravolta nos estudos europeus de raça quando publicou na França em 1853 seu ensaio sobre a desigualdade das raças humanas. Postulando que os homens brancos ("arianos") eram superiores às raças preta e amarela, Gobineau assumiu uma visão pessimista da história na qual as raças inferiores, que ele chamou de "escória da civilização", inevitavelmente se misturariam com os brancos. Consequentemente, os arianos perderiam sua força, beleza e inteligência.[201]

---

199 Vide Agassiz e Agassiz (1975), e também Freitas (2001).
200 "Do darwinismo: é aceitável o aperfeiçoamento completo das espécies até o homem?" - cf. Collichio (1988): 24.
201 Herman (1999): 55-83.

Segundo Gobineau, os brasileiros eram essencialmente mulatos, estando, portanto, privados da vitalidade da raça branca.[202] Na formulação de Gobineau, os relativamente poucos brasileiros brancos estavam condenados a desaparecer, e mesmo os escravos negros não "contaminados" que ainda existiam em algumas regiões sofreriam o destino de brasileiros mestiços depravados, tornando-se indolentes e avessos ao trabalho. Ele encorajou o imperador a facilitar a imigração de trabalhadores brancos europeus para adiar o momento da dissolução racial final. Como resultado, mais e mais italianos e alemães vieram a trabalhar nas plantações brasileiras, enquanto a abolição da escravidão foi cuidadosamente evitada para agradar aos poderosos latifundiários, que eram escolhidos como congressistas e ministros, e de quem o monarca dependia para manter sua instável máquina política.

Apesar da posição permanente de Gobineau na corte imperial, os intelectuais brasileiros não importaram o racismo europeu por meio de uma pura imitação total.[203] Por um lado, membros de institutos históricos e geográficos de diferentes regiões brasileiras usaram conclusões sociais darwinianas para justificar a rígida hierarquia social de seu país por meio de considerações raciais que favoreciam a minúscula elite dominante. Por outro lado, professores das poucas escolas de direito e medicina divergiam em seus diagnósticos, cada um tentando monopolizar o discurso "científico" e todos reivindicando o manto das teorias evolutivas modernas. A partir de 1874, estudantes da Faculdade de Direito de Recife, capital pernambucana, foram apresentados às teorias de Rudolf von Ihering (1818-1892), filósofo alemão que defendia o direito natural também baseado no darwinismo. Mais tarde, alguns advogados liberais lutaram por tratamento igualitário para toda a população, defendendo a miscigenação como sintoma de uma "evolução". Médicos preocupados com doenças endêmicas apoiaram a eugenia na forma de medidas higiênicas e sanitárias como consequência direta das teorias darwinistas sociais de Francis Galton (1822-1911), famoso primo de Darwin que propôs a eugenia.

---

202 Raeders (1988): 77-94.
203 Schwartz (1993).

Um furioso contraditório

A obra de Sílvio Vasconcelos da Silveira Ramos Romero esclarece como os argumentos evolutivos foram interpretados e aplicados no final do século 19. Seus escritos e ações refletiam as contradições crescentes de um país subdesenvolvido lutando para ser "moderno", embora se recusando a adaptar suas instituições sociais e políticas ao ambiente econômico em mudança. Romero nasceu em uma família de classe média no estado de Sergipe em 1851. Trouxe seu interesse pelo republicanismo, desenvolvido em uma escola do Rio de Janeiro, para a Faculdade de Direito de Recife, onde se formou em 1873. Ele se tornou professor lá dois anos depois, depois de trabalhar brevemente como procurador estadual. Em 1879 mudou-se novamente para o Rio de Janeiro, onde lecionou filosofia por trinta anos na principal escola secundária do país, o modelar Colégio Pedro II (o Brasil não tinha instituições de ensino superior, exceto algumas escolas isoladas de direito, engenharia e medicina). Romero também foi um jornalista ativo e prolífico autor da crítica literária. Ele atacava pessoalmente seus oponentes com um estilo polêmico e, não surpreendentemente, colecionou uma longa série de inimigos até sua morte em 1914.

Silvio Romero (1851-1914)
pt.wilipedia.org

Sua dissertação de doutorado de 1875 claramente subscreveu as ideias de Rudolf von Ihering. Romero, como muitos de seus compatriotas, recorreu a modelos europeus e usou o cientificismo para validar suas teorias. No entanto, ele também foi original e influenciou decisivamente pelo menos duas gerações, com sua interpretação da vida brasileira. Em sua *História da literatura brasileira*, de 1888, Romero empreende uma análise naturalista ("científica", em suas palavras) dos brasileiros e de sua literatura. Afirma que a literatura também é afetada pela evolução e tem que lutar pela existência: ideias mais fracas são devoradas por ideias mais fortes, de modo que se poderia falar de uma filogenia e ontogenia literárias. Para entender melhor os tipos literários brasileiros exibidos por escritores contemporâneos, Romero leva em conta dados etnográficos. Ele conclui que a mistura inicial de brancos e índios que resultou em mestiços, seguida da mistura de brancos e negros que produziram mulatos, beneficiou a nação porque índios e negros estavam melhor adaptados às duras condições geográficas do país.[204] Isso não o impede, no entanto, de, paradoxalmente, alegar uma suposta desvantagem racial no Brasil mestiço, em comparação com a Europa branca.

Tendo ficado profundamente impressionado com o ensaio de Gobineau de 1853 sobre as raças humanas, Romero esperava que, a longo prazo, essa mistura seja mais esbranquiçada (a cor popularmente referida como "café e leite", embora ele não mencione isso).[205] Ao contrário dos índios, que simplesmente desapareceram na mistura resultante, os negros desempenhariam um papel mais eminente e permanente. É por isso que Romero vê como equivocada a adoção idealizada dos índios como o protótipo heroico do romantismo literário brasileiro, então favorecido entre poetas e escritores de ficção. Ao interpretar a inferioridade social, econômica e cultural do país em decorrência da desvantagem racial brasileira causada pela miscigenação, Romero realiza um amplo levantamento da cultura brasileira. Sua abordagem efetivamente

---

204 A miscigenação como uma característica comportamental típica da população brasileira foi intensamente observada e comentada no século 19 por visitantes estrangeiros. Diferentemente de outros países latino-americanos, no Brasil tem havido uma constante miscigenação entre brancos, índios, escravos africanos e seus descendentes, japoneses e outros imigrantes. O censo brasileiro de 2007 registrou aproximadamente 50% de população não branca, mas isto talvez esteja provavelmente subestimado, pois deriva de informações auto-declaratórias, e muitos mulatos se definem a si próprios como brancos, devido a preconceitos raciais.

205 Leite (1992): 182.

encontra uma saída para o determinismo pessimista de Gobineau, usando o mesmo argumento da mistura racial.[206]

Na introdução da primeira edição do bastante popular *Ensaio sobre a Filosofia do Direito* (1895), Romero afirma ter sido um evolucionista spenceriano desde 1868-69. Ele via a filosofia de Spencer como melhor do que a de Darwin e Haeckel, pois era uma forma superior de criticar a própria aquisição do conhecimento. Seguindo o exemplo dado por Spencer em *Recent Discussions in Science, Philosophy and Morals* (1873), Romero oferece uma concepção original de ciência e fornece sua própria classificação taxonômica das diversas ciências, enfatizando o papel da sociologia, uma ciência geral apta a proporcionar uma melhor compreensão da realidade. Fiel à inspiração de suas fontes empiristas, Romero considerou o método científico de observação aliado à indução baconiana como único e suficiente para todas as ciências.

Após essas preliminares, Romero considera que "Sabe-se que as ideias darwinianas foram aplicadas à história, linguística, lei, sociologia em geral".[207] No entanto, ele critica outro autor brasileiro e, de fato, seu amigo mais próximo, o professor de direito Tobias Barreto, porque este havia transformado a lei de recapitulação geral de Haeckel em uma extensão indevida e exagerada do indivíduo para toda a nação. Romero argumenta que a ideia de que a evolução social se repete entre diferentes estágios da civilização é apenas uma verdade parcial. Ele afirma que isso nunca foi verificado, que os princípios sociológicos são totalmente diferentes dos puramente biológicos, e que os grupos animais são mais complexos e propensos à intervenção de vários fatores.[208] Romero afirma que, na história recente, nem mesmo as colônias replicaram suas antigas metrópoles, como mostra a ex-colônia do Brasil, que já havia se proclamado uma república e separou a igreja do Estado, enquanto que Portugal, seu antigo governante, não tinha ainda logrado nada disso.

Esse argumento se repete em várias obras filosóficas e literárias de Romero. Ele atribui a existência de estágios análogos ao longo do desenvolvimento de diferentes civilizações ao fato de que a natureza humana é a mesma em todos os lugares, e não à lei haeckeliana. Em alguns outros casos, a analogia poderia ser explicada por semelhanças geográficas, ou mesmo por imitação

---

206 Id., ib.: 179-194
207 Romero (2001): 76.
208 Id., ib.: 94. Romero se refere a essa tendência de repetição como a "lei de Haeckel-Müller".

geral de concepções estrangeiras.[209] O que Romero realmente argumenta é que qualquer sociedade, incluindo seus fundamentos culturais como o direito, não precisa seguir um caminho predestinado: deve ser possível que essa sociedade evolua ao longo de seus próprios termos endógenos. Romero considera a escravidão negra uma ferida aberta que levou à ausência de uma classe média no Brasil - de fato, exceto em geral pelos poucos militares e servidores públicos, o resto do país era da alta elite dos latifundiários brancos ou da massa de escravos e ex-escravos pobres.

A consciência social relativamente maior de Romero não implicou necessariamente um maior compromisso com a modernização, pois ele também fazia parte de uma série de intelectuais para os quais o Brasil era essencialmente uma nação agrícola. A industrialização tinha sido objeto de intenso debate durante a segunda metade do século 19. Pedro II foi apático a este respeito e durante seu longo reinado leis foram aprovadas para funcionar como obstáculos a medidas muito tímidas, propostas em favor da criação de indústrias que poderiam modestamente imitar o desenvolvimento norte-americano. Intelectuais notórios tinham apoiado a "vocação natural" para a agricultura, defendendo os grandes latifundiários e plantadores de algodão e cana-de-açúcar no Nordeste, e café no Sul. Romero também exortou os capitalistas brasileiros a investirem na agricultura, bem como na pecuária e na mineração - mantendo o status econômico subordinado que Portugal anteriormente havia imposto ao Brasil.[210]

Em 1906, Romero, um dos fundadores da Academia Brasileira de Letras, fez nesta instituição um discurso de boas-vindas escandaloso a um membro recém-eleito, o escritor Euclides da Cunha, representante de posições fortes e em geral coincidentes com as de Romero. Na presença de Afonso Pena, presidente do Brasil, um convidado incomum em tais eventos literários, Romero se levantou e comparou as descrições literárias de Euclides da Cunha (vide a seguir) com a realidade social e econômica da nação. Ele abordou o problema do café, que fez a fortuna de grandes exportadores e importadores estrangeiros, enquanto reduziu os agricultores locais a condições empobrecidas. Em continuação, reclamou do luxo das academias literárias em um país onde a maioria

---

209 Domingues & Sá (2003): 117.
210 Martins, vol. V (1978): 301.

das pessoas eram analfabetas e criticou a ostentação de palácios ricos enquanto os pobres eram forçados a viver em favelas.[211] Essa foi certamente uma visão compartilhada por outros, especialmente aqueles que cada vez mais criticavam o controle do posto presidencial por políticos de São Paulo e Minas Gerais com sua política chamada de "café com leite", em referência aos respectivos principais produtos econômicos desses estados. Após este incidente emocionante, os discursos da Academia passaram a ser censurados.

Um rebelde no sertão

Euclides Rodrigues da Cunha, também conhecido no Brasil simplesmente como "Euclides", é autor de um livro amplamente aclamado sobre uma rebelião no interior do país, no qual explica como o meio ambiente e os traços herdados se combinam para formar um episódio histórico. Intelectual com sólida base em engenharia e ciências exatas, ele contrasta com Romero, mas também mostra como as leituras de ideias evolutivas interpretaram uma realidade que se recusava a ser silenciada. Suas contradições aparecem como resultado do uso de uma teoria racial que justapõe o positivismo e o darwinismo. Como Romero, Euclides tenta explicar uma sociedade através da interação entre raça e meio geográfico.[212]

---

211 Broca (1975): 66-67.
212 Leite (1992): 207.

Euclides da Cunha (1866-1909)
pt.wikipedia.org

Euclides nasceu no estado de Rio de Janeiro em 1866, em uma família de classe média. Ele entrou na Escola Politécnica de Engenharia do Rio de Janeiro em 1885, mudando depois para a Escola Militar. Pouco antes de se formar como oficial em 1888, Euclides desafiou abertamente o Ministro da Guerra de Pedro II durante uma apresentação de tropas, ao gritar lemas republicanos. Ele foi posteriormente expulso do exército e começou a trabalhar como jornalista. A república foi proclamada em 1889, após um golpe militar, e Euclides foi reintegrado como tenente de artilharia. Também foi instrutor de ciências naturais e matemática, e nomeado engenheiro militar responsável por trabalhos civis. Ele protestou publicamente mais uma vez, desta vez desencantado com a república e as atitudes ditatoriais de seu segundo presidente militar, Floriano Peixoto, e deixou o exército em 1896. Mudando-se para o estado de São Paulo, engajou-se no projeto e construção de pontes, enquanto retomava sua carreira jornalística, o que resultou em uma tarefa imediata para relatar a guerra de Canudos. Depois disso, sua próxima expedição foi para o Alto Amazonas em 1904, liderando uma comissão oficial para estabelecer as fronteiras finais entre o Brasil e Peru, uma região que era muito desconhecida e selvagem. Em 1909, Euclides achou que sua posição pessoal como marido traído era insuportável - o fato era amplamente conhecido, já que sua esposa tinha tido filhos com um oficial mais jovem do Exército. Armado, Euclides atirou no rival que sobreviveu; contudo, ao sair do local, Euclides foi baleado nas costas pelo rival ferido, e morreu. Anos depois, em 1916, um dos filhos legítimos de Euclides tentou vingar seu pai e provocou um duelo com seu assassino, apenas para ser também morto. Assim, em meio a episódios familiares bastante trágicos, o caso acabou.

Em 1897, uma rebelião foi iniciada em Canudos, no estado nordestino da Bahia, que foi considerado pelo governo um movimento para restabelecer a monarquia. Na verdade, foi um movimento utópico messiânico misturado com protesto social contra o interior abandonado, cujas populações tinham necessidades amplamente ignoradas pelo governo, que tradicionalmente se preocupava apenas com as capitais dos estados, geralmente localizadas ao longo da costa. O exército enviou três expedições mal- sucedidas e cada vez maiores, com pesadas perdas, pois o inimigo usou uma espécie de tática eficaz de guerrilhas, mesmo estando muito mal equipado. À medida que a quarta expedição estava sendo preparada, a opinião pública ficou cada vez mais interessada.[213]

Euclides foi enviado ao local pelo jornal *O Estado de São Paulo* para acompanhar esta última expedição de 10.000 soldados, como correspondente de guerra. Tomando notas sobre tudo o que testemunhou e usando sua grande erudição em ciências naturais e domínio da língua portuguesa, Euclides voltou para casa para escrever *Os Sertões* (1902).[214] Este livro logo se tornou um dos mais vendidos e foi imediatamente considerado um clássico literário. Euclides permaneceu no local da rebelião de Canudos até que a vila fundada pelo movimento insurgente começou a desmoronar sob a artilharia pesada do Exército, no final de1898. No decorrer de seus relatos, Euclides ficou profundamente comovido com a pobreza e ignorância das pessoas que ele havia primeiramente

---

213 O interesse cresceu até internacionalmente; na França, por exemplo, foi suposto que esse movimento era comunista.

214 Há traduções de *Os Sertões* para diversas línguas, incluindo inglês - *Rebellion in the backlands* (Chicago: Phoenix and University of Chicago, 1944). Mencione-se ainda que o escritor peruano Mario Vargas Llosa escreveu seu *La Guerra del fin del mundo* (1981) baseado no livro de Euclides.

condenado como antirrepublicanos, e lentamente mudou de ideia sobre os insurgentes.

O livro é dividido em três partes: a terra, o homem e a luta. Partindo de um ângulo mais amplo, como se fosse visto do ar, Euclides analisa pela primeira vez a geografia e o clima do sertão nordestino, prestando especial atenção ao fenômeno cíclico das secas extremas e ao contraste com os anos de chuva. Segue para a descrição física das pessoas que habitam o interior do país, sua ascendência histórica, tradições culturais, religiosidade e caráter moral, e suas limitadas atividades econômicas, baseadas principalmente no gado. Em seguida, ele descreve os antecedentes da rebelião, desencadeada por novos impostos municipais, autorizados pelo governo federal e cobrados sobre as pessoas pobres. Segue-se um relato detalhado das expedições militares criadas pela República. Euclides relata os seguidos fracassos do Exército e sua arrogância absurda na frente de batalha, contrastada com os estratagemas astutos concebidos pela resistência popular. A artilharia do Exército e o corte dos suprimentos rebeldes trouxeram, no entanto, sua eventual vitória. O trabalho termina com uma forte visão de perto do cadáver de Antônio Conselheiro, o líder da rebelião, desenterrado para que os cientistas pudessem estudar seu cérebro, na esperança de encontrar circunvoluções que provariam o desequilíbrio mental do homem e suas inclinações criminosas, como se acreditava nos círculos lombrosianos - um traço típico do darwinismo social nas teorias contemporâneas de criminologia.

Euclides menciona mais explicitamente o darwinismo na seção dedicada ao homem do interior do Nordeste:

> *A mistura de raças mui diversas é, na maioria dos casos, prejudicial. Ante as conclusões do evolucionismo, ainda quando reaja sobre o produto o influxo de uma raça superior, despontam vivíssimos estigmas da inferior. A mestiçagem extremada é um retrocesso.*[215]

Em *Os Sertões*, Euclides propõe que, diferentemente das misturas raciais do litoral, o isolamento do sertão brasileiro criou um contra-fenômeno evolutivo, um tipo inesperadamente heroico. Assim, apesar da intensa mestiçagem de portugueses brancos com índias locais, mas também com escravas africanos,

---
215 Cunha (1966, vol. II), p. 166.

o mestiço gradualmente se desenvolveu moralmente; em outras palavras, acha que a mistura representou uma evolução adicional. Dados os séculos de isolamento, que funcionariam de forma semelhante ao isolamento geográfico de uma espécie biológica, esse tipo de homem já seria uma nova "raça", da qual uma verdadeira nação poderia ser construída. Este ser, diz Euclides, tem suportado durante séculos as condições adversas da fome e vivido em estações extremamente quentes e secas, em meio a uma paisagem semidesértica, com colinas rochosas e vegetação escassa - muitas vezes reduzida a cactos e arbustos, onde ele e seu gado vagueiam para sobreviver. O fenômeno descrito ainda hoje é bastante real; desde o século 19, ondas em massa de migrantes escaparam da incerteza da seca, mudando-se primeiro para as cidades litorâneas mais próximas, e depois para cidades maiores do Sul, como Rio de Janeiro e São Paulo, onde geralmente se somam à crescente população de favelas.

Diante dessa dramática adversidade geográfica, Euclides pensa como engenheiro, e sugere a construção de barragens e a prática da irrigação da terra. Vê o brasileiro sertanejo como radicalmente diferente do tipo mais urbanizado, e a separação é maior do que aquela que divide os imigrantes europeus dos nativos brasileiros.[216] Euclides insiste na admiração por aquele homem rural: sua complexão fina e baixa estatura, todo vestido de couro para proteger do sol sua pele seca, o torna um protótipico vaqueiro macho, mais resistente e perigoso como lutador do que seu homólogo do Sul, o vaqueiro gaúcho. A conclusão de Euclides é resumida em sua famosa afirmação: "O sertanejo é, antes de tudo, um forte".[217]

Ele é, no entanto, presa de diferentes misticismos religiosos, transferindo sua fé católica original para um messias anunciado por profetas locais, e se mistura com párias sociais, vagando e roubando em bandos. É assim que Euclides explica o sucesso precoce de Antônio Conselheiro, que pregou a vinda de Cristo para a região nordeste em sofrimento como uma acusação contra o mal republicano. Sua promessa milenarista atraiu multidões e sua famosa profecia ainda ecoa no nordeste do Brasil como uma oposição renovada entre as cidades costeiras e as do interior: o sertão vai virar mar, e o mar virar sertão.[218]

---

216 Lima (1999): 50.
217 Cunha (1996, vol. II): 170.
218 *Id.*, ib.: 208.

Euclides é fiel à formação que recebeu e às suas leituras, que vieram de pessoas que acreditavam em princípios "científicos". Manteve-se crente nas influências evolucionistas até mais tarde em sua vida, como pode ser visto em seu ensaio de 1906, comentando sobre a transição da monarquia para a república. Entende a vitória final pelo exército como uma consequência natural das ideias populares entre intelectuais e oficiais, inspiradas por pensadores positivistas - que variavam desde um Comte ortodoxo ao Littré mais flexível - bem como por seus seguidores evolucionistas - neste caso os extremos vão de "conclusões restritas de Darwin às generalizações ousadas de Spencer".[219]

Embora imbuído de ideias científicas, Euclides também incorporou preconceitos em favor do darwinismo social e do racismo, mas ao escrever seu épico tornou-se um observador direto, com empatia pelas condições sociais reais. Seu objetivo inicial foi transformado: ele foi primeiro à área de conflito para escrever a favor da República, mas como procurou e apontou para a verdade, partiu de uma posição mais fria de filósofo natural, até fornecer uma visão mais ampla da condição humana.[220] Isso claramente não é compatível com a insistência de Euclides sobre Canudos como um confronto entre duas "raças", em um processo que segue a luta darwiniana pela sobrevivência.[221]

Um empreendedor intelectual

José Bento Monteiro Lobato representa talvez o mais próximo que um escritor brasileiro já tenha chegado do estilo e da ressonância do norte-americano Mark Twain.[222] No lado político, as ideias de Lobato evoluíram desde uma desconfiança anterior dos brasileiros nativos até irem em direção a uma defesa veemente da industrialização e do nacionalismo, especialmente em sua campanha pelo petróleo e aço brasileiro. É possível elucidar essa transformação seguindo suas mudanças de posição em relação a suas interpretações da evolução darwiniana. Lobato nasceu em 1882, em Taubaté, no Estado de São Paulo, dentro de uma família tradicional cuja riqueza derivava de plantações de café.

---

219 À margem da História – in Cunha (1966, Parte III): 375-376.
220 Zilly (2002): 345-346.
221 Leite (1992): 210.
222 Nunes (1981): 338. No lado brasileiro, Lobato tem sido comparado com Euclides, na medida em que também trouxe à luz problemas nacionais agudos- cf. Dantas (1982): 22. Ademais, ambos escritores viveram um processo que os fez mudar substancialmente de ideia sobre tais problemas.

Aos 17 anos, ingressou na faculdade de direito na cidade de São Paulo, capital do estado, e voltou para Taubaté em 1904 para trabalhar como procurador público. Em 1911, após a morte de seu avô, o Visconde de Tremembé, Lobato herdou terras de fazenda, que ele tentou modernizar, mas não conseguia conciliar seus anseios intelectuais com a vida agrícola tradicional. Em 1914, passou a escrever para o jornal *O Estado de São Paulo*. Desencantado pela falta de iniciativa de seus colonos, ele desistiu da agricultura e vendeu a propriedade em 1917.

Com uma família para sustentar, mudou-se novamente para a cidade de São Paulo e construiu sua reputação escrevendo livros que lidavam com problemas de saúde pública e outras questões nacionais. Numa época em que muitos livros brasileiros ainda eram impressos na Europa e todo o país tinha menos de cinquenta livrarias, ele decidiu fundar uma editora com equipamentos gráficos modernos importados, que eventualmente se tornou a maior editora latino-americana da época. Lobato foi nomeado adido comercial brasileiro em Nova Iorque em 1927, e ao mesmo tempo iniciou negócios na indústria siderúrgica brasileira. Infelizmente, ele foi atingido pela crise econômica mundial de 1929 e perdeu toda a sua fortuna.

Ao retornar dos Estados Unidos em 1931, Lobato engajou-se em uma famosa campanha para provar que o petróleo existia no Brasil. O governo havia encomendado um levantamento geológico por Victor Oppenheim e Mark Malamphy, que trabalhavam para a American Standard Oil na Argentina. Os técnicos norte-americanos concluíram enfaticamente que o solo brasileiro não poderia ter depósitos de petróleo. A cruzada lobatiana pelo petróleo, aparentemente quixotesca, produziu um livro de ensaio, *O escândalo do petróleo*, que se tornou um campeão de vendas, apesar de proibido pelo governo federal, ainda sob a ditadura de Vargas (1930-1945). Lobato voltou a escrever sobre o assunto, desta vez na forma de um livro infantil, *O poço do visconde*, um misto de livro de geologia do ensino fundamental com uma ficção nacionalista sobre a descoberta do petróleo no Brasil, liderado por crianças que lutam contra os trustes internacionais, céticos quanto ao potencial petrolífero do Brasil. Este livro foi um imenso sucesso, e levou o Presidente Vargas a oferecer para Lobato um cargo para se tornar seu ministro da propaganda. Lobato respondeu, porém, com uma carta pública criticando a política de mineração do presidente, o que acabou resultando na prisão do escritor por alguns meses em 1941. Lobato logo veria suas previsões verificadas com a perfuração do primeiro poço de petróleo brasileiro bem-sucedido, no final do mesmo ano.[223]

Monteiro Lobato (1882-1948)
pt.wikipedia.org

Após este episódio, ele deu uma entrevista de jornal exigindo o retorno do país à democracia, o que aconteceu com o fim da Segunda Guerra Mundial e a renúncia de Vargas em 1945. Durante a ditadura, a imprensa censurada havia imaginado Lobato como um subversivo comunista, talvez ainda mais veementemente devido à sua forte influência sobre o público infantil, embora ele tivesse sido sempre um firme defensor da livre iniciativa e do empreendedorismo.[224] Ele viveu então por algum tempo na Argentina, mas já estava muito doente e morreu em São Paulo em 1948.

---

223 Esse esforço pioneiro foi precursor da descoberta mais recente de enormes depósitos de petróleo e gás, que levaram o país atualmente a se tornar praticamente auto-suficiente nesses energéticos.
224 Lajolo (2000): 80-81. É verdade que Lobato se tornou cada vez mais reticente com relação ao capitalismo, bem como aumentou suas suspeitas contra as superpotências políticas. Ele acabou sendo abordado pelo Partido Comunista do Brasil, legalizado no período pós-Segunda Guerra,

Lobato se aproximou do movimento eugenista por volta de 1919, quando o apoio mundial para o movimento era forte. A eugenia buscava a melhora genética através de casamentos criteriosos, destinados a produzir uma raça altamente talentosa e eliminar traços fracos e criminosos do fundo genético. Uma de suas principais preocupações era a seleção "adequada" de imigrantes, particularmente em países - como o Brasil - que dependiam do trabalho dos imigrantes. A maior duração da escravidão no Brasil (até 1888), em comparação com outros países latino-americanos, juntamente com o preconceito das elites agrárias a favor dos brancos, já havia resultado no incentivo oficial da imigração italiana e alemã. Essa prática resultou na discriminação de emprego contra os trabalhadores "nacionais", incluindo tanto os trabalhadores livres nascidos no Brasil quanto os ex-escravos, fator que se acredita ter contribuído para a ausência, até os dias atuais, de uma classe média maior. Os incentivos do governo brasileiro para a imigração japonesa no início dos anos 1900 abriram um conflito com apologistas de um fluxo de raça branca "superior", de acordo com os argumentos da eugenia - a imigração asiática interferiu nas teorias que exigiam uma composição mista, mas mais branca da "raça" brasileira.[225]

A opinião pública estava convencida de que os imigrantes eram mais adequados para o trabalho agrícola, uma vez que traziam conhecimentos mais avançados para a tarefa. De acordo com o ponto de vista predominante, e que permaneceu relativamente incontestável até a década de 1940, o país deveria concentrar esforços em sua "vocação agrária", reforçada pela maior produtividade trazida pelos imigrantes que trabalhavam em fazendas de café. Não ocorreu para a maioria que os trabalhadores nascidos no Brasil eram analfabetos e não tinham conhecimento das técnicas agrárias porque não havia sistema educacional promovendo esses objetivos. Lobato entendeu bem essa contradição. Ele dirigiu uma campanha para acabar com o analfabetismo e cunhou o lema de que "um país é feito de livros e homens".[226]

Presume-se que o movimento eugênico era muito semelhante em todo o mundo, mas estudos recentes têm mostrado diferenças marcantes na América

---

mas continuou com sua velha aversão à política, e polidamente recusou ser seu candidato ao Congresso nacional.

[225] Giralda Seyferth, "Construindo a nação: hierarquias raciais e o papel do racismo na política de imigração e colonização", *in* Maio & Santos (1996).

[226] Isso estava também relacionado às práticas editoriais que Lobato desenvolveu para aumentar a circulação de livros e diminuir seu preço, nas décadas de 1930 e 1940.

Latina.[227] O referencial teórico pode ser o mesmo, mas neste continente o apelo da eugenia por "raça, ciência e civilização" tinha um flanco aberto a problemas de saúde pública. A ausência de tratamento de água e esgoto era parte de um problema maior, posteriormente denominado "subdesenvolvimento", uma condição que em grande parte a Europa e os Estados Unidos haviam removido na virada do século 19. Ondas recorrentes de tuberculose, febre amarela, malária e outras epidemias no Brasil sinalizaram deterioração das condições higiênicas, não mais restritas às áreas rurais e florestais, mas aparecendo em taxas crescentes nas cidades. Isso coincidiu com a conscientização de diversas contramedidas profiláticas, como hábitos de limpeza, água potável fervida, uso de sapatos, imposição de vacinação, popularização da ginástica nas escolas e combate ao alcoolismo. Essas medidas foram apoiadas pelo movimento eugenista local e foram em geral bem-vistas. A autoridade médica eugenista aumentou sua credibilidade aos olhos do público, e não foi de surpreender que médicos que trabalhavam em departamentos de saúde pública muitas vezes pertenciam a grupos eugênicos no Brasil. A sociedade foi confrontada com a eugenia como parte de uma iniciativa entendida como útil para afastar o país do atraso.

Esta teia social de interações explica por que Lobato - ecoando Romero e Euclides - a princípio via o lavrador como o protótipo da raça brasileira, uma manifestação de degradação racial que ele pejorativamente chamou de "Jeca Tatu". A experiência de Lobato com sua antiga força de trabalho o levou a desacreditar completamente este "Jeca" como sendo incapaz de trabalhar duro e aprender. Ele acreditava que a natureza do "Jeca" o impediria de pensar em economizar para tempos difíceis, que ele gostava mais de tocar violão do que de trabalhar, e que ele teria muitos filhos para reproduzir seu modo de vida.

Lobato, no entanto, mais tarde mudou completamente de ideia, concluindo que esse estado de apatia era causado por uma praga endêmica: a doença do amarelão, que induzia um comportamento indolente, agravado pela desnutrição e má higiene. Por isso, ele começou a favorecer medidas de saúde pública, e endossou a eugenia defendida por médicos. O livro *O problema vital* (1918), de Lobato, no qual expressa alívio pelos brasileiros não serem "naturalmente" preguiçosos, marcou o ponto de virada em sua escrita sobre o assunto.

---

227 Stepan (2005), corretamente, enfatiza que essa tendência de ver a Eugenia como um movimento claramente diferente na América Latina geralmente não é reconhecido por outros autores que estudaram o movimento eugenista.

O problema vital argumentava que seus compatriotas estavam doentes e abandonados pelas elites políticas, em vez de serem improdutivos como resultado de um fatalismo biologicamente herdado.[228]

O determinismo hereditário transmitido pela mistura racial e pelo clima adverso foi, assim, substituído por uma nova esperança, que esteve subjacente à campanha nacional de Lobato para institucionalizar a saúde pública no Brasil. Para reforçar seu engajamento, ele se associou a um fabricante farmacêutico brasileiro, que produzia um elixir popular de suplemento vitamínico, chamado "Biotônico Fontoura". Este se tornou um dos produtos mais bem sucedidos já vendidos no país, logo após Lobato escrever uma pequena história ilustrada para mostrar como o preguiçoso Jeca Tatu se tornou um próspero empreendedor rural depois de tomar o biotônico, se recuperar da doença do amarelão e adquirir hábitos higiênicos. A ideia permaneceu no imaginário popular brasileiro durante a maior parte do século 20.

A literatura infantil de Lobato provou ser a mais duradoura das suas obras. Ela ainda é amplamente lida e tem sido adaptada para séries de televisão a partir do início da década de 1950. No universo infantil original criado por Lobato através de livros escritos entre as décadas de 1920 e 1930, há uma avó viúva, Dona Benta, intelectual autodidata que mora na fazenda do Pica-Pau Amarelo, no interior de São Paulo, onde vive com Nastácia, uma ex-escrava que trabalha como empregada doméstica e cozinheira, e a neta órfã de Benta, Lúcia, apelidada de "Narizinho", além do primo desta, Pedrinho, que visita a fazenda nas férias. Há também Emília, boneca de Lúcia, que foi feita de pano por Nastácia e depois magicamente adquiriu vida, e um boneco com o pomposo nome de Visconde de Sabugosa, feito também pela cozinheira a partir de uma espiga de milho, que também ganhou vida como um cientista inventivo e estudioso, depois de ter sido esquecido por um período na biblioteca da casa. Emília recebeu a maior admiração do público. Sua personagem é irreverente e até impertinente, mas inteligente a ponto de descobrir tramas malignas por representantes de uma cultura imperialista, como Mickey Mouse e o Gato Félix, quando visitaram a fazenda.

Essas histórias foram posteriormente coletadas em 17 volumes e foram traduzidas para o exterior desde a década de 1920, evidenciando como os escritos

---

[228] Nísia Lima & Gilberto Hochman, "Condenado pela raça, absolvido pela medicina: o Brasil descoberto pelo movimento sanitarista da Primeira República", *in* Maio & Santos (1996).

de Lobato, embora nacionalistas, tinham qualidades que atraíam mesmo leitores de fora do Brasil .[229] Entre essas qualidades, os críticos enfatizaram duas: a necessidade de rever tradições antiquadas e a defesa incondicional do empreendedor.[230] Esta última é expressa como uma crença na evolução social como uma continuação da evolução biológica, e é ilustrada na criação magistral de Lobato: Emília. No início, uma simples marionete feita de "simples material desprezível", ela começou a falar e, em seguida, lentamente evoluiu para uma pequena menina de carne e osso, e finalmente se tornou o personagem principal e a voz das ideias de Lobato. Nastácia, a cozinheira negra, seria também um pequeno exemplo de evolução. No início, ela é uma simples serva analfabeta, um papel secundário, mas mais tarde se torna uma pessoa que exibe um dom diferente, o da sabedoria popular aliada a um instinto ingênuo, mas certeiro, de conhecer a natureza interior das pessoas. Trata-se de uma forma de reforçar a valorização por Lobato do rico folclore brasileiro, reflexo da mistura racial e da cultura popular de portugueses, índios e africanos. Lobato continua sendo crítico, dizendo que a mistura também provoca contradições, pois o conhecimento popular resultante é ingênuo e incompleto.

Lobato reconheceu sua dívida para com filósofos evolucionistas por várias vezes, especialmente Spencer, que leu enquanto estava na faculdade.[231] Ideias de inspiração darwiniana aparecem nos livros infantis por várias vezes. Um exemplo é um livro escrito de forma lúdica para ensinar às crianças os meandros da gramática portuguesa. Neste livro, uma velha senhora, Dona Etimologia, explica a Emília que a linguagem também está sujeita à evolução, e compara as principais modificações que deram origem ao português a partir do latim. Isso leva a boneca a prever que, ao longo dos próximos séculos, uma nova língua brasileira evoluirá a partir do português atual.[232]

---

229 Seus livros infantis foram traduzidos para línguas tão diversas como o espanhol, sueco e russo, mas talvez significativamente não para o inglês. Na década de 1920 dois pequenos livros de Lobato foram publicados nos Estados Unidos, *Brazilian short stories* e *How Henry Ford is regarded in Brazil*.

230 Coelho (1991): 231-235; Camargos (2002)

231 Vide, por exemplo, sua correspondência com o fiel amigo Godofredo Rangel, a quem pede para ler *First Principles*, de Spencer; cf. *A barca de Gleyre 1*, em Monteiro Lobato, Primeira Série, vol. 11 (1958): 160-161. Outros escritores que inspiraram Lobato e tinham uma forte crença no progresso incluíram Hendrik van Loon (*The Story of Mankind, The Story of Inventions*) e V. M. Hillyer (*A Child's History of the World, A Child's Geography of the World*).

232 *Emília no país da Gramática*, em Lobato, Segunda Série, vol. 6 (1958): 101. Isto implicaria que no futuro haveria uma língua brasileira, relacionada com o português, mas completamente

Em *História das Invenções* (1935), Lobato fala através de Dona Benta para explicar como uma lei de sobrevivência moldou a evolução da humanidade, a partir de ancestrais semelhantes a macacos. "Que lei é essa?", perguntam os netos:

> *Quer dizer que na luta pela vida, na luta entre as espécies ou contra as coisas que nos rodeiam, vence sempre o mais apto, isto é, o mais esperto, o mais jeitoso, o mais preparado para mudar de sistema quando isso convém. O nosso macaco--homem... era o mais apto, como se diz em linguagem científica, e o mais apto sobrevive sempre, isto é, continua a viver enquanto o menos apto leva a breca.*[233]

Lobato continua explicando a biologia evolutiva, fornecendo um relato detalhado de como a pata animal evoluiu para a mão humana. Chega à conclusão de que os problemas econômicos do país não surgem como consequência de uma ruptura supostamente evolutiva, devida à existência de pessoas racialmente misturadas. Os pobres e o homem do interior não são responsáveis pelo atraso do Brasil, que ele atribui à ausência de recursos como ferro e petróleo que definem para a nação um caminho de desenvolvimento diferente dos Estados Unidos. De acordo com Lobato, o Brasil supostamente tem petróleo suficiente e os maiores depósitos de minério de ferro do mundo, a nação só precisava abandonar a velha "vocação" agrária em favor dos empreendimentos de industrialização associados à evolução social.[234]

Uma das produções ficcionais mais intrigantes de Lobato aparece em seu livro *A chave do tamanho* (1942), no qual Emília descobre uma sala secreta onde todas as condições humanas são controladas por chaves, para acabar com todas as guerras. Infelizmente, a boneca move o interruptor errado, mudando o tamanho humano, e de repente os homens são reduzidos a uma polegada de altura, condenando a maioria ao afogamento ou a ser comida por animais de estimação ou pássaros. Ela, no entanto, consegue acabar com as guerras, já que a sobrevivência imediata força todos a trabalhar coletivamente. Emília então viaja pelo mundo e confirma esta situação pacífica visitando os grandes ditadores da

---

distinta – atualmente ainda se considera que o idioma brasileiro está para o português assim como o americano está para o inglês.
233 *História das invenções,* em Lobato, Segunda Série, vol. 8 (1958): 218.
234 Leite (1992): 311-312

época, como Hitler, bem como democratas, como Franklin Roosevelt. Como resultado, a espécie humana é novamente confrontada com a seleção natural em condições adversas:

> *Quem governa é uma invisível Lei Natural ... Não existe a palavra justiça... E por que essa maldade? O Visconde diz que é por causa duma tal de Seleção Natural, a coisa mais sem coração do mundo, mas que sempre acerta, pois obriga todas as criaturas a irem se aperfeiçoando.*[235]

A única maneira de sobreviver nesta nova situação é usando o cérebro, inventando e adaptando-se para construir abrigos e escapar de predadores. Emília descobre que em todo o mundo, os americanos se saem melhor devido à sua maior iniciativa e preocupação coletiva. Mas como uma típica representante de uma raça astuta (os brasileiros), Emília dá bons conselhos aos americanos, o que até Roosevelt considera apropriado, projetando as esperanças de Lobato de que a "raça" brasileira não só tivesse potencial para sobreviver na arena internacional, mas para que o Brasil estivesse em pé de igualdade com o país mais avançado do mundo. Encontrar caminhos para dar volta aos obstáculos é uma virtude a ser aplicada em todos os níveis, desde as demandas burocráticas até as invenções práticas da vida cotidiana.

No final deste livro, Lobato conclui com Emília que é menos importante vencer do que fazer uma tentativa - melhor cometer um erro do que não fazer nada, pois é também através de erros que a evolução avança. O que importa é desenvolver as consciências críticas das pessoas, para que se possa encontrar uma direção e significado para a vida de alguém.[236]

Observações finais

Os três autores aqui apresentados tiveram uma fase de simples imitação dos cânones darwinianos, seguindo um padrão de ideias europeias importadas sobre a evolução, que começou com as obras de Spencer. Isso levou a um caminho ideológico que passou pelo darwinismo social e pela eugenia, agravado por uma visão naturalista. Muitos escritores assumiram a noção de que

---

235 *A chave do tamanho*, em Lobato, Segunda Série, vol. 14 (1958): 32.
236 Coelho (1991): 237.

os problemas sociais e psicológicos eram características hereditárias, uma ideia prontamente assumida por pessoas que também acreditavam que doenças comuns - como tuberculose, sífilis e alcoolismo - eram herdadas pelos pobres.

A influência de Darwin e Spencer é explicitamente reconhecida na obra do escritor brasileiro mais influente do período, Machado de Assis (1839-1908), que até escreveu um conto chamado *Evolução* (1884). A teoria evolutiva foi bastante importante para esta geração, particularmente porque moldou a ideia de progresso para um país que sentia que estava cada vez mais atrasado, ficando atrás de nações mais ricas. As tentativas de reduzir a complexidade social aos componentes biológicos, no entanto, nem sempre foram úteis. A questão racial era algo que assombrava permanentemente os intelectuais brasileiros, um problema que autores darwinistas como Spencer não pareciam capazes de resolver.

Quando Romero, Euclides e Lobato escreveram, o conflito racial no Brasil entre a classe dominante branca e ex-escravos negros, mulatos e mestiços foi cuidadosamente escondido. A realidade confrontou esses escritores com fatos que não se encaixavam inteiramente em seu quadro teórico, e eles gradualmente se afastaram do racismo e da eugenia para considerar a mistura racial como fonte de alguns benefícios dentro de uma visão particularmente brasileira de raça e evolução. A apologia à miscigenação, no entanto, não combateu a incapacidade da sociedade local para garantir direitos e oportunidades mais igualitários ao crescente número de descendentes desprivilegiados de não-brancos, em meio a práticas capitalistas selvagens. Apesar da apologia racial da mestiçagem, uma seleção econômica tem sido efetiva em beneficiar uma minoria branca e menosprezar a população mestiça.

O problema é que a modernização social e econômica foi muito lenta, e a situação empobrecida da população continuou a ser uma barreira para uma reavaliação cultural das questões raciais. Imigrantes não europeus chegaram (principalmente japoneses e libaneses), e apesar de também serem submetidos a preconceitos, eles se saíram melhor, economicamente falando, e logo começaram a se casar com brasileiros nativos a taxas crescentes. Novos adeptos da mistura racial continuaram a aparecer, argumentando que a miscigenação combinaria as melhores partes das respectivas características culturais e humanas dos envolvidos.[237]

*Publicado originalmente em Jeannette Eileen Jones e Patrick Sharp (eds.), "**Darwin in Atlantic Cultures. Evolutionary visions of race, gender and Sexuality**" (New York: Routledge, 2010), p. 208-224.*

Bibliografia

AGASSIZ, Louis & AGASSIZ, Elizabeth C., *Viagem ao Brasil* (original *Voyage au Brésil*, 1868) (Belo Horizonte e São Paulo: Itatiaia e Universidade de São Paulo, 1975)

BATES, Henry W. *Um naturalista no Rio Amazonas* (original 1863) (Belo Horizonte e São Paulo: Itatiaia e Universidade de São Paulo, 1979)

BROCA, José Brito, *A vida literária no Brasil – 1900* (Rio de Janeiro: José Olympio, 1975)

CAMARGOS, Márcia, "Lobato, o Júlio Verne Tupiniquim", *Cult*, nº 57, Maio 2002

COELHO, Nelly Novaes, *Panorama histórico da literatura infantil / juvenil* (São Paulo: Ática, 1991)

COLLICHIO, Therezinha A. F., *Miranda Azevedo e o Darwinismo no Brasil* (Belo Horizonte e São Paulo: Itatiaia e Universidade de São Paulo, 1988)

CUNHA, Euclides da. *Obra completa*, 2 vols. (Rio de Janeiro: José Aguilar, 1966)

DANTAS, Paulo (org.), *Vozes do tempo de Lobato* (São Paulo: Traço, 1982)

DOMINGUES, Heloisa Maria B. e SÁ, Magali R., "Controvérsias evolucionistas no Brasil do Século XIX", em Domingues, H., Sá, M. e Glick, T. (orgs.) *A recepção do Darwinismo no Brasil* (Rio de Janeiro: Fiocruz, 2003)

FERREIRA, Ricardo, *Bates, Darwin, Wallace e a teoria da evolução* (Brasília e São Paulo: Universidade de Brasília e Universidade de São Paulo, 1990)

---

[237] Essa análise nos levaria muito longe do tema presente, mas para uma ideia do que a geração seguinte produziu, vide dois escritores que são internacionalmente bem conhecidos: Gilberto Freyre (*Casa Grande e Senzala; Sobrados e mocambos; Os portugueses e os trópicos*) e Jorge Amado (*Gabriela, cravo e canela; Dona Flor e seus dois maridos*, dentre outros).

FREITAS, Marcus Vinicius de. *Hartt: Expedições no Brasil Imperial 1865-1878* (São Paulo: Metalivros, 2001)

HERMAN, Arthur, *A ideia de decadência na História Ocidental* (Rio de Janeiro: Record, 1999)

LAJOLO, Marisa, *Monteiro Lobato, um brasileiro sob medida* (São Paulo: Moderna, 2000)

LEITE, Dante Moreira, *O caráter nacional brasileiro* (São Paulo: Ática, 1992)

LEWINSOHN, Rachel, *Três epidemias - lições do passado* (Campinas: Universidade de Campinas, 2003)

LIMA, Nísia T. *Um sertão chamado Brasil* (Rio de Janeiro: Revan/ IUPERJ/ Universidade Cândido Mendes: 1999)

LOBATO, Monteiro, *Obras completas*. Primeira Série, Literatura Geral, 13 vol.; Segunda Série, Literatura Infantil, 17 vol. (São Paulo: Brasiliense, 1958)

MAIO, Marcos C. e SANTOS, Ricardo V. (orgs.). *Raça, ciência e sociedade* (Rio de Janeiro: Fiocruz, 1996)

MARTINS, Wilson, *História da inteligência brasileira*, 7vol. (São Paulo: Cultrix e Universidade de São Paulo: 1977 – 1978)

NUNES, Cassiano, "Monteiro Lobato: uma teoria do estilo". Originalmente publicado em 1969, reimpresso em *Ciência e Trópico*, vol. 9, nº 2, Jul./Dez., 1981

RAEDERS, Georges, *O inimigo cordial do Brasil* (original *Le Comte de Gobineau au Brésil*, 1934) (Rio de Janeiro: Paz e Terra, 1988)

ROMERO, Sílvio, *Ensaio de filosofia do direito* (Original 1895) (São Paulo: Landy, 2001)

SCHWARTZ, Lilia M., *O espetáculo das raças* (São Paulo: Companhia das Letras, 1993)

STEPAN, Nancy L., *A hora da eugenia: raça, gênero* e *nação na América Latina* (Rio de Janeiro: Fiocruz, 2005)

WALLACE, Alfred R., *Vigens pelos Rios Amazonas e Negro* (original 1853) (Belo Horizonte e São Paulo: Itatiaia e Universidade de São Paulo, 1979)

ZILLY, Berthold – "Uma construção simbólica da nacionalidade num mundo transnacional", *Cadernos de Literatura Brasileira*, n° 13-14 (São Paulo: Instituto Moreira Salles, 2002)

"Is small beautiful"? Controvérsias em torno da operação atual das primeiras usinas hidrelétricas

Introdução: À procura da memória da eletrificação

Devido às suas abundantes correntes fluviais, o Brasil definiu muito cedo sua preferência pela geração hidrelétrica. O final do século XIX e as primeiras décadas do século XX testemunharam uma ampla propagação de barragens e usinas pelo território, geralmente variando a potência de 1 a 30 MW. Isso foi particularmente verdadeiro para o Estado de São Paulo, no sul do país, onde várias cidades estavam florescendo com a prosperidade econômica proporcionada pelo café, e o aumento dos preços dessa mercadoria provocou um incremento da industrialização, a tal ponto que este estado se tornou desde então o líder econômico brasileiro. Mais recentemente, as restrições ambientais oficiais e a ação política de organizações não governamentais tornaram cada vez mais difícil construir grandes barragens, de modo que os olhos se voltaram para as instalações de energia menores e mais antigas ainda existentes.

O Projeto Eletromemória (2007-2017) representou um esforço para investigar como a história geral do Estado de São Paulo tem se entrecruzado com a história econômica e social ao longo de cerca de 120 anos de eletrificação. Foi parte do Projeto a criação, a partir dos relatórios de campo e documentos descobertos, de um dicionário com vocabulário controlado, relacionado ao patrimônio industrial elétrico e ao meio ambiente, gerando uma base relacional de dados digitais, com ferramentas adequadas para permitir o acesso público aos principais resultados.[238]

A última fase do Projeto Eletromemória incluiu companhias elétricas cujas unidades geradoras foram implantadas de 1890 até 1960, como por exemplo a CPFL (agora privada), ou a EMAE (ainda estatal), bem como uma série de pequenas concessionárias. Foram selecionadas cerca de 60 usinas, com centrais elétricas muito representativas espalhadas pelo estado, para buscar a memória e os dados ainda remanescentes de sua história. Treze viagens de campo foram realizadas regularmente a esses locais para desvendar sua importância histórica, bem como para diagnosticar a preservação da memória correspondente, incluindo o patrimônio industrial e a cultura material existente, indicando seu estado de organização e conservação. Essas usinas estão funcionando há tanto tempo que se tornaram testemunhas de uma longa história de eventos sociais e econômicos, bem como representantes exemplares de um museu vivo da evolução na história da tecnologia, um legado que merece reconhecimento público. Elas foram quase esquecidas por causa de sua pequena capacidade em termos atuais (com algumas exceções de instalações maiores que aconteceram naquele período), e foram "ressuscitadas" como modelos por orientações políticas como "sustentabilidade" e "empatia ambiental", praticamente o oposto dos modelos até então preferidos, de grandes barragens e geração de alta capacidade.

Café, ferrovias, indústria e eletrificação em São Paulo

Apesar das experiências preliminares (lâmpadas de arco voltaica e dínamos alimentados por máquinas a vapor), a primeira instalação brasileira de um gerador fixo foi em 1883, em Campos (a 275 km do Rio de Janeiro), enquanto que a primeira usina hidrelétrica (Marmelos-zero) foi inaugurada em Juiz de

---

238 O Projeto Temático contou com financiamento da FAPESP (Fundação de Amparo à Pesquisa do Estado de São Paulo – Processo nº 12/51424-2). Durante sua primeira fase, pesquisou as grandes instalações e arquivos das grandes usinas referentes ao período a partir de 1960, quando o governo do Estado de São Paulo interveio no setor, controlando grandes corporações como a CESP e Eletropaulo. Também cobriu os arquivos e plantas dos novos arranjos societários que resultaram posteriormente à privatização e desnacionalização do setor em 1997. Para uma revisão dos primeiros resultados, vide MAGALHÃES, G. (ed.), *História e Energia. Memória, informação e sociedade* (São Paulo: Alameda, 2012). A base de dados está abrigada na FFLCH, Universidade de São Paulo e pode ser acessada em www.eletromemoria.fflch.usp.br.

Fora (182 km de distância do Rio de Janeiro), em 1889. Outras cidades e estados logo acompanharam a novidade, e em 1895 o Estado de São Paulo teve na cidade de Rio Claro sua primeira central hidrelétrica (Corumbataí).[239]

Por algum tempo, os geradores térmicos predominaram, mas o combustível mais barato disponível era a madeira ou seu subproduto, carvão vegetal, ambas fontes muito pouco eficientes. Alternativamente, o carvão mineral teve de ser importado, pois as poucas minas do país produziam apenas carvão de baixo teor, impróprio para o fim. Outra fonte cogitada seria a geração hidrelétrica, mas nessa época essa solução enfrentou o problema da incerteza geral, ou ausência de informações, sobre os volumes e vazões dos rios nacionais, bem como sobre as verdadeiras alturas das cachoeiras. A maioria das cidades mais importantes estava localizada perto da costa atlântica, longe dos melhores locais para produção de eletricidade, e para superar essa dificuldade uma Comissão Geológica de âmbito nacional foi formada em 1875, ainda durante o regime monárquico (que durou até a República, em 1889). No entanto, os resultados dessa Comissão Geológica não foram suficientes, particularmente para o Estado de São Paulo, onde a industrialização estava em curso, exigindo cada vez mais energia. Deve-se ressaltar que uma parte significativa desse estado era região não cartografada, ainda coberta por florestas nativas e habitada por tribos indígenas. Assim, São Paulo formou sua própria Comissão Geográfica e Geológica, que iniciou os trabalhos em 1886 para levantamento dos recursos locais.[240] Esta foi uma iniciativa de grande sucesso, e um dos principais produtos deste serviço foi um extenso mapeamento que tornou públicos dados mostrando as características de muitas bacias hidrográficas abundantes, particularmente adequadas para a geração de energia elétrica (Figura 1 – relatórios detalhados foram publicados pela Comissão).

---

[239] DIAS, R. F., *Panorama da energia elétrica no Brasil* (Rio de Janeiro: Centro da Memória da Eletricidade no Brasil, 1988); GOMES, F. A. M., *A eletrificação no Brasil, História & Energia*, nº 2.

[240] FIGUEIROA, S. *As ciências geológicas no Brasil: uma história social e institucional, 1875-1934* (São Paulo: Hucitec, 1997).

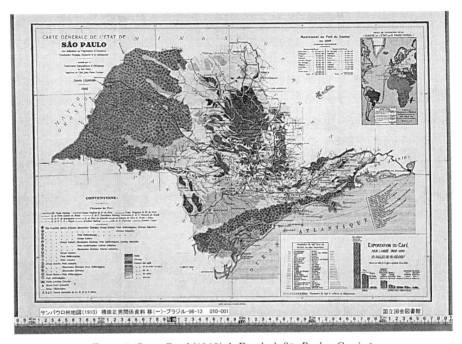

Figura 1: Carta Geral (1910) do Estado de São Paulo - Comissão Geográfica e Geológica (Magalhães, 2012)

Para apreciar totalmente a história das usinas construídas antes da década de 1950, ressalta-se que o Estado de São Paulo foi palco de um complexo processo social e histórico, pelo qual a eletrificação se somou à "marcha para o oeste", a expansão de sua fronteira econômica (principalmente devido à multiplicação de grandes plantações de café, graças ao solo fértil), que teve um maior impulso a partir da década de 1870, ao lado da criação de uma rede ferroviária em expansão, unindo a industrialização, a urbanização e as ondas de imigração.[241] A "hulha branca", como eram chamados os cursos d'água do estado, era capaz de fornecer a energia para as usinas elétricas, fundamentais para as indústrias localizadas nas cidades de São Paulo, Santos, Campinas e em várias outras do estado.

A energia para a industrialização no início veio da queima de madeira e carvão para alimentar máquinas a vapor. À medida que as áreas de floresta

---

241 SILVA, S., *Expansão cafeeira e origens da indústria no Brasil* (São Paulo: Alfa-Omega, 1995); DEAN, W., *A industrialização de São Paulo* (São Paulo: Bertrand Brasil, 1991); ARGOLLO, A.M., *Arquitetura do café* (Campinas: Ed. Unicamp/IMESP, 2004).

se tornavam mais escassas, as empresas recorriam ao carvão importado para substituir o nacional de baixo teor energético, mas seu custo era proibitivo. A energia de rodas d'água também foi empregada para fins industriais, dada a abundância conveniente de uma ampla malha de bacias hidrográficas irrigando o estado. De fato, quando a energia elétrica começou a ser implantada, uma das primeiras alternativas foi substituir a roda d'água que movia mecanicamente as linhas de produção das indústrias têxteis e de papel por turbinas e geradores elétricos adaptados aos mesmos elementos acoplados às rodas (polias e correias em "árvores" de transmissão). Nesse processo, a energia elétrica excedente podia ainda ser usada para iluminar as áreas de trabalho da fábrica, introduzindo turnos noturnos e, sempre que disponível, para distribuir eletricidade aos vizinhos.

Como resultado, cada vez mais e maiores indústrias foram implantadas, dedicadas à produção de têxteis, papel, alimentos, subprodutos de cana-de-açúcar, etc., bem como muitos e diversos pequenos fabricantes. Os imigrantes que trabalhavam nas plantações ou nas indústrias vieram principalmente da Itália e do Japão, além de um fluxo tradicional de Portugal, a ex-metrópole, somando-se a trabalhadores da Espanha, Alemanha e outros países europeus. Alguns desses imigrantes eram trabalhadores qualificados, em contraste com os ex-escravos libertados em 1888, geralmente não qualificados. Uma classe média começou a crescer, e uma série de novas cidades foram atendidas por trens que transportavam pessoas e mercadorias, inclusive grãos de café para serem exportados, de modo que esses lugares se tornaram importantes centros comerciais, atraindo cada vez mais indústrias.

O próximo passo para a modernização econômica foi a eletrificação gradual de cidades e fazendas, a princípio uma iniciativa dos capitalistas locais – ou de sociedades por ações, que congregavam pessoas de classe média, pequenos negociantes e mesmo trabalhadores qualificados. Aos poucos as ações dessas companhias elétricas foram geralmente concentradas em ricos fazendeiros, interessados em empregar eletricidade para o beneficiamento do café. Também se promoveu o uso de motores elétricos em indústrias e transporte urbano (bondes), além de iluminação pública e privada.[242] Com a distribuição de eletricidade, essa energia entrou dentro das casas, introduzindo a iluminação

---

242 MORTARI, D., *A implantação da hidroeletricidade e o processo de ocupação do território no interior paulista (1890-1930)*. Tese de Doutorado, Universidade de Campinas (2013).

e os aparelhos básicos de cozinha, para que o número de consumidores logo aumentasse significativamente. Máquinas, e às vezes também técnicos, foram importados para este fim, e a paisagem dos rios passou a exibir uma série de barragens e usinas hidrelétricas. Quando a geração fornecida não conseguia atender à demanda, a capacidade ou o número de máquinas eram aumentados, ou outras cachoeiras eram transformadas em novas centrais elétricas.

A Tabela 1 fornece alguns dados sobre o desenvolvimento econômico deste período.

Tabela 1 – Correlação café/população/ferrovias/indústrias/eletricidade em São Paulo[243]

Ano (aproximado)	População	Mudas de café (milhões)	Ferrovias (km)	Indústrias	Energia hidrelétrica (HP)
1900	2.282.279	526	3.373	não disponível	4.040
1910	2.800.400	697	4.825	325	59.745
1920	4.592.188	844	6.616	4.064	225.746
1930	7.160.705	1.188	7.100	9.516	398.130
1940	7.180.316	1.561	8.622	13.505	488.876

Até a década de 1920 algumas empresas municipais fundiram-se formando conglomerados regionais.[244] O capital estrangeiro também foi atraído desde o início, como demonstrado pela *Brazilian Traction, Light & Power* (mais tarde chamada apenas de "*Light*"), grupo anglo-canadense que chegou no Estado de São Paulo já em 1899. Esta empresa comprou algumas concessionárias de energia elétrica locais de proprietários nacionais no estado, e construiu usinas hidrelétricas maiores (como Parnaíba, em 1903, e Cubatão, em 1926). A *Light* concentrou a maior parte de suas operações comerciais ao longo do eixo São Paulo- Rio de Janeiro.[245]

---

[243] Fontes: MATOS, O. N., *Café e ferrovias. A evolução ferroviária de São Paulo e o desenvolvimento da cultura cafeeira.* (Campinas: Pontes, 1990); CANO, W., *Raízes da concentração industrial em São Paulo* (São Paulo: DIFEL, 1977); LORENZO, H., "Eletricidade e modernização em São Paulo na década de 1920", in Lorenzo, H. e Costa, W. (orgs.), *A década de 1920 e as origens do Brasil moderno* (São Paulo; UNESP, 1997).

[244] MARANHÃO, R. e MATEOS, S.B. (orgs.), "O início: energia, modernização e atraso", in *100 anos de história e energia.* (São Paulo: Andreato, 2012).

[245] SOUZA E., *História da Light. Primeiros 50 anos* (São Paulo: Eletropaulo, 1982). Além de São Paulo, as operações da *Light* foram significativas também no Estado do Rio de Janeiro.

Outra empresa que veio do exterior (em 1927) foi a American *Foreign Power* (ou *Amforp)*, ligada à *General Electric* nos EUA, e que usou uma estratégia totalmente diferente para conquistar uma parcela significativa do mercado no Estado de São Paulo. Aos poucos, comprou companhias elétricas municipais ou regionais de sucesso, de modo que em cerca de 25 anos possuía a concessão para uma região tão grande quanto metade do território do estado. Mais tarde, a *Amforp* passou a utilizar o nome do primeiro grupo nacional que adquirira em 1927, a *Companhia Paulista de Força e Luz* (também conhecida como CPFL, sua abreviação), e forneceu eletricidade para um número significativo de cidades dinâmicas e de rápido crescimento no interior do estado.[246]

Em poucos anos, o Estado de São Paulo presenciou taxas de crescimento econômico incomparáveis no país, de modo que foi até apelidado de "locomotiva do Brasil". Escolas públicas espalharam-se em seu território, e a cidade de São Paulo, capital do Estado, pôde exibir, a partir de 1934, a primeira universidade do Brasil (pública e, ademais, gratuita). A Universidade de São Paulo foi formada pela junção de algumas instituições isoladas de ensino superior, incluindo a Escola Politécnica (fundada em 1894). Os engenheiros que se formaram puderam encontrar empregos na administração pública e em empresas privadas, graças ainda ao surto econômico do café, e alguns deles estiveram envolvidos também com as usinas hidrelétricas. São Paulo sofreu com o revés causado pela crise mundial de 1929, que afetou profundamente o preço do café, todavia se recuperou lentamente, mas com firmeza, graças à sua capacidade industrial instalada.

Patrimônio Industrial

A memória do patrimônio industrial continua a viver nas usinas mais antigas, ainda produzindo eletricidade, ou até naquelas já extintas e até mesmo com as instalações desmontadas. É incrível que equipamentos originalmente projetados para funcionar por algo como cinquenta anos tiveram vidas tão extensas, em alguns casos já superiores a um século. Muito para além de qualquer expectativa inicial, há equipamentos que estão em operação contínua, ou ainda praticamente em condições de serem facilmente reutilizados novamente.

---

246 MARANHÃO, R. (org.), *CPFL 90 anos* (Campinas: CPFL, 2002). A *Amforp* se espalhou para outros estados da federação, também.

Em outros casos, as unidades de geração de energia foram apenas moderniza-
das externamente (a parte dos edifícios, geralmente, manteve suas características arquitetônicas, em outros foram equipadas com novos equipamentos, para
serem operados em paralelo com os mais antigos, e ainda em outros casos nada
foi adicionado e a operação continua inalterada (Figura 2).

*Figura 2: Usina Salto Grande, Campinas (construída em
1906). Foto do Autor (Arquivo Eletromemória)*

As maiores máquinas eletromecânicas dos locais são, naturalmente, as
turbinas e geradores, e essa parte do patrimônio está intimamente relacionada
com a história da ciência e tecnologia. Vários aspectos podem ser observados, começando pelos edifícios e arquitetura exterior e interior. As turbinas
eram geralmente produtos importados da empresa alemã *Voith*, mas máquinas
norte-americanas, suíças, suecas ou italianas também são encontradas. As turbinas, geralmente do tipo Pelton e Francis, eram escolhidas de acordo com a
altura e a intensidade de fluxo da fonte de água, e mais raramente o modelo
Kaplan também foi empregado. Outros equipamentos preservados e associados às turbinas incluem as válvulas de água, lubrificadores e dispositivos de
controle de fluxo ou velocidade.

Também foram importados equipamentos geradores (Figura 3), a maioria deles das empresas alemãs *Siemens-Schuckert*, ou *AEG*, mas também das empresas norte-americanas *General Electric* e *Westinghouse*, bem como da suíça *Brown-Boveri*, e da sueca *ASEA*. A partir de 1987, quando a reforma das antigas centrais elétricas foi decidida pelo governo do Estado de São Paulo, e desde que os equipamentos foram trocados, fabricantes brasileiros de turbinas e geradores também podem ser encontrados em meio a novos equipamentos importados dos mesmos fabricantes estrangeiros tradicionais.

Figura 3: Turbina e gerador, Usina de Jaguari (1919). Foto do Autor
(Arquivo Eletromemória)

Os geradores eram de multipolos e síncronos, sendo que vários tipos de transmissão foram usados para interligá-los com as turbinas. Também parte do equipamento, a bobina de excitação, às vezes era um equipamento maior, podendo necessitar uma sala própria em separado. Durante os primeiros anos, a frequência elétrica em São Paulo era de 50 Hz ou 60 Hz, dependendo de o gerador ser europeu ou americano, mas em meados do século XX o governo brasileiro impôs a integração das redes elétricas com base no padrão de 60 Hz em todo o país e, portanto, muitos geradores tiveram que ser rebobinados.

Os instrumentos utilizados para medir correntes, tensões, potência e sincronização de frequências, bem como chaves, relés, painéis e mesas de controle são um capítulo importante na história deste patrimônio industrial elétrico. Eles imediatamente chamam a atenção, pois seu acabamento metálico polido inicial ainda pode ser apreciado, já que alguns deles são mantidos funcionando brilhando como se fossem novos (Figura 4). Instalados em elegantes painéis de mármore de Carrara, alguns instrumentos têm um estilo *art-nouveau* da época, enquanto outros apresentam um aspecto funcional sem ornamentos; a maioria foi igualmente importada da Alemanha, Suíça, Grã-Bretanha, Itália, ou dos EUA. Lentamente, esses instrumentos foram sendo substituídos por equipamentos mais modernos, até que recentemente se tornaram completamente obsoletos com a introdução de computadores, medição e controle à distância; no entanto, em alguns locais, os instrumentos centenários ainda são a única alternativa. Apesar dessa modernização, os antigos painéis costumam ficar nos lugares originais mesmo quando não são mais utilizados, como homenagem a épocas passadas.

Figura 4: Painel de controle e instrumento da Usina de Corumbataí (1925), Rio Claro. Foto do Autor (Arquivo Eletromemória)

A subestação nas primeiras unidades geradoras está instalada dentro da própria casa de força, com chaves e disjuntores de alta tensão, transformadores e barramentos ainda ativos. Posteriormente as subestações foram colocadas do lado de fora do prédio, e ainda mais tarde a evolução técnica levou à subestação de aparência moderna, separada da casa de força e cercada. A energia entregue às linhas de transmissão fluía em cabos (outro elemento importante, com uma história própria), pendurados em postes de madeira ou ferro, ou mais tarde em torres metálicas, com seus isoladores. Esse ponto terminal das estações mais antigas está acoplado à moderna rede de distribuição local, onde se integra à rede estadual de sistemas interconectados.

Memória documentada

O destino dos documentos relacionados com a história das centrais elétricas é geralmente muito complexo. A empresa que possuía uma determinada instalação era privada, em muitos casos, e poderia ter sido vendida e mesmo revendida para novos proprietários. O Projeto Eletromemória descobriu alguns documentos oficiais em depósitos legais, mas correspondências, documentos comerciais, desenhos técnicos, desenhos ou mapas foram encontrados em diferentes locais: arquivos de cidades (documentos infelizmente em geral não indexados), bibliotecas municipais, ou ainda deixados em algum canto nas casas dos antigos proprietários.

Algumas usinas foram compradas por empresas estrangeiras que passaram a operar muito cedo na história da eletrificação em São Paulo, como as citadas *Brazilian Traction, Light & Power Co.* e *American Foreign Power Co.*, e cada uma tratou seus arquivos de forma diferente. O mesmo deve ser dito de fotografias, filmes ou outros tipos de documentos visuais. Uma parte significativa do material documental da *Light* foi confiada a uma fundação (Fundação Energia e Saneamento), que o mantém em um arquivo acessível na cidade de Jundiaí. No entanto, as pesquisas realizadas pelo projeto encontraram muitos documentos soltos (exemplos nas Figuras 5 e 6), bem como elementos da cultura material em várias centrais elétricas mais antigas, e que vão desde instrumentos de medição antigos dentro de um edifício, até mesmo partes abandonadas de equipamentos enferrujando ao ar livre.

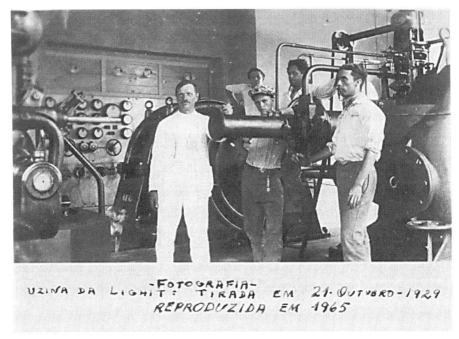

Figura 5: Supervisor e equipe da Usina de Salesópolis (1929).
(Arquivo Eletromemória)

Figura 6: Perspectiva da Usina Esmeril (construída em 1912). (Arquivo Eletromemória)

Mesmo quando a usina agora pertence a uma organização com arquivos centrais, e que esteja ciente da importância de tais documentos, não é incomum que tais arquivos centrais não estejam informados de sua existência na instalação local. Em um dos casos pesquisados, foram encontrados documentos completos e material visual, em grande quantidade e relativos a todas as centrais elétricas da Grande São Paulo em um enorme depósito, nas piores condições possíveis de umidade, sujeira e desorganização. Esses documentos ainda poderiam ser integrados com outros que a pesquisa indicou existir em vários locais e formar um corpo orgânico, ao passo que documentos soltos poderiam ser adequadamente tratados e se tornarem parte do patrimônio industrial localmente exposto.

Parte da memória associada ao patrimônio industrial da eletrificação está armazenada nas memórias dos indivíduos que trabalharam ou ainda trabalham nas respectivas empresas, sejam eles empresários, engenheiros, trabalhadores qualificados ou não qualificados. No Estado de São Paulo, os ex-proprietários e ex-funcionários têm sido particularmente afetados pela nacionalização iniciada na década de 1960, seguida pela privatização e desnacionalização impostas no final da década de 1990. A aposentadoria antecipada foi então incentivada e imposta por programas de "demissão voluntária".

Como resultado, muita informação foi perdida, em relação tanto à história quanto às práticas reais de operação ou manutenção, prejudicando até mesmo uma tradição de boas práticas técnicas. Muitos trabalhadores demitidos decidiram levar para casa informações históricas, como álbuns fotográficos, ou manuais técnicos, já que estes estavam sendo descartados pelos novos proprietários, que estavam modernizando o equipamento. Embora em alguns casos isso tenha sido parcialmente revertido pela recontratação das mesmas pessoas, ainda há um déficit de informações, e qualquer iniciativa de preservação do patrimônio industrial deveria realizar a recuperação da memória recorrendo a diversas técnicas de história oral.

Geralmente havia uma estreita ligação entre a cidade e sua usina elétrica local, já que esta última era aberta ao público como local de lazer, ou em ocasiões festivas especiais. Além disso, os funcionários muitas vezes formaram laços estreitos e mesmo famílias com a comunidade local, e não é incomum encontrar até hoje funcionários que são representantes de uma genealogia de trabalhadores de 3 ou 4 gerações ligadas à usina. Nesse sentido, a memória da eletrificação inclui também a população da cidade.

Um pequeno, mas significativo esforço museológico ocorreu em relação a esse patrimônio industrial da eletrificação em São Paulo. Algumas das usinas exibem pequenas coleções de máquinas e instrumentos de geração elétrica, mas sem qualquer identificação ou outras informações para eventuais visitantes. Por exemplo: um desses locais (Corumbataí), com equipamentos em funcionamento desde 1925, pretendia se tornar um museu, e exibiu uma série de cartazes descrevendo as várias fases pelas quais passou desde 1895, mas o esforço foi interrompido. De qualquer forma, as unidades visitadas precisam de uma integração de todos os elementos envolvidos com o patrimônio para valorizar adequadamente esse passado industrial. Em algumas das cidades das usinas, ou próximas a estas, há museus locais dedicados ao panorama histórico municipal, mas dificilmente esses museus mencionam a história da eletrificação. Contudo, essa história poderia ser facilmente associada com o restante, com benefício mútuo para as cidades e as companhias elétricas.[247]

Adequação de pequenas usinas? Memória de uma paisagem transformada

Uma das atribuições do Projeto Eletromemória foi avaliar se as usinas mais antigas ainda fazem jus à sua importância histórica, em termos de significância para suas comunidades. Para responder a isso, a evolução de seu cenário na paisagem foi levada em conta.

A paisagem geográfica do estado mudou drasticamente de aproximadamente meados do século XIX até as vésperas da Segunda Guerra Mundial. Entre 1890 e 1935, pelo menos 44% de suas florestas desapareceram, e grandes plantações de café tornaram-se uma característica visual dominante. Várias empresas foram implantadas perto dos eixos das ferrovias, e a fumaça subindo por suas chaminés altas tornou o novo progresso de modernização visível, uma vez que a população paulistana cresceu em um ritmo mais rápido que o resto do Brasil, e o meio rural cedeu cada vez mais espaço ao processo de urbanização, de modo que hoje em dia muitas usinas se situam em meio a blocos de

---

[247] CURY, M. e YAGUI, M., "A musealização do setor elétrico em São Paulo: construção de perspectivas para as usinas hidrelétricas", *Labor & Engenho*, v. 9, 1 (2015), p. 104-134.

arranha-céus. Em outros casos, as estações ainda estão localizadas em áreas remotas, onde a floresta original foi restaurada, e até conquistaram algumas das terras agrícolas vizinhas abandonadas.

Um denominador comum para praticamente todas as usinas hidrelétricas atuais é a baixa qualidade da água utilizada, que certamente foi fortemente degradada desde a época em que foram construídas. Infelizmente, depois de mais de um século, o país não tem sido capaz de tratar o esgoto para uma população em rápido crescimento. Geralmente o esgoto doméstico é jogado *in natura* nos rios, e acaba passando por barragens e turbinas de usinas. Até recentemente, os resíduos industriais contribuíram para a poluição, mas isso vem sendo reduzido por legislações e monitoramentos mais severos. De qualquer forma, a capacidade de regeneração dos rios tem sido excedida em muito desde meados do século XX, de modo que na maioria das cidades do estado esses rios não têm peixes, e suas águas escuras cheiram muito mal. A negligência dessa questão de saúde pública por parte das administrações e a falta de vontade de coordenar o interesse regional para atacar o problema têm adiado uma solução para um futuro desconhecido.

Uma das primeiras usinas visitadas foi reaberta para operar em 1986, mas interrompida dez anos depois, exatamente devido à água totalmente poluída, que não se podia mais permitir passar pelas máquinas, para não avariá-las; essa usina foi posteriormente fechada em definitivo, mas ladrões foram capazes de arrombá-la e vandalizá-la, desmontando as máquinas para vender seus componentes de cobre e outros metais; agora o terreno e as instalações abandonadas são um ponto de encontro para viciados em drogas, que lá consomem seu produto sem obstáculos. Em uma outra usina hidrelétrica, o lixo flutuante trazido pelo rio para a barragem é tanto que os operadores devem desligar a geração elétrica todas as manhãs para limpar as grades de passagem, tornando todo o empreendimento totalmente pouco lucrativo (Figura 7).

Figura 7: Resíduos diariamente transportados pelo Rio Tietê na barragem da Usina Porto Goes, em Salto (construída em1928). Foto do Autor (Arquivo Eletromemória)

Uma consequência é que várias usinas antigas que estão funcionando ainda poderiam ser de interesse para a visitação pública, mas não estão aptas para atrair turistas, apesar de sua significativa herança industrial, e seus arredores situados em belos sítios – florestas nativas, cachoeiras pitorescas. É o caso de diversas instalações ao longo do importante Rio Tietê, que foi fundamental para que o Brasil adquirisse seu vasto território na primeira era de colonização, uma vez que permitia um fácil acesso da costa atlântica em direção a terras espanholas, que foram sucessivamente invadidas e habitadas por fronteiriços de língua portuguesa. As barragens dessas usinas nas proximidades da cidade de São Paulo recebem a água preta de sujeira do Rio Tietê, e após a passagem pelas turbinas despejam o que é chamado de "espuma branca", um eufemismo para o esgoto *in natura*, mas que é produzida à medida que a água muito poluída é oxigenada ao passar pelos vertedouros adjacentes.

Há cem anos, barragens e usinas hidrelétricas causaram relativamente pequenas mudanças no meio ambiente e, de fato, as empresas elétricas ajudaram a preservar cabeceiras e margens de florestas nativas, legando uma paisagem protegida em meio à especulação imobiliária destrutiva, ocasionada por um processo desenfreado e agressivo de urbanização. Por outro lado, essas instalações em geral não podem mais se beneficiar de águas limpas ou mesmo utilizáveis, como na época de sua construção. Além disso, por vezes o clima é de intensa seca (como aquela ocorrida em 2013), o que diminui drasticamente a produção de hidroeletricidade, chegando mesmo a cancelar temporariamente a operação das usinas, dada a pequena capacidade de seus reservatórios, em geral.

Apesar de alguns esforços destinados à conservação de usinas hidrelétricas mais antigas, compreendendo suas máquinas, edifícios, barragens, lagos e o ambiente externo, a preservação significativa de tal patrimônio industrial ainda enfrenta dificuldades de uma dupla natureza. Em primeiro lugar, o funcionamento correto de um grande número de instalações mais antigas necessita de uma solução razoável para o problema mais amplo do abastecimento de água suficiente para operar, e em segundo, há que se garantir a qualidade mínima da água, lidando com o tratamento das águas usadas. Esta última condição extrapola, obviamente, a produção de eletricidade, pois é uma problemática aguda de saúde pública, nunca resolvido pelas diversas esferas de governo. A recente disputa pelo uso dos escassos recursos hídricos, envolvendo uma escolha entre água para fins de consumo ou água para geração de energia leva a um beco sem saída, uma vez que ambos são vitais para a sociedade atual. Finalmente, cabe alertar que para uma apresentação valiosa deste rico patrimônio industrial, que, inclusive, poderia servir a propósitos educacionais, um esforço deve ser empreendido para transmitir informações da história, inclusive da história da técnica, aos locais das usinas elétricas, para possibilitar-lhes dar o testemunho de um passado industrial que ainda é significativo nos dias de hoje.

*Publicado em Alain Beltran et alii, "**Electric Worlds/Mondes électriques. Creations, Circulations, Tensions, Transitions (19th -21st C.)** (Bruxelles: Peter Lang, 2016), p.579-594.*

Energia no Brasil: um panorama histórico

Introdução

Este artigo apresenta um panorama geral da história da energia no Brasil, e mais especificamente desde que a República substituiu o Império, em 1889. Alguns aspectos da história política e econômica são mencionados, onde possam contribuir para uma melhor compreensão das questões energéticas ao longo do texto. O Brasil foi retardatário na industrialização, tendo vivido por muito tempo de acordo com a crença da elite de que o país deveria ser principalmente um exportador de matéria-prima. Em consequência, durante um bom tempo a indústria foi vista por formuladores de políticas como cumprindo apenas uma função complementar, tanto sob o Império quanto durante períodos significativos da República. Após a Primeira e a Segunda Guerra Mundial, esse tema voltou à política, e o crescimento econômico intensificou as discussões e legislações que afetaram a produção e o uso de energia.

Visando um amplo escopo de mais de um século de história de energia no Brasil, este texto não pretende ser uma fonte abrangente de informação sobre o assunto, mas unicamente fornecer um levantamento de temas relevantes que fazem parte dessa história. Alguns resultados decorrem de pesquisas originais, enquanto a própria natureza do material apresentado fez com que também se baseasse em fontes secundárias. O leitor é encaminhado para a literatura especializada nas notas, que fornecem informações mais detalhadas.

Apenas nas últimas décadas o conceito de matriz energética passou a ser utilizado pelas autoridades energéticas brasileiras, e serão discutidas as fontes mais importantes que compõem a matriz atual – petróleo, gás, carvão, álcool e combustível de fissão nuclear. A eletricidade merece atenção especial, pois simboliza muito bem os gargalos, impasses e contradições da história energética nacional. Além disso, a energia elétrica significou no Brasil majoritariamente a hidroeletricidade, com os rios sendo considerados fontes de energia renovável, e esse será o nosso foco, em vez de outra energia sustentável, como a eólica ou solar. Finalmente, os componentes menores da matriz de energia, como turfa, xisto, hidrogênio e outros, não serão abordados para o nosso propósito aqui.[248] Antes de tratar diretamente desses assuntos, é conveniente considerar de forma breve alguns aspectos da história brasileira em geral.

Visão geral histórica

A independência do Brasil foi formalmente declarada em 1822, mais tarde do que na maioria dos outros países da América Latina, que eram na maioria ex-colônias espanholas, enquanto o Brasil tinha sido praticamente a única posse portuguesa na América. Outra diferença destacou o Brasil: após a independência, tornou-se uma monarquia, e não uma república. O primeiro soberano do império foi Pedro I, que era então também o herdeiro da coroa portuguesa - mais tarde ele renunciou ao Império brasileiro, e tornou-se o rei Pedro IV de Portugal. A economia durante esse período monárquico seguiu, em parte, o padrão geral dos tempos coloniais, impulsionado principalmente pelo trabalho escravo e pelas exportações agrícolas, especialmente açúcar, algodão e, posteriormente, café. Durante os tempos coloniais, o país experimentou um surto de exploração de ouro e diamantes, mas no final do século XIX as minas conhecidas estavam praticamente esgotadas.

Embora houvesse um debate público sobre a industrialização do país durante a monarquia, a maioria dos políticos do século XIX estavam relacionados intimamente com grandes proprietários de plantações e senhores de escravos, que consideravam a ausência de uma indústria local de porte significativo como resultado de alguma ordem "natural". A população era

---

248 Um tratamento mais extenso destas outras questões pode ser encontrado em: Antônio Leite, *A energia do Brasil* (Rio de Janeiro: Nova Fronteira, 1997); José Goldemberg. *Energia no Brasil e no mundo*, em Adriano Branco (org.), *Política energética e crise de desenvolvimento* (Rio de Janeiro: Paz e Terra, 2002); Eduardo Rodrigues, *Crise energética* (Rio de Janeiro: José Olympio, 1975); Arnaldo Barbalho, *Energia e desenvolvimento no Brasil* (Rio de Janeiro: Eletrobrás: Centro de Memória da Eletricidade no Brasil, 1987).

predominantemente rural, e o quadro social era composto por uma reduzida elite superior, uma relativamente pequena classe média e uma população pobre bem maior – cerca de 30 milhões de pessoas no início do século XX (os habitantes do Brasil ocupam, apenas por uma questão de comparação, uma área maior do que os EUA continentais).

É, portanto, compreensível que, em grande parte da história brasileira, a energia tenha procedido diretamente dos animais ou do braço escravo. Inicialmente, os índios nativos foram escravizados, mas eles mostraram ser difíceis de se adaptar ao trabalho regular, e logo foram substituídos por escravos importados da África Negra, vindos tanto da Costa Atlântica, bem como de Moçambique na Costa Leste. As estatísticas foram deliberadamente destruídas após o fim da escravidão, mas uma estimativa aproximada dá um número total de pelo menos cerca de 4 milhões de escravos introduzidos no país em três séculos e meio.[249] O único censo relativamente confiável durante o Império (1872) registrou uma população de 1.510.806 escravos vivendo no país, ou 15,2% da população total. Deve-se notar que o Brasil foi o último país americano a acabar com a escravidão, em 1888. Um ano depois, um golpe substituiu o Imperador Pedro II pelos militares, e a Primeira República ("Velha") começou.

Nas áreas rurais, o sistema de latifúndios das plantações, introduzido durante os anos coloniais pelos portugueses, recrutou um grande número de escravos para as fazendas de cana e as usinas de açúcar. O trabalho escravo também foi amplamente empregado na mineração e refino de metais preciosos (ouro, prata), e na extração de diamantes. Escravos trabalhavam na construção civil (edificações, estradas, pontes, portos). Após a proclamação da Independência, os escravos negros trabalharam nas novas plantações de algodão e no que se tornou a lavoura mais lucrativa do Brasil por muito tempo, a cafeicultura. Com a abundância de trabalho escravo, praticamente pouca energia era necessária de fontes diferentes daquela fornecida pela fotossíntese direta, na forma de alimento para homens e o gado bovino. A aristocracia com

---

249 Arthur Ramos, *A mestiçagem no Brasil* (Maceió: EDUFAL, 2004, págs. 27-33). Para o censo de 1872, vide www.nphed.cedeplar.ufmg.br/pop72. Vide também: Luiz Felipe de Alencastro, *O trato dos viventes. Formação do Brasil no Atlântico Sul* (São Paulo: Companhia das Letras, 2000); Emília Viotti da Costa, *Da senzala à colônia* (São Paulo: Editora da UNESP, 1998); Caio Prado Jr., *Formação do Brasil contemporâneo* (ed. revista, São Paulo: Companhia das Letras, 2011 [1942]).

terras recusou qualquer trabalho manual como sendo depreciativo e adequado apenas para escravos ou pessoas pobres.[250] Apesar da alegação geral da elite de que o trabalho escravo tornava desnecessária a introdução de máquinas e suas fontes de energia, a concorrência internacional impulsionou uma primeira tentativa de modernização nas plantações de cana-de-açúcar no Nordeste do Brasil no final do Império e nas primeiras décadas da República. Animais e escravos usados na fabricação de açúcar foram gradualmente substituídos por moinhos d'água e, finalmente, por motores a vapor, mudanças técnicas que foram implementadas com a ajuda de capitalistas britânicos e subsídios governamentais.[251]

A maioria da população vivia em regiões de clima quente, com escassa necessidade de aquecimento, e a maior demanda de energia era para cozinhar em fogões que queimavam qualquer tipo de madeira disponível. Quanto à iluminação, casas mais ricas e usinas de açúcar usavam óleo de baleia, material que também era usado na iluminação pública nas grandes cidades na primeira metade do século XIX, e que foi gradualmente substituído por querosene ou gás de carvão.

Apesar das grandes reservas de minério de ferro de alta pureza, o governo brasileiro se moveu lentamente em direção à produção de aço, um processo vital para a industrialização e que era ainda mais difícil porque o carvão local era escasso e energeticamente muito pobre. A industrialização estava atrasada em relação às nações mais desenvolvidas, à medida que a economia política nacional continuava a apoiar exportadores que defendiam que o país tinha uma "vocação" agrária. De acordo com essa linha dominante de pensamento, bastava que o país era aquinhoado com uma natureza exuberante. A maioria da elite dominante atacava a industrialização como supérflua, preferindo que o excedente obtido com a exportação de produtos da terra fosse comercializado

---

250 Sérgio B. Holanda, *Raízes do Brasil* (25ª ed. Rio de Janeiro: José Olympio, 1993 [1936]); José Murilo Carvalho, *A construção da ordem. A elite política imperial* (Rio de Janeiro: Campus, 1980).

251 A terra, no entanto, permaneceu concentrada nas mãos de relativamente poucos proprietários de terras até os dias atuais. Esse processo é descrito como "modernização sem mudança", uma característica que se aplica a muitos outros aspectos da industrialização na história brasileira. Veja Peter Eisenberg, *Modernização sem mudança. A indústria açucareira em Pernambuco, 1840-1910* (Rio de Janeiro e Campinas: Paz e Terra e Editora UNICAMP, 1977).

para a compra de produtos manufaturados, de acordo com o credo liberal econômico adotado pelo Império.[252]

A situação descrita só mudaria lentamente, à medida que a importação de petróleo e carros com motor de combustão interna aumentava, e os trilhos das ferrovias movidas a vapor eram financiados pelo capital britânico desde a década de 1870. As primeiras lâmpadas elétricas foram exibidas na capital, o Rio de Janeiro, em 1880, e o país logo percebeu que tinha um importante ativo em cachoeiras, que poderiam ser aproveitadas para gerar eletricidade. Indústrias químicas mais modernas começaram a ser construídas na década de 1920, aumentando a necessidade de energia, uma demanda já reivindicada por cada vez mais indústrias alimentícias e têxteis. Por outro lado, após a abolição da escravidão, o trabalho livre recebeu um impulso, através do grande fluxo de imigrantes para o Brasil, principalmente italianos, japoneses, portugueses, espanhóis e alemães, que chegaram inicialmente para trabalhar em plantações no Sul do Brasil, especialmente no Estado de São Paulo. Os imigrantes se mudaram depois para as cidades, onde se tornaram o núcleo de uma classe média emergente e mais numerosa, bem como empreendedores em pequena ou mesmo grande escala de negócio.[253] Em São Paulo, uma onda de industrialização mais contínua começou no final do Império, e aumentou especialmente após a substituição de importações propiciada pela Primeira Guerra Mundial.

A República proclamada pelo Exército em 1889 teve fortes influências positivistas, por meio do sistema filosófico do francês Auguste Comte), visíveis até hoje no lema inscrito na bandeira brasileira ("Ordem e Progresso"). No entanto, apesar desse componente da ideologia do progresso, a renovação dos debates em favor da modernização não cumpriu a promessa de industrialização mais profunda, com a notável exceção do Estado de São Paulo.

A "República Velha" permaneceu muito ligada aos princípios liberais econômicos de livre comércio, que duraram até 1930, quando outro golpe militar iniciou um novo período. A " República Nova " do presidente Getúlio Vargas começou como uma ditadura nacionalista, mas de certa forma significou uma

---

[252] Ernesto Carrara Jr. e Helio Meirelles, *A indústria química e o desenvolvimento do Brasil. Tomo II: 1844-1889. De Pedro II à República* (Rio de Janeiro: Metalivros, 1999).

[253] Nícia Luz, *A luta pela industrialização do Brasil* (São Paulo: Alfa-Omega, 1975); Luiz Carlos Bresser-Pereira, *Desenvolvimento e crise no Brasil. História, economia e política de Getúlio Vargas a Lula* (5ª ed., São Paulo: Ed. 34, 2003 [1968]), págs. 77-98.

era afinal mais progressista do que a anterior, e que durou 15 anos. Favoreceu um papel mais forte do Estado, com várias implicações nas questões energéticas, especialmente eletricidade e petróleo, como será aqui apresentado, mais à frente. Com a queda do regime de Vargas, o Brasil retomou o governo democrático, que continuaria assim até que nova ditadura dos militares assumisse em 1964.

Como consequência de o país começar a emergir do que poderia ser considerado basicamente um estado econômico letárgico, a energia tornou-se uma preocupação explícita para o governo, e já em 1920 o Ministério da Agricultura, Indústria e Comércio criou uma Comissão para estudar a energia hidráulica.[254] Depois de uma discussão estéril que se iniciou em 1905 sobre quem possuía a propriedade das águas no interior do país, o presidente Vargas decretou o Código de Águas em 1933, e instituiu a Comissão Nacional de Água e Energia Elétrica em 1939. Vargas também foi responsável por lançar mais tarde, em seu segundo governo, uma companhia estatal de petróleo e gás, a Petrobrás, após uma longa luta contra a privatização e os interesses antinacionalistas.[255] O Ministério de Minas e Energia é, no entanto, relativamente uma iniciativa recente (1960), assim como a Eletrobrás (1961), empresa controladora estatal responsável pela geração de energia elétrica, e ainda mais recente é o Conselho Nacional de Política Energética (1997), responsável pelo planejamento de recursos de petróleo e gás natural, eletricidade e biocombustíveis.

Antes de prosseguir para mostrar alguns desenvolvimentos decisivos na história das principais fontes energéticas do Brasil, apresenta-se a Tabela 1, em que se esboça sua distribuição relativa em um período de 70 anos, a partir do final do primeiro governo Vargas.

---

254 Uma notável e precoce exceção à falta de discussão integrada das fontes de energia no Brasil é a conferência dada em 1928 por Calógeras, engenheiro de minas e ex-Ministro, ao corpo discente da Escola Politécnica de São Paulo. Cf. Pandiá Calógeras, "Fontes de energia", *Revista Polytécnica*, nº 85-86, 1928, 103-132.

255 Getúlio Vargas voltou ao poder após vencer a eleição presidencial democrática em 1950, até se suicidar em 1954, depois de uma campanha insidiosa da imprensa de direita contra ele.

Tabela 1 - Fornecimento de Energia no Brasil (%)

Fontes	1945	1955	1965	1975	1985	1995	2005	2015
Petróleo e gás natural	5,5	20,9	28,7	48,5	39,8	46,8	48,2	51,0
Carvão mineral	5,0	4,3	3,2	3,5	7,6	7,3	6,0	5.9
Hidreletricidade	1,6	2,3	3,8	6,8	11,8	15,3	14,9	11,3
Madeira e carvão vegetal	85,7	69,3	59,0	36,3	25,1	14,3	13,1	8,2
Cana-de-açúcar	2,2	3,2	5,2	4,6	13,6	14,0	13,8	16,9
Urânio e outros	0,0	0,0	0,0	0,4	1,9	2,4	4,1	6,6

Fonte: Rio de Janeiro, *Balanço Energético Nacional* (EPE/ Ministério de Minas e Energia, 2016; e dados compilados pelo autor)

Petróleo e gás

A busca pela independência técnica e pela capacidade de extrair e refinar o petróleo se entrelaça com os principais eventos políticos e sociais brasileiros na primeira parte do século XX. Em 1915, o Serviço Geológico e Mineralógico da República, dirigido pelo engenheiro Pandiá Calógeras, concentrou sua pesquisa de combustíveis fósseis na busca de depósitos de carvão. Aquele Serviço tinha apenas 25 sondas de petróleo, e nada resultou nessa direção, dado que o objetivo principal era encontrar mais e melhor carvão para fomentar a produção nacional de aço.

Os preços do café caíram acentuadamente na década de 1920, e a crise econômica se aprofundou após a queda da Bolsa de Wall Street em 1929. A chamada "Revolta dos Tenentes" sinalizou o fim da República Velha em 1930, acusada de praticar uma atitude política oligárquica que favorecia os grandes proprietários rurais. O poder foi entregue a Getúlio Vargas, que realizou uma série de reformas alinhadas à modernização e ao desenvolvimento econômico, reforçando a burguesia e respondendo ao apelo para acelerar a industrialização do país.[256] Foi nesse contexto que a busca por petróleo foi declarada uma questão de dignidade nacional", e em 1934 Vargas sancionou o Código de Minas, que definiu as riquezas do subsolo como propriedade nacional, em vez de serem posse privada.

---

256 Pedro Fonseca, *Vargas; o capitalismo em construção, 1906-1954* (São Paulo: Brasiliense, 1989).

Em 1936, Monteiro Lobato, escritor muito popular e empresário, criticou o governo em um livro, *O escândalo do petróleo*, acusando o Departamento Nacional de Produção Mineral de ser aliado dos fundos internacionais de petróleo. O governo federal havia contratado geólogos americanos como consultores, que recomendaram abandonar a prospecção, alegando que suas pesquisas indicavam a inexistência de petróleo em solo brasileiro. Essa conclusão ganhou apoio de alguns ministros, também conhecidos como inclinados a apoiar investidores estrangeiros.[257] Por outro lado, antes disso, as companhias petrolíferas estrangeiras já haviam comprado grandes extensões de terras consideradas promissoras, do ponto de vista da futura prospecção de petróleo. A imagem do governo ficou abalada quando uma campanha liderada exatamente por Monteiro Lobato para aumentar o número de perfurações encontrou petróleo no estado da Bahia em 1938.

A situação de guerra iminente facilitou uma onda de industrialização, juntamente com um impulso para melhorar a infraestrutura econômica, fatores que resultaram na duplicação das estradas existentes, incentivando assim o uso do petróleo. Um novo Conselho Nacional do Petróleo (CNP) foi formado em 1938, liderado pelo general nacionalista Horta Barbosa, e o CNP exigiu a criação de uma "empresa nacional" para refinarias de petróleo. Uma batalha ideológica se seguiu entre os defensores da produção nacional de petróleo e os grupos contrários, que tinham o apoio aberto da norte-americana "Standard Oil". Após o fim da 2ª Guerra Mundial, Vargas foi deposto e, posteriormente, tanto os militares quanto a sociedade civil se dividiram em torno da questão do petróleo nacional. O grupo favorável ao monopólio estatal do petróleo foi liderado novamente pelo general Horta Barbosa, enquanto a corrente política mais conservadora se uniu em torno do general Juarez Távora, que propôs uma aliança entre o capital americano e o brasileiro. Em 1948, as forças nacionalistas foram capazes de lançar o movimento conhecido como "Campanha do Petróleo".

A disputa envolvendo petróleo aumentou à medida que o país já havia experimentado uma intensificação de industrialização durante a 2ª Guerra Mundial. A demanda por petróleo refinado após a guerra foi o triplo dos anos pré-guerra, e o governo federal planejou comprar navios-tanques e construir

---

[257] Gabriel Cohn, *Petróleo e nacionalismo* (São Paulo: Difel, 1968).

várias refinarias de petróleo. Getúlio Vargas retornou ao cenário político como presidente do Brasil em 1951, vencendo uma eleição democrática com apoio dos esquerdistas, o que refletia sua popularidade pessoal, em que pese ter sido um ex-ditador. Uma das expectativas populares era exatamente aquela relacionada à questão do petróleo, e a tentativa pessoal de Vargas foi de encontrar um termo intermediário entre o monopólio estatal do petróleo, defendido por esquerdistas e nacionalistas, e a presença estrangeira, favorecida pelas forças do liberalismo econômico. Após uma longa e acalorada discussão no Congresso, uma lei foi aprovada em 1953, criando uma nova estatal, a Petrobrás. Essa empresa se assemelhava mais ao monopólio defendido pelos nacionalistas, que foram acusados pela ala reacionária do Congresso +de serem "comunistas". Uma forte oposição de grupos de direita contra Vargas culminou com seu suicídio em 1954, mas sua morte realmente acabou reforçando a posição nacionalista.

Novas refinarias foram construídas, que foram fundamentais para o desenvolvimento econômico induzido pelo governo do presidente Juscelino Kubitschek na década de 1950. Entretanto, a descoberta de campos de petróleo não foi imediatamente tão bem-sucedida, trazendo novamente a suspeita de existirem apenas pequenas reservas de petróleo nos depósitos do subsolo no país. Mesmo assim, para essa fase inicial pode-se creditar a criação de cursos de geologia em diversas universidades públicas, capacidade que faltava ao país até então. Em 1963, a Petrobrás decidiu criar seu Centro de Pesquisa e Desenvolvimento (CENPES), unidade que se mostraria essencial nos anos posteriores, e especialmente no século XXI para a exploração de reservas muito profundas.[258]

O golpe de Estado em 1964, que teve uma participação secreta do governo norte-americano, derrubou o governo do presidente eleito Jango Goulart, acusado de inclinação esquerdista. O regime militar duraria 21 anos, e uma característica distinta desse período foi o fortalecimento da indústria petroquímica no Brasil, com a adoção do chamado "modelo do tripé", em que o governo incentivava a tripla associação da Petrobrás com companhias privadas

---

258 Victor Mourão, "CENPES-Petrobrás: capacitação tecnológica e redes de conhecimento em uma empresa da periferia econômica mundial", em *I Seminário de Pós-Graduandos em Ciências Sociais do Estado do Rio d Janeiro* (2011). Fábio Erber, Leda Amaral, "Os centros de pesquisa das empresas estatais: um estudo de três casos", em Simon Schwartzmann (org.), *Política industrial, mercado de trabalho e instituições de apoio* (Rio de Janeiro: Fundação Getúlio Vargas, 1995).

brasileiras e empresas estrangeiras.[259] Em 1975, em decorrência da crise mundial do petróleo, o presidente General Ernesto Geisel fez um movimento inesperado em termos de política energética, alterando a lei para quebrar em parte o monopólio estatal da Petrobrás. A prospecção e exploração de petróleo e gás em determinadas áreas terrestres e bacias marítimas foram permitidas sob contratos de risco, uma demanda antiga de multinacionais petrolíferas, como a Shell.[260] Em um primeiro momento, porém, os contratos resultantes não foram muito frutíferos, exceto pela descoberta de grandes jazidas de gás natural, na região amazônica e no Centro-Oeste, bem como na plataforma marítima continental. Essas descobertas representaram uma contribuição considerável dada pela recém-desenvolvida capacitação da engenharia brasileira em exploração sísmica e geofísica.

As grandes reservas de petróleo e gás encontradas entre 2000 e 2002 nas bacias de Campos e Santos, no Sudeste do Brasil, viabilizaram falar pela primeira vez no país de autossuficiência em termos de petróleo e gás. Uma nova condição de exportador de petróleo alterou o perfil tradicional de importação do Brasil, mas o preço pago pelos consumidores nacionais continuou a ser alto, em relação à baixa renda média do brasileiro. Para entender isso melhor, é preciso lembrar que no Brasil o transporte de mercadorias é uma função desempenhada principalmente por caminhões, dada a inexistência, pequenez ou precariedade de ferrovias ou hidrovias. O mesmo se aplica ao transporte público, responsável pelos ônibus, em geral nas mãos de concessões privadas. Como caminhões e ônibus usam motores a diesel, o governo tradicionalmente subsidiou o preço do óleo diesel com impostos cobrados sobre a gasolina. Mesmo assim, o custo do transporte à base de petróleo tem um forte impacto no orçamento dos trabalhadores, e há uma consequente pressão sobre os preços dos alimentos também, de modo que a carga do custo de transporte movido a petróleo tem sido basicamente suportada pelas classes média e baixa.

O alvorecer do século XXI testemunhou a internacionalização da Petrobrás, que se tornou muito ativa na perfuração e exploração de poços de

---

[259] Peter Evans, *A tríplice aliança. As multinacionais, as estatais e o capital nacional no desenvolvimento dependente brasileiro* (Rio de Janeiro: Zahar, 1980).

[260] Getúlio Carvalho, *Petrobrás: do monopólio aos contratos de risco* (Rio de Janeiro: Forense Universitária, 1977): Fausto Cupertino, *Os contratos de risco e a Petrobrás* (Rio de Janeiro: Civilização Brasileira, 1976).

petróleo na América Latina e em outros continentes. Um marco técnico foi alcançado em 2005, quando pela primeira vez a Petrobrás empregou novas técnicas de perfuração em alto mar, desenvolvidas por seu Centro de Pesquisa, e encontrou imensas reservas de petróleo e gás na camada denominada de "pré-sal", localizada no subsolo a uma profundidade no solo de 4.000 a 6.000 metros, além adicionalmente de 1.000 a 2.000 metros de água do mar.

O sucesso técnico e econômico da Petrobrás transformou a empresa estatal em um gigantesco ativo político, o que contribuiu significativamente para seus problemas posteriores. Como ficou mundialmente conhecido, a Petrobrás fez uma série de decisões políticas e econômicas duvidosas, que trouxeram enormes prejuízos após o fim do regime militar e a redemocratização do país em 1985, e mais notavelmente durante a era neoliberal do presidente Fernando Henrique Cardoso (1995-2003), inalterada desse ponto de vista pelos governos seguintes, do Partido dos Trabalhadores (2003-2016), com seus presidentes Lula da Silva e Dilma Rousseff.

A partir de 1997, a recém-criada ANP (Agência Nacional do Petróleo) começou a leiloar áreas de petróleo, dando concessões por 30 anos e o direito à exportação de petróleo. As empresas estrangeiras foram vencedoras em 40% das licitações.[261] Contrariando as expectativas, em vez de utilizar as abundantes reservas de gás e os gasodutos já construídos para distribuição no Sudeste, o Brasil investiu pesadamente na Bolívia e assinou um contrato em 1996 para usar gás natural daquele país. No entanto, em 2006, a Bolívia expropriou e nacionalizou empresas estrangeiras, incluindo a Petrobrás, que sofreu pesadas perdas econômicas. Além disso, o preço nacional do petróleo caiu de US$ 130 o barril para US$ 30, o que tornou pouco econômica para o Brasil a extração do petróleo e gás a partir do pré-sal. Só recentemente a lenta elevação dos preços possibilitou a retomada da exploração, de modo que atualmente a produção diária de petróleo e gás pela Petrobrás é ligeiramente inferior a 3 milhões de barris equivalentes de petróleo e mais de 110 milhões de metros cúbicos de gás natural, com contribuição mais significativa da camada do pré-sal.[262]

A Tabela 2 mostra os avanços na produção brasileira de petróleo e gás natural em cerca de 50 anos após a consolidação da Petrobrás. A extração

---

[261] Sergio Ferolla e Paulo Metri. *Nem todo o petróleo é nosso* (Rio de Janeiro: Paz e Terra, 2006).
[262] Petrobrás, "Boletim da produção de petróleo e gás natural", Nº 77, 2017.

nacional permitiu que o país chegasse a ser potencialmente independente dos combustíveis importados, ao passo que a ca+pacitação tecnológica da Petrobrás levou a empresa a ser um importante parceiro global, perfurando petróleo no Mar do Norte e em outros locais.

Tabela 2 – Produção nacional de petróleo e gás (10^3 TEP – Tonelada Equivalente de Petróleo)

PRODUÇÃO	1970	1980	1990	2000	2010	2016
Petróleo	8.161	9.256	32.550	63.849	106.559	130.373
Gás	1.255	2.189	6.233	13.189	22.771	37.610

Fonte: *Balanço Energético Nacional* (Rio de Janeiro: EPE/Ministério de Minas e Energia, 2017)

O efeito mais devastador para a empresa, no entanto, veio de um mal comum, a acusação de prática generalizada de corrupção. Como evidências recentes demonstraram, houve corrupção profundamente enraizada envolvendo empresas da construção civil, políticos e diretores da Petrobrás, e o valor da empresa na bolsa caiu substancialmente, contratos foram cancelados, e perdas muito pesadas seguiram-se, à medida que o desemprego aumentou. Em um clima já despedaçado por uma grave recessão econômica no Brasil, políticos foram enquadrados, executivos foram presos, e os danos à imagem pública da Petrobrás contribuíram para a crescente oposição contra o governo da presidente Dilma Rousseff, contribuindo eventualmente para sua destituição pelo Congresso, e a uma crise política sem precedentes no país, com consequências de longo alcance.

Carvão

Os depósitos de carvão no Sul do Brasil foram descobertos já em 1795, mas a exploração só começou em 1855, quando a primeira mina foi inaugurada no Estado do Rio Grande do Sul.[263] Um grupo de mineradores do País de Gales organizou uma empresa liderada por James Johnson, responsável pela criação das "Imperial Brazilian Colleries ", que no entanto entraram em falência em 1880. Uma nova empresa foi fundada em 1882, a Companhia Minas de Carvão do Arroio dos Ratos, que funcionou até 1908. No estado vizinho de

---

[263] Benedito Veit. *Assim nasce uma riqueza: a trajetória do carvão na Região Carbonífera* (Porto Alegre: Alcance, 2004).

Santa Catarina, minas de carvão de baixa qualidade começaram a operar também na segunda metade do século XIX em concessão a uma empresa britânica, que mais tarde a cedeu a industriais brasileiros.

Figura 1. Trabalhadores de mina de carvão (incluindo mulheres e crianças) em Criciúma (1938). Fonte: Instituto Histórico e Geográfico de Santa Catarina

O uso de carvão aumentou consideravelmente, devido à abertura de várias ferrovias no Brasil durante o Império e o início da República. A Primeira Guerra Mundial reduziu as importações, e o carvão nacional substituiu o produto inglês, embora em menor qualidade. Após essa guerra, o carvão brasileiro passou a abastecer usinas termelétricas e a fornecer gás para iluminação de rua.

Durante a República Velha (1889-1930), o carvão de melhor qualidade era importado e foi usado em usinas siderúrgicas, geração elétrica e locomotivas a vapor, ao passo que as máquinas a vapor das fábricas usavam carvão nacional, ou queimavam diretamente madeira para esse fim. O governo federal criou em 1905 a Comissão do Carvão para avaliar a quantidade de reservas nacionais, e que confirmou que havia relativamente pouco carvão no país e de qualidade energética inferior. Com o início da Primeira Guerra Mundial, a dificuldade de importar carvão incentivou a abertura de novas minas, especialmente para uso na rede ferroviária em expansão, mas após a guerra o carvão importado predominou novamente. O presidente Vargas em seu primeiro período de governo emitiu um decreto exigindo o uso de 10% do carvão nacional para a fabricação de aço.

A criação em 1941 da CSN (Companhia Siderúrgica Nacional), uma grande instalação em Volta Redonda, no Estado do Rio de Janeiro, concluída em 1946, levou o governo a publicar uma lei, exigindo então o uso de 20% de carvão nacional para a produção de ferro-gusa. A "Carbonífera Próspera", empresa privada fundada em 1915 em Santa Catarina, tornou-se em 1943 uma estatal, controlada pela CSN e muito ativa na exploração do carvão para fins metalúrgicos até a década de 1980.[264] Com o choque do petróleo, em 1973, houve um interesse renovado em usar o carvão nacional. Após o fim do regime militar em 1985, a "Nova República" seguiu um programa econômico neoliberal, e essa mudança de curso também foi sentida pela "Próspera", quando o presidente Collor de Mello fechou suas minas de carvão e privatizou a empresa em 1991. Houve um grande número de desempregados e uma crise econômica regional, até que as minas foram posteriormente reabertas.

Cerca de metade do carvão utilizado no país ainda é importado hoje em dia, já que a produção brasileira não é suficiente para atender a demanda, e em geral o carvão nacional precisa de tratamento constante, dado seu baixo teor energético, devido à alta proporção de cinzas (50%) e enxofre (2,5%). As estimativas mais recentes de reservas de carvão estão concentradas nos estados do Rio Grande do Sul (29 bilhões de toneladas) e Santa Catarina (3 bilhões de toneladas).

As usinas termelétricas que utilizavam carvão como combustível eram geralmente pequenas, e seu custo operacional era desvantajoso em relação à hidroeletricidade. Somente em 1960, Candiota I, uma unidade de maior porte de geração elétrica a carvão (20 MW), foi implantada no Rio Grande do Sul, e em 1974, durante o regime militar, seguiu-se-lhe a usina de Candiota II (126 MW, atualmente 446 MW). Com base em decisões recentes e controversas para a implantação de usinas termelétricas em vez de hidroelétricas, o uso de carvão aumentou nas últimas décadas, como mostra a Tabela 3.

---

[264] Maurício Santos e Gisele Maciel, "A Carbonífera Próspera S/A: da estatização à privatização". ABPHE, *V Congresso Brasileiro de História Econômica*, 2003.

Tabela 3 – Produção nacional de carvão (10³ TEP)

1970	1980	1990	2000	2010	2016
1.115	2.484	1.915	2.613	2.104	2.897

Fonte: *Balanço Energético Nacional* (Rio de Janeiro: EPE/ Ministério de Minas e Energia, 2017)

O carvão vegetal continua a ser amplamente utilizado no Brasil. A produção média anual de ferro-gusa nos últimos anos foi de cerca de 32,5 milhões de toneladas, das quais cerca de um terço é produzida com carvão vegetal. Áreas de reflorestamento foram plantadas com eucalipto e pinheiros para fornecer a maior parte da madeira queimada para este fim. No entanto, no passado, apenas a madeira nativa era empregada para que seu carvão fosse usado em fogões domésticos e diversas indústrias, o que levou à devastação quase completa das florestas tropicais originais.[265] Mesmo hoje em dia, cerca de 40% do carvão vegetal provém de matas nativas e pequenos fornos ilegais espalhados em vastas áreas rurais e florestais do Brasil, apesar da vigilância e repressão da prática.

Álcool e biocombustíveis

O estudo sistemático da cana-de-açúcar para a produção de etanol como substituto da gasolina combustível data de 1923, quando foi pesquisado na Estação Experimental de Combustíveis e Minerais do Rio de Janeiro pelos engenheiros Fonseca Costa e Heraldo de Souza Mattos. Os estudos incluíram o efeito de corrosão do álcool em motores a explosão e sua eficiência como combustível. Souza Mattos conseguiu demonstrar a viabilidade do álcool puro (anidro), quando participou da primeira corrida oficial de carros no Brasil usando esse combustível em 1923. Durante sua pesquisa verificou-se que a adição de álcool à gasolina era melhor do que o previsto, porém a miscibilidade era inadequada, por causa do uso de álcool GL 96º.

Novas pesquisas foram conduzidas na década de 1930 pelo engenheiro Eduardo Sabino de Oliveira, do Instituto Nacional de Tecnologia (INT), sucessor da Estação Experimental de Combustíveis e Minerais. O governo

---

[265] Warren Dean, *A ferro e fogo. A história e a devastação da Mata Atlântica Brasileira* (São Paulo: Companhia das Letras, 1996). Vide também José Augusto Pádua, *Um sopro de destruição. Pensamento político e crítica ambiental no Brasil escravista (1786-1888)* (Rio de Janeiro: Jorge Zahar, 2002).

do presidente Vargas criou em 1933 o Instituto do Açúcar e do Álcool (IAA) e decretou que os importadores de gasolina deveriam a ela adicionar 5% de etanol nacional. Essa medida aumentou a produção de álcool de 5 mil litros/dia para 225 mil litros/dia em quatro anos. A regulação dos carburadores de automóveis era difícil de alcançar, e a pesquisa concluiu que 10% de álcool para fazer a chamada "gasolina rosa" poderia dispensar aquela regulagem, e também tornar o motor livre de corrosão. Para ligar o motor ainda frio, Oliveira recomendou um tanque extra e menor de gasolina.[266]

Mais tarde, o governo Vargas exigiu uma maior adição, de 20% de álcool, uma medida que durou até o início da 2ª Guerra Mundial. Durante esse tempo, o etanol feito de mandioca também era usado como combustível nos carros. Um artigo publicado em 1946, e patrocinado pelo Laboratório Tecnológico da Bolsa de Valores de São Paulo, explicou como o bagaço de mandioca poderia ser fermentado economicamente pela hidrólise com ácido sulfúrico. Foi estabelecida a mistura ideal de água para o bagaço, bem como a temperatura, pressão e aditivos necessários para o processo.[267]

Durante a década de 1960, o Conselho Nacional do Petróleo autorizou a adição de 10% de etanol à gasolina para compensar o excesso de produção e os preços mais baixos do açúcar no mercado externo. A Petrobrás estava reticente quanto à medida, com medo de perder sua margem de lucro com a gasolina. No entanto, o Ministério da Indústria e Comércio insistiu em criar um motor nacional rodando apenas com etanol hidratado, para se tornar uma base para uma indústria automobilística com tecnologia e capital nacionais genuínos, e olhou novamente para a produção de álcool de mandioca como uma possível fonte de combustível. Após os choques de petróleo da década de 1970, o motor a álcool foi finalmente desenvolvido pelo Centro Tecnológico da Aeronáutica (CTA) em São José dos Campos (São Paulo), e uma caravana

---

[266] Eduardo Oliveira, Álcool motor e motores a explosão (Rio de Janeiro: Instituto Nacional de Tecnologia, 1937). Vide também Gildo Magalhães, "Energia e Tecnologia", em Milton Vargas (org.), *História da técnica e da tecnologia no Brasil* (São Paulo: UNESP, 1994), págs. 361-363.

[267] Juvenal Godoy, Paulo Godoy, *Emprego do bagaço das feculárias de mandioca no fabrico do álcool* (São Paulo: Secretaria da Agricultura, Indústria e Comércio, 1946). Veja também João Luiz Meiller *O álcool anidro puro como sucedâneo da gasolina* (São Paulo: Secretaria da Agricultura, Indústria e Comércio, 1946).

de carros equipados com esse tipo de motor percorreu o país em 1975 para mostrar sua viabilidade.[268]

O presidente Geisel criou então o Programa Nacional do Álcool (Proálcool). Deve-se lembrar que a cana-de-açúcar no Brasil é, em geral, uma grande plantação de monocultura, um latifúndio de ricos proprietários de terras, ao passo que a mandioca é plantada principalmente por pequenos agricultores, e associada a vários outros produtos alimentícios, como feijão e milho. Sabia-se que o teor energético da mandioca era inferior ao da cana-de-açúcar, mas escolha da cana foi uma decisão política, que afetou a luta social por uma reforma agrária, que nunca ocorreu no Brasil, permanecendo a terra ainda nas mãos de uma minoria extrema. Como os plantadores de cana-de-açúcar e os destiladores de álcool tiveram muito mais poder econômico e político, não foi surpresa que eles fossem mais eficazes em seu "lobby" contra a mandioca.

A inovação não foi utilizada, no entanto, para a desejada criação de uma indústria automobilística nacional, algo que o país nunca realmente conseguiu de forma permanente, pois em uma decisão política criticável a tecnologia do motor a álcool foi transferida para as indústrias multinacionais que operam no Brasil, que nem pagaram "royalties" por esse desenvolvimento. Essas indústrias, a princípio, subestimaram as dificuldades ainda presentes no motor a álcool, tais como ignição a frio, corrosão, alto consumo e a necessária regulação dos carburadores. Como resultado, o carro a álcool foi um fracasso quando as vendas começaram em 1980. Os problemas técnicos levaram cerca de três anos para serem resolvidos. Outras medidas tomadas pelo governo incluíram a adição de 10-20 % de álcool anidro à gasolina, e como consequência a poluição atmosférica urbana diminuiu significativamente. Os bons resultados tornaram-se um foco de interesse para outras nações que não produzem petróleo, bem como para países preocupados com a forte poluição atmosférica.[269]

O Instituto de Pesquisas Tecnológicas (IPT) e a Escola de Agricultura da Universidade de São Paulo, em Piracicaba, realizaram uma extensa pesquisa sobre o uso do resíduo da fermentação da cana-de-açúcar, a vinhaça. No

---

268 Nilda Oliveira, "Da utopia à realidade: o Plano Smith-Montenegro, o ITA e a construção aeronáutica brasileira", em Gildo Magalhães (org.), *O progresso e seus desafios. Uma perspectiva histórica de ciências e técnicas no Brasil* (São Paulo: Alameda, 2017), p. 150
269 Eliana Fernandes, Suani Coelho (orgs.), *Perspectivas do álcool combustível no Brasil* (São Paulo: USP-Instituto de Energia e Eletrotécnica, 1996).

entanto, o Programa do Álcool foi desacelerado em 1985 porque os preços do petróleo caíram e, ao mesmo tempo, o preço de açúcar exportado havia subido, de modo que os usineiros de cana-de-açúcar estavam agora mais interessados em produzir e vender açúcar do que álcool. Com uma grande frota de automóveis movidos a álcool, o governo de repente teve que importar da Europa etanol feito de uvas, e dos EUA metanol produzido a partir de madeira, uma decisão que foi altamente criticada. O Programa do Álcool, que subsidiava automóveis, terminou em 2000, à medida que mais e mais proprietários de carros desistiram de usar o combustível. No entanto, com a nova geração de motores "*flex-fuel*", funcionando com gasolina ou álcool, ou qualquer mistura de ambos, e a preocupação com a poluição do ar, que fez aumentar a adição de álcool à gasolina para 22%, veio um reavivamento do etanol nas usinas de cana-de-açúcar e destilarias. Atualmente, a produção anual de álcool é de 30 bilhões de litros, a maior parte processada no Estado de São Paulo, e o Programa do Álcool tem sido redirecionado para o biodiesel, produto obtido por meio de uma reação de álcool e óleo vegetal. Uma outra aplicação ainda dos subprodutos da fermentação da cana-de-açúcar tem sido a cogeração térmica de eletricidade pela queima do bagaço da cana.

A safra de cana-de-açúcar ainda utiliza trabalhadores sazonais não qualificados, embora tenha se tornado cada vez mais mecanizada, e a pesquisa agropecuária brasileira possibilitou haver duas colheitas anuais. O sistema de plantio exige uma vasta extensão fundiária, que infelizmente deslocou ou substituiu produtos alimentícios tradicionais como milho, arroz, algodão e pastagens para bovinos, e a paisagem da monocultura composta por um monótono "mar verde de cana-de-açúcar" (especialmente no Estado de São Paulo), também está relacionada a uma má diversidade vegetal e animal no país. As plantações de cana têm contribuído para manter os conflitos com camponeses pobres ("sem terra") e aumentar a concentração de riqueza no Brasil, embora tenham trazido maior circulação de mercadorias. Essa concentração de riqueza adicionou a propriedade das fazendas de cana-de-açúcar às destilarias de álcool, à medida que se tornavam cada vez mais propriedade do mesmo pequeno número de grupos, de modo que mini-destilarias também acabaram nas mãos desses poderosos grupos.[270]

---

270 Bruce Johnson, "Impactos comunitários do Proálcool" (São Paulo: USP/FEA/IA, 1983). Fernando Melo, Eli Pelin, *As soluções energéticas e a economia brasileira* (São Paulo: Hucitec,

A biomassa ainda é fonte de energia no Brasil, para além da cana-de-açúcar. Apesar de ser pouco eficiente, e energeticamente pobre, a madeira continua em uso, queimada em fogões de camponeses pobres, ou empregada para fazer carvão como combustível para a metalurgia de ferro-gusa. A madeira também pode ser gaseificada, fornecendo metanol, e o metano gerado por resíduos vegetais ou animais tem sido usado como combustível para ônibus urbanos em algumas cidades.

Nuclear

A Comissão de Energia Atômica, criada em 1946 pelas Nações Unidas, teve uma participação ativa do representante brasileiro, almirante Álvaro Alberto, que se opôs ao Plano Baruch das potências dominantes, e que representava de fato o controle por parte delas das reservas mundiais de urânio e tório. O temor brasileiro de que as superpotências tinham a intenção de a manipular os combustíveis nucleares era justificado, como demonstrado em 1952, quando os EUA importaram do Brasil em uma única transação comercial toda a sua cota de urânio de dois anos, sem a contrapartida da transferência tecnológica nuclear para geração elétrica, como pretendido por Álvaro Alberto. Também naquela época, as manchetes dos jornais nacionais denunciaram o escândalo do comércio de areia monazítica brasileira, contendo tório, trocada por trigo podre vindo dos EUA. Diante dessas dificuldades, durante o segundo governo Vargas (1951-1954), Álvaro Alberto tentou fazer acordos na Europa envolvendo cooperação tecnológica nuclear. Ele quase conseguiu embarcar secretamente ultracentrífugas na Alemanha para concentração de urânio, mas a manobra foi denunciada aos EUA, que usaram sua autoridade como força de ocupação no país derrotado para embargar o carregamento em 1954.[271]

A pesquisa nuclear continuou, no entanto, no Instituto de Pesquisas Tecnológicas (IPT) e no Instituto de Energia Atômica (IEA), ambos na época ligados à Universidade de São Paulo, bem como no "Argonauta", um protótipo

---

1984). Fernando Safatle, *A economia política do etanol. A democratização da agroenergia e o impacto na mudança do modelo econômico* (São Paulo: Alameda, 2011).

271 Shozo Motoyama, João Vítor Garcia (orgs.), *O almirante e o novo Prometeu. Álvaro Alberto e a C&T* (São Paulo: UNESP, 1996); Guilherme Camargo, *O fogo dos deuses. Uma história da energia nuclear* (Rio de Janeiro: Contraponto, 2006), 143-224.

de reator da Universidade Federal do Rio de Janeiro, e também no Grupo do Tório, no Instituto de Pesquisa Radioativa de Belo Horizonte (MG).) Em 1959, o Brasil inaugurou com sucesso sua primeira unidade-piloto para purificação de urânio.

Durante o regime militar implantado em 1964, a Comissão Nacional de Energia Nuclear, juntamente com uma nova empresa estatal, a Nuclebrás, assinou um contrato com a Westinghouse Electric dos EUA. Essa foi a origem da primeira usina nuclear brasileira, Angra 1 (640 MW), no Estado do Rio de Janeiro. A transação foi geralmente considerada um mau exemplo em termos de tecnologia, uma vez que era essencialmente um arranjo do tipo "caixa preta", sem prever qualquer transferência tecnológica para os brasileiros. O segundo acordo nuclear, assinado em 1975 pelo presidente Geisel com a empresa alemã KWU (controlada pela Siemens), também não ajudou a dominar a tecnologia nuclear desejada. O Acordo Nuclear Brasil-Alemanha previu a construção de oito usinas nucleares, mas efetivamente apenas Angra 2 (1.350 MW) foi iniciada em 1976, mas inaugurada apenas em 2001, atraso devido à crescente oposição política interna contra a energia nuclear, e à pressão diplomática externa reforçada por ameaças econômicas de retaliação por parte dos EUA. A construção da seguinte usina Angra 3 (também de 1.350 MW) foi paralisada em 1986, e só recentemente se cogitou de sua continuação, estando ainda indefinida sua conclusão.

Somada à pressão americana contra a tecnologia nuclear independente brasileira, houve uma crescente oposição da sociedade civil após a redemocratização do país em 1985. Isso aconteceu também em muitas partes do mundo após o acidente de Chernobyl em 1986, mas no Brasil, além disso, foi feita uma associação duvidosa entre energia nuclear e a ditadura militar imposta em 1964. A Sociedade Brasileira de Física e a Sociedade Brasileira para o Avanço da Ciência manifestaram sua oposição ao processo de enriquecimento de urânio, que segundo elas levaria a armas nucleares indesejadas. O governo Carter já havia impedido o Brasil de obter tecnologia norte-americana para enriquecimento de urânio. Para operar Angra 1, sua única usina nuclear, o Brasil teve que enviar o "*yellow cake*" (concentrado em pó, resultante do processamento de minério de urânio) produzido localmente para o consórcio Urenco na Europa, para um enriquecimento de 3%. O desmantelamento do esforço nuclear foi considerado uma vitória do novo regime civil democrático após 1985, e foi concluído durante o mandato de Collor de Mello (1990-1992) como presidente, conhecido por suas medidas neoliberais e oposição à participação estatal na economia.

Em 1988, a estatal Nuclebrás foi fechada, e a gestão da geração de energia nuclear foi repassado para Furnas, uma das empresas controladas pela estatal de energia elétrica, a Eletrobrás. Os militares decepcionados, no entanto, mantiveram secretamente um programa paralelo de pesquisa nuclear. O Exército pretendia construir uma bomba, considerada estratégica em relação à tradicional competição do Brasil com a Argentina, mas a imprensa descobriu este complô, e as instalações foram fechadas em 1990. Entretanto, a Marinha continuou trabalhando na construção de um submarino de propulsão nuclear, juntamente com a Universidade de São Paulo e o Instituto de Pesquisa em Energia Nuclear (IPEN), sucessor do IEA, estrategicamente localizado no campus da Universidade de São Paulo.[272] Embora o governo tenha insistido em cortes severos no orçamento da Marinha, a eleição do presidente Lula também canalizou mais atenção para sanar a obsolescência que predominava nos equipamentos militares, e principalmente atender uma preocupação com a defesa militar da região amazônica. O Acordo de Cooperação Militar Brasil-França de 2008 é um indício de tal motivação política nacionalista, aliada ao desejo de relativa independência com relação à presença norte-americana em todo o continente. A Marinha teve sucesso tecnológico e chamou a atenção internacional quando anunciou o desenvolvimento de um processo inovador de enriquecimento de urânio em 2008, que tem sido continuamente aperfeiçoado desde então.

A energia de fusão também tem sido alvo de pesquisa nas Universidades de São Paulo e de Campinas, embora com severas restrições orçamentárias. Em termos de aplicação de energia nuclear, o país tem uma longa tradição de pesquisa médica para tratamento do câncer, realizada em São Paulo pelo IPEN, bem como na irradiação alimentar, desenvolvida pelo Centro de Energia Nuclear na Agricultura (CENA), criado em 1966 no campus da Universidade de São Paulo em Piracicaba e internacionalmente conhecido.

Neste ponto é interessante comparar as tendências recentes e a contribuição relativa de duas fontes primárias de energia no Brasil, uma oriunda da

---

[272] Fernanda Correa, *O projeto do submarino nuclear brasileiro. Uma história de ciência, tecnologia e soberania* (Rio de Janeiro: Capax Dei, 2010).

agricultura (cana-de-açúcar) e outra da mineração (urânio – U_3O_8), como na Tabela 4.

Tabela 4 - Oferta Interna Bruta de Cana e Urânio (10^3 TEP)

Fonte	1970	1980	1990	2000	2010	2016
Cana	3.601	9.301	18.451	19.895	48.852	50.658
Urânio	0	0	0	2.028	4.821	4.821

Fonte: Balanço Energético Nacional (Rio de Janeiro: MME/EPE, 2017)

Eletricidade

As primeiras iniciativas que levaram ao uso sistemático da eletricidade no Brasil foram contemporâneas com, ou surgiram imediatamente após, o uso pioneiro na Europa e nos EUA no final do século XIX. Nesse momento, os principais países viviam a chamada "Segunda Revolução Industrial", com aplicações derivadas de avanços em química e eletromagnetismo, com esta nova energia aplicada para criar dispositivos, máquinas e sistemas em diversos processos produtivos. A melhoria da geração eletromecânica e dos motores elétricos, aliada à luz elétrica mais eficiente, e a integração regional dos sistemas de transmissão e distribuição de energia, abriram horizontes para a difusão econômica da eletricidade.[273] As transformações sociais e culturais mundiais provocadas pela eletricidade, e mais tarde pela eletrônica, tinham apenas começado, e a rápida disseminação das aplicações elétricas foi liderada pelas nações industrializadas – principalmente Grã-Bretanha, EUA, Alemanha e França. As áreas menos desenvolvidas de todos os continentes foram um mercado considerável para o capital acumulado pelo rápido crescimento das recentes ondas de industrialização investir em eletricidade.

A demonstração pública da lâmpada incandescente de Thomas Edison ocorreu no Brasil em 1879, um espetáculo promovido pelo imperador Pedro II na principal estação ferroviária da então capital do país, o Rio de Janeiro. A primeira usina hidrelétrica (250 kW) foi construída em 1889 para abastecer uma fábrica têxtil em Juiz de Fora, no interior de Minas Gerais. A eletricidade

---

[273] Thomas Hughes, *Networks of power. Electrification in Western society, 1880-1930* (Baltimore: Johns Hopkins University Press, 1983). David Nye, *Consuming power. A social history of American energies* (Cambridge, Mass.: MIT Press, 1998).

entrou no cotidiano dos brasileiros no declínio do Império e se acelerou durante os primeiros anos da República (após 1889), de certa forma marcando a associação da eletricidade com a tão sonhada modernização simbolizada pela República. As pessoas estavam inicialmente curiosas sobre as novidades elétricas importadas da Europa e da América do Norte, como o telégrafo, o telefone e, claro, a energia elétrica doméstica. A chegada da eletrificação tocou o sino de alarme para reviver dentro do novo regime republicano uma velha polêmica: a luta em torno da industrialização tardia do país. A demanda pública pela nova energia foi um incentivo para investir na eletrificação os ganhos consideráveis decorrentes das exportações de café. Os capitalistas brasileiros relacionados a essa atividade sentiram que novas empresas de "energia e luz" que vendessem eletricidade como mercadoria significariam uma oportunidade de participar de um mercado que estava rapidamente se tornando uma parte indispensável do sistema de produção do mundo contemporâneo.

Do ponto de vista do capital estrangeiro, tinha havido sucessivas e significativas entradas de dinheiro no Brasil desde que, na esteira das guerras napoleônicas, a coroa portuguesa transferiu seu centro administrativo de Lisboa, na Europa, para o Rio de Janeiro, em 1808. Dado os fortes laços econômicos de Portugal com a Grã-Bretanha, os investimentos continuaram após a independência, e o capital britânico foi aplicado, direta ou indiretamente, ao comércio interno e externo, bem como à mineração, agricultura e a alguns tipos de manufaturas e serviços urbanos, incluindo transporte.

Como a tradição do setor capitalista nacional continuou a favorecer o investimento principalmente em produtos da terra e gado, não foi difícil para os investidores estrangeiros incorporar diversas empresas locais existentes que forneciam iluminação elétrica pública e distribuíam energia aos proprietários privados, durante as primeiras décadas do século XX. Na República Velha (1889-1930), a maior parte da economia seguiu o mesmo padrão da monarquia, ou seja, enorme afluência de capital estrangeiro pesado, primeiro inglês, mais tarde alemão, e cada vez mais norte-americano depois da primeira Guerra Mundial.[274] A direção política geral continuou favorecendo a importação de

---

274 Wilson Suzigan e Tamás Szmrecsányi, "Os investimentos estrangeiros no início da industrialização do Brasil" em Sérgio Silva e Tamás Szmewcsányi (orgs.), *História econômica da Primeira República* (São Paulo: Hucitec/Universidade de São Paulo, 2002), págs. 279-283; José Carlos Pereira, *Formação industrial do Brasil e outros estudos* (São Paulo: Hucitec, 1984); Flávio Versiani

bens manufaturados, algo que só seria revertido durante as políticas de estilo "New Deal" implantadas por Vargas.

A Província de São Paulo (Estado de São Paulo, depois da República, com sua capital também denominada São Paulo, fundada em 1554) no Sul do Brasil permaneceu uma região esquecida e atrasada economicamente até que seu solo fértil fosse reconhecido como excepcionalmente bom para a plantação de café, durante a segunda metade do século XIX. A crescente demanda mundial pela bebida negra gradualmente garantiu riqueza para São Paulo (Figura 2) que, contrariando a usual tendência nacional de transferir lucros para metas não-produtivas, foi reinvestida em indústrias locais, o que aumentou com uma taxa muito acentuada a urbanização do Estado.[275]

Figura 2. Florada do café – pintura de Antonio Ferrigno (1903), mostrando uma paisagem de São Paulo (mp.usp.br)

A eletrificação se espalhou de forma mais visível no Rio de Janeiro, e ao mesmo tempo no Estado de São Paulo, com sua rápida industrialização nas

---

e José Roberto Barros, *Formação econômica do Brasil. A experiência da industrialização* (São Paulo: Saraiva, 1977).

275 Sérgio Silva, *Expansão cafeeira e origens da indústria no Brasil* (São Paulo; Alfa-Ômega, 1995).

cidades maiores, como a capital São Paulo e seus arredores, incluindo Campinas e Sorocaba, ou a cidade portuária de Santos. A cidade de São Paulo se adaptou em breve à novidade, a princípio basicamente para acionar máquinas industriais e a tração de bondes.[276] A luz elétrica deu um ar de modernidade urbana, substituindo lâmpadas a querosene nas casas e lampiões de gás nas ruas, e logo a eletricidade se tornou um "objeto de desejo" para toda a população. Como em outros lugares do mundo, foram introduzidos novos horários de trabalho e lazer, e hábitos novos foram criados, como o rádio.

Com o crescimento constante das plantações de café no início do século XX, a fronteira urbana mudou-se para oeste das cidades próximas ao litoral de São Paulo. Até as décadas de 1920 e 1930, a área ocidental, compreendendo cerca de metade do território do estado, permaneceu em sua maioria desabitada, geograficamente mal cartografada e coberta em grande parte pelas florestas atlânticas, relativamente amenas (subtropicais). Pouco tocada pela civilização moderna, esta era uma terra com áreas então ainda habitadas por índios nativos hostis, enquanto em torno de aldeias dispersas onças e cobras não eram incomuns, nem apenas folclore.

Por outro lado, as expedições científicas, lideradas pela Comissão Geográfica e Geológica do Estado de São Paulo, tinham desbravado essas áreas entre os anos de 1890 e 1910, levantando seus recursos naturais, incluindo cursos fluviais e cachoeiras. Os peritos estimaram um vasto potencial hidrelétrico nos principais rios de São Paulo e mostraram que o estado possuía imensas reservas de "hulha branca". Na época, essa expressão foi amplamente utilizada para ressaltar que os três rios mais longos do estado, Grande, Tietê e Paranapanema (que vão contra o padrão usual do interior para o mar, e, em vez disso, fluem para oeste desde as altas cadeias montanhosas ao longo do litoral leste em direção às terras férteis mais baixas limitadas pela bacia do rio Paraná) poderiam de fato ser utilizados para a geração maciça de energia elétrica. Isso foi bastante conveniente, dado o preço alto do carvão de pedra importado e as pequenas reservas de carvão nacional. Devido a esses fatores de custo do carvão, antes de a geração hidrelétrica se impor, a eletricidade foi gerada pela queima de madeira mais barata após a devastação de florestas próximas.

---

276 Gildo Magalhães, "Da usina à população na velocidade da luz: fios elétricos e desenvolvimento", *Labor & Engenho*, vol. 9, nº 1, 2015, 6-18.

O esforço de urbanização subsequente seguiu de perto o avanço da fronteira das plantações de café, e junto com a "hulha branca" disponível, ajudou a estabelecer o papel de São Paulo como o principal centro industrial brasileiro. Foi também durante a República Velha que duas faculdades de engenharia foram fundadas na cidade de São Paulo: a Escola Politécnica (1894), financiada pelo Estado, pública, gratuita e, posteriormente (1934), incorporada à primeira universidade brasileira, a Universidade de São Paulo; e a Escola de Engenharia Mackenzie (1896), de propriedade privada (fundada por missionários presbiterianos americanos), mais tarde parte da Universidade Mackenzie. Ambas as escolas estabeleceram cursos de engenharia eletromecânica no início da década de 1910, e seus egressos passaram a fazer parte da industrialização do Estado de São Paulo.[277] Os engenheiros participaram da vida política do país, incluindo debates públicos no Instituto de Engenharia de São Paulo, e tomaram diversas iniciativas, tais como:

- Defesa de produtos nacionais versus importados.
- Sugestão do uso integrado de recursos energéticos (carvão, água, petróleo, álcool), enfatizando a energia hidrelétrica como a mais adequada para o país.
- Promoção da criação de escolas profissionais para técnicos de nível intermediário.
- Aplicação de fornos elétricos à produção de aço.
- Transporte ferroviário elétrico (de pessoas e mercadorias).

Uma importante parte da Escola Politécnica, e chave para o esforço de industrialização foi o Laboratório de Máquinas e Eletrotécnica (atual Instituto de Energia e Meio Ambiente, da Universidade de São Paulo), que em 1926 se tornou o primeiro laboratório nacional a realizar testes para padronizar e certificar equipamentos elétricos para as indústrias locais.[278]

---

277 Gildo Magalhães, *Força e luz. Eletricidade e modernização na República Velha* (São Paulo: UNESP, 2000).

278 Só muito mais tarde (em 1974) uma importante instituição nacional de pesquisa elétrica foi criada pela Eletrobrás no Estado do Rio de Janeiro, o Centro de Pesquisas em Energia Elétrica (CEPEL). Vide Renato Dias (coord.), *História do Centro de Pesquisas de Energia Elétrica – CEPEL* (Rio de Janeiro: Memória da Eletricidade, 1991).

Com a feliz conjugação dos fatores de excedentes de capital (gerados pelas exportações de café), expansão da força de trabalho provocada pela imigração e o apoio tecnológico fornecido pelos quadros de nível superior recém-formados, o Estado de São Paulo conseguiu chegar ao que seria um estágio da chamada "Revolução Industrial". Esta foi, no entanto, uma conquista tardia, em relação aos EUA e às principais economias europeias. No início, todos os equipamentos elétricos eram importados, mas em 1923 cabos elétricos começaram a ser fabricados localmente. A concorrência entre produtos nacionais estrangeiros e produtos nacionais incipientes apareceu em diversas aplicações elétricas. No início, inventores locais e seus produtos apresentavam menor qualidade e preços mais altos, mas eles se tornaram cada vez melhores e mais baratos.

Apesar da melhora, várias invenções elétricas brasileiras não se materializaram em produtos, um reflexo da falta de interesse dos capitalistas locais e ainda consequência de uma desconfiança tradicional da população na capacidade do país como fabricante. Alguns exemplos relevantes dessa tendência de falta de confiança durante a República Velha foram: fornos elétricos para processamento de metais (uma patente brasileira foi retransmitida para uma indústria belga, após promessas sem sucesso de financiamento pelo governo); transformadores eletrolíticos (a patente foi vendida para uma indústria francesa, que mais tarde os exportou de volta para o Brasil); baterias de peso leve para submarinos, logo abandonadas.[279] Consequentemente, o esforço de industrialização não se completou – uma deficiência que se sentiu não só nas inovações elétricas, mas em geral na indústria brasileira.

Outro empecilho para a expansão dos sistemas elétricos foi a falta de padronização, em termos de tensões e frequências. Enquanto os estados brasileiros que sofreram mais influência das empresas norte-americanas tendiam a adotar a frequência de 60 Hz e 110 V como tensão final do consumidor, os estados do Sul tiveram considerável influência alemã, e adotaram 50 Hz e 220 V, respectivamente; em outros lugares havia outras pequenas variações. O valor de 127 V tornou-se mais comum após a década de 1960 e a frequência foi padronizada em 60Hz na década de 1970. Este foi também o período

---

[279] Magalhães (2000), op. cit. Mais recentemente, produtos elétricos de origem nacional tiveram sucesso parcial, incluindo motores elétricos, turbinas, geradores de pequeno ou médio porte e transformadores.

em que o governo federal conseguiu criar sistemas integrados nacionalmente, que puderam despachar de forma eficiente e centralizada a eletricidade, a fim de melhor distribuir a carga e compartilhar sua disponibilidade elétrica. Uma integração de maior porte com vizinhos latino-americanos imediatos tem sido mais difícil de alcançar.

A história da eletrificação torna-se mais complexa quando se refere às companhias de energia elétrica. De 1888 em diante, pequenas empresas privadas no Brasil começaram a operar geradores termoelétricos utilizando principalmente madeira como combustível para as turbinas a vapor, e elas no início forneciam eletricidade, principalmente para casas comerciais e indústrias. A demanda por energia elétrica no Estado de São Paulo também foi impulsionada pela rápida difusão dos serviços de iluminação pública, incluindo pequenas cidades e vilas. Nas cidades brasileiras de médio porte e nas capitais do Estado, além da iluminação de rua, o serviço de bonde também ajudou o mercado elétrico a crescer. Embora essas empresas antecessoras não tenham durado muito tempo, mostraram que o Brasil era um mercado promissor e considerável, que precisava de eletricidade para seu desenvolvimento econômico. Dois tipos de empresas comercializaram energia elétrica desde o final do século XIX até a década de 1930. O maior número correspondeu às empresas de pequeno porte já citadas, que eram municipais ou operadas regionalmente, e foram organizadas por fazendeiros locais ou homens de negócios. Utilizavam-se de geração termoelétrica ou pequenas unidades de geração hidrelétrica; em alguns casos este último tipo era uma adaptação *in situ* de rodas d'água de fábricas têxteis ou madeireiras existentes e que com elas antes forneciam energia mecânica para sua linha de produção.

O segundo grupo era muito mais forte em sua capacidade de investimento, composto por empresas estrangeiras com raízes no sistema financeiro internacional. O capital estrangeiro teve a capacidade de responder mais rapidamente neste momento ao rápido crescimento da demanda de energia elétrica pelos consumidores industriais e comerciais. Também estavam mais interessados em aproveitar o outro fator que beneficiava estados como São Paulo: o grande potencial hidrelétrico. Muitas pequenas empresas, incapazes de levantar capital para construir barragens maiores e importar equipamentos de geração, acabaram sendo compradas pelos grupos internacionais, um movimento que levou a produção de energia a se concentrar em corporações poderosas e geograficamente em expansão, ganhando vez mais áreas concedidas pelo governo. As corporações estrangeiras mais conhecidas foram a "Light" e "Amforp", como descrito a seguir.

Em 1899, um grupo de investidores britânico-canadenses estabeleceu a "São Paulo Tramway, Light and Power Company", com a permissão devidamente assinada pela Rainha Vitória.[280] O investimento inicial foi de US$ 6 milhões, o que permitiu que a empresa (cujo nome foi encurtado pelos brasileiros simplesmente para "Light") incorporasse grande parte de seus concorrentes no Estado de São Paulo em pouco tempo, e também que se expandisse na direção do vizinho Estado do Rio de Janeiro. A Light fazia parte de um grupo internacional de empresas, incluindo interesses na Bélgica, Portugal, Espanha, Cuba; no Brasil estava sob controle da "holding" denominada "Brazilian Traction, Light and Power".[281] A Light instalou trilhos de bondes ao longo das principais avenidas da cidade de São Paulo, ao mesmo tempo em que fornecia iluminação e eletricidade doméstica. Em 1912, comprou a "The San Paulo Gas Company", responsável pela iluminação das ruas da cidade. Aliás, como a Light tinha o monopólio da energia elétrica em São Paulo e no Rio de Janeiro, a empresa optou por manter o gás liquefeito para cozinhar, e não a eletricidade, que é a situação predominante até hoje, já que os preços do gás de cozinha (tanto o gás natural como o gás liquefeito de petróleo) são artificialmente mantidos muito abaixo da eletricidade para o consumidor doméstico.[282] A única empresa brasileira que tentou se opor aos interesses econômicos do capital estrangeiro representado pela Light, mas foi derrotada em uma série de manobras políticas, foi o grupo industrial Companhia Brasileira de Energia Elétrica (CBEE), liderado por Eduardo Guinle.[283]

Na década de 1920, o censo brasileiro confirmou que grandes áreas do Estado de São Paulo estavam rapidamente se industrializando, e a eletrificação

---

280 Edgard de Souza, *História da Light. Primeiros 50 anos* (São Paulo: Eletropaulo, 1982); Antônio Faria et al., *Energia e desenvolvimento. 70 anos da Companhia Paulista de Força e Luz* (Campinas: CPFL, 1982).
281 Duncan McDowall, *Light. Brazilian Traction, Light and Power Company Limited, 1899-1945* (Toronto: University of Toronto Press, 1988).
282 João Luiz Silva, *Cozinha modelo. O impacto do gás e da eletricidade na casa paulistana, 1870-1930* (São Paulo: EDUSP, 2008).
283 Alexandre Saes, *Conflitos do capital. Light versus CBEE na formação do capitalismo brasileiro, 1898-1927* (Bauru: EDUSC, 2010).

representava um papel importante para alcançar esse resultado.[284] A Light inaugurou grandes usinas hidrelétricas, como Parnaíba (2 MW em 1903, aumentada para 16 MW em 1912), Ribeirão das Lajes (12 MW em 1908) e Cubatão (70,6 MW em 1927, 469 MW em 1949). Essa expansão atraiu outro grande investidor e concorrente, a American & Foreign Power Co. (AMFORP),), uma filial da General Electric nos EUA, que começou a operar em 1927, no Centro-Oeste paulista. Essa empresa chegou a uma espécie de acordo com a Light, que manteve para si só o eixo São Paulo - Rio de Janeiro, enquanto a AMFORP comprou vários pequenos negócios locais no resto do Estado de São Paulo, e também chegou ao vizinho Estado de Minas Gerais, e posteriormente a outros estados. Ao final (1930) da República Velha, São Paulo tinha 166 usinas – 13,35 MW de geração térmica e 318 MW de geração hidrelétrica, mais de 50% da capacidade do Brasil concentrada em apenas um dos 20 estados do país, e principalmente nas mãos dessas duas empresas estrangeiras, que também poderiam ditar os preços do serviço.

Logo as duas empresas estrangeiras detinham 80% das concessões de energia no Brasil, situação que mantiveram até 1960. A Light e a AMFORP não estavam mais interessadas em melhorar a qualidade de seus serviços, reclamando que o governo havia limitado seus lucros. Além disso, até então, suas instalações já haviam se tornado obsoletas, por causa da falta de manutenção adequada, de defeitos e restrições de consumo de energia, que tinham arranhado a reputação das empresas. Ao mesmo tempo, a indústria automobilística se estabeleceu na região metropolitana de São Paulo, e mais indústria e urbanização implicavam uma demanda elétrica em crescimento contínuo.

A história do setor elétrico brasileiro em meados do século XX foi marcada não só pela crise de oferta enfrentada pelos consumidores, mas também pelo reavivamento de questões ideológicas e culturais despertadas por ideias nacionalistas, neste momento defendidas por diversos setores sociais, com diferentes matizes. A publicação do Código Federal de Águas, em 1934, representou o primeiro ato de intervenção estatal decisivo na área elétrica. No final da década de 1940 foi criada a Inspetoria de Obras Públicas do Estado de São Paulo, subordinada à Secretaria de Estradas e Obras Públicas. Nessa época, o governo federal decidiu não só aumentar sua capacidade regulatória, mas

---

284 Helena Lorenzo e Wilma Costa, *A década de 1920 e as origens do Brasil moderno* (São Paulo: UNESP, 1997).

também começar a investir fortemente em suas próprias novas usinas hidrelétricas. No início da década de 1950, quando o engenheiro Lucas Garcez (professor da Escola Politécnica) assumiu o cargo de Governador do Estado de São Paulo, as primeiras empresas estatais de energia foram criadas, e logo iniciaram a construção de usinas de maior capacidade que se tornaram o maior complexo de geração hidrelétrica do país, como se descreve a seguir.[285]

O ano de 1950, além de representar uma crise extrema de energia elétrica, que provocou dramática escassez de energia elétrica nos anos seguintes, sinalizou também o início dos estudos de engenharia da usina hidrelétrica de Barra Bonita, no Rio Tietê, em São Paulo, que chegou a ser concluída em janeiro de 1956. A partir daí, a intervenção e a participação do Estado de São Paulo no setor aumentaram, primeiro com a criação, em 1951, do Departamento de Águas e Energia e, posteriormente, várias empresas estatais de energia foram formadas. Entre elas estão: "Usinas Elétricas da Bacia do Rio Paranapanema" *(USELPA)*, em 1953; "Companhia Hidroelétrica do Rio Pardo" *(CHERP)*, em 1955; e, finalmente, "Centrais Elétricas de São Paulo" *(CESP)*, em 1966, que incorporou as anteriores, bem como um grande número de empresas privadas menores.

Após uma série de debates públicos, que enfatizaram a evidente falta de interesse das duas grandes corporações privadas estrangeiras em fornecer energia elétrica para o novo ciclo de desenvolvimento econômico, a opinião pública pressionou o governo a cancelar sua concessão.[286] As empresas estrangeiras foram expropriadas ou compradas pelo governo, e assim a ex-AMFORP (em 1975) e a ex-Light (em 1979) também se tornaram parte da rede pública de energia do Estado, que poderia então fornecer toda a cadeia de geração elétrica, transmissão e distribuição, de modo que a eletricidade se tornou um empreendimento "vertical". Sua propriedade comum facilitou o planejamento e a construção da espinha dorsal da geração elétrica do estado de São Paulo: as usinas hidrelétricas de Bariri, Ibitinga, Caconde, Euclides da Cunha, Limoeiro, Barra Bonita, Jupiá, Ilha Solteira, Porto Primavera, Promissão, Avanhandava, Água Vermelha, Taquaruçu, Rosana, Capivara, Canoas 1 e Canoas 2, Chavantes, Jurumirim, Paraibuna e Jaguari (um total de 11.094 MW).

---

285 Catullo Branco, *Energia elétrica e capital estrangeiro no Brasil* (São Paulo: Alfa-Ômega, 1975).
286 Eletropaulo, Departamento de Patrimônio Histórico, *Estatização x privatização. História & Energia* 7, 1997.

No plano nacional, a Eletrobrás, controladora federal, foi criada em 1962, após uma longa luta contra os interesses de privatização, e com ela o planejamento do setor de energia elétrica, que antes era regional, passou a ser nacional e mais racionalizado. Foi introduzido o despacho centralizado de carga, de modo que se conseguiu a integração técnica entre os diversos sistemas estaduais e regionais, o que resultou na operação e supervisão conjuntas.[287] O novo ciclo de desenvolvimento da eletricidade e da economia como um todo coincidiu com o regime militar (1964-1985), quando apenas algumas concessões elétricas permaneceram em mãos privadas.[288] As subsidiárias da Eletrobrás foram reagrupadas em quatro grandes empresas regionais: a CHESF, estatal, já criada pelo presidente Vargas em 1945, destinada a explorar o potencial hidrelétrico do Rio São Francisco no Nordeste do Brasil; FURNAS, ativa principalmente nos estados do Centro-Oeste; ELETROSUL, para a maioria dos estados do Sul; e ELETRONORTE, para a vasta região amazônica.[289] Durante o regime militar, um tratado assinado entre o Brasil e o Paraguai permitiu a construção de Itaipu, uma grande usina hidrelétrica, com capacidade máxima de 14 milhões de MW no estado do Paraná, inaugurada em 1984 (a última unidade entrou em operação em 2007). A energia gerada em Itaipu é transportada através de linhas de transmissão (810 km de comprimento) de alta tensão (600 kV) em corrente contínua, enquanto o Brasil compra o excesso de energia gerada em corrente alternada no lado paraguaio a 50 Hz, convertendo-a em corrente contínua e, em seguida, reconvertendo-a para 60 Hz para distribuição, nas proximidades da cidade de São Paulo.

Um aspecto importante do processo foi a melhoria simultânea da capacitação nacional de engenharia para o projeto de obras hidrelétricas, base para as futuras empresas brasileiras de consultoria, gradualmente substituindo especialistas estrangeiros, que tradicionalmente haviam antes sido responsáveis por

---

[287] José Luiz Lima, *Políticas de governo e desenvolvimento do setor de energia elétrica: do Código de Águas à crise dos anos 80* (Rio de Janeiro: Memória da Eletricidade, 1995). Marcelo SIlva, *Energia elétrica, Estatização e desenvolvimento, 1956-1967* (São Paulo: Alameda, 2011).

[288] Anôn., *A energia elétrica no Brasil* (Rio de Janeiro: Biblioteca do Exército, 1977). Francisco de Assis Gomes, "A eletrificação no Brasil", em *História & Energia*, 2 (1986). Renato Dias, *Panorama do setor de energia elétrica no Brasil* (Rio de Janeiro: Centro de Memória da Eletricidade, 1988), págs. 198-215.

[289] Renato Dias (coord.), *A Eletrobrás e a história do setor de energia elétrica no Brasil* (Rio de Janeiro: Centro para Memória da Eletricidade, 1995). John Cotrim, *A história de Furnas. Das origens à fundação da empresa.* (Rio de Janeiro: Furnas Centrais Elétricas, 1994).

esse serviço. Uma característica marcante de Itaipu é exatamente que esse grande projeto foi feito por um grupo de empresas brasileiras de engenharia, fato considerado como um "certificado de maioridade" para a tecnologia local. Essas empresas se tornaram grandes grupos de consultoria nacional, e contribuíram para o desenvolvimento econômico do país também em projetos petroquímicos e industriais em geral.

Os grandes projetos hidrelétricos do período, como Itaipu, no Paraná, e Ilha Solteira (3,444 milhões de MW), em São Paulo, foram construídos com financiamento externo. Decisões políticas nacionais e internacionais resultaram em serviços de dívida nacional excessivamente pesados, e o Banco Nacional de Desenvolvimento Econômico e Social (BNDES) do governo impôs regras que mais tarde praticamente tornaram os investimentos elétricos proibitivos para as empresas estatais. Depois que os militares deixaram o poder em 1985, a "Nova República" se alinhou com o chamado "Consenso de Washington", decididamente aplicando reformas neoliberais. A decisão de privatizar as empresas estatais do setor elétrico foi tomada pelo presidente Fernando Henrique Cardoso, que privatizou também os setores de telecomunicações, bancos estatais, ferrovias, mineração e empresas ferroviárias.[290]

Em termos de fornecimento de energia elétrica, os efeitos da desregulamentação foram mais imediatos e agudamente sentidos no Estado de São Paulo do que em outros. O resultado foi duplo: a venda das empresas estatais para a iniciativa privada e, em segundo lugar, a desnacionalização do setor, já que as licitações foram vencidas por investidores estrangeiros, principalmente americanos e, posteriormente, as empresas foram revendidas a grupos chineses. O padrão anterior, de controle quase total das políticas do setor elétrico pelas empresas estatais, deu lugar a um outro modelo, em que o sistema de negócio vertical de geração, transmissão e distribuição, anteriormente fornecidas pela mesma entidade, foi subdividido e, em sua maioria, horizontalmente transferido para diferentes mãos privadas. O preço da energia elétrica, que costumava ser calculado por um método de custos históricos de produção, tornou-se, em vez disso, uma função dos leilões de mercado, onde os lotes de energia

---

[290] Lindolfo Paixão, *Memórias do projeto RE-SEB* (São Paulo: Massao Ohno/ENRON, 2000).

constituem meramente uma mercadoria, e também estão sujeitos aos efeitos da ação especulativa dos mercados futuros.[291]

A Tabela 5 mostra a evolução cronológica das 20 usinas hidrelétricas de maior capacidade do Brasil nas últimas cinco décadas.

Tabela 5 – Cronologia de algumas usinas hidrelétricas de maior capacidade no Brasil

Usina	Potência (MW)	Início
Ilha Solteira	3.444	1973
Jupiá	1.551	1974
Foz do Areia	2.511	1976
Marimbondo	1.814	1977
São Simão	1.710	1978
Paulo Afonso IV	2.850	1979
Água Vermelha	1380	1979
Salto Santiago	1.420	1980
Itumbiara	2.082	1981
Itaipu	12.600	1982
Tucuruí	8.360	1984
Itaparica (Luiz Gonzaga)	1.480	1988
Xingó	3.162	1994
Serra da Mesa	1.275	1998
Itá	1.450	2000
Porto Primavera	1.430	2000
Santo Antônio	3.568	2012
Jirau	3.300	2012
Teles Pires	1.820	2015
Belo Monte	11.187	2016

Fonte: Dados compilados pelo autor (2018)

A média anual de eletricidade consumida pelos brasileiros é atualmente de 2.578 kWh/habitante, número baixo mesmo entre os países da América

---

291 Ildo Sauer, "Energia elétrica no Brasil contemporâneo: a reestruturação do setor, questões e alternativas", em Adriano Branco (org.), *Política energética e crise de desenvolvimento* (Rio de Janeiro: Paz e Terra, 2002); José Paulo Vieira, *Antivalor. Um estudo da energia elétrica: construída como antimercadoria e reformada pelo mercado nos anos 1990* (Rio de Janeiro: Paz e Terra, 2007).

Latina.[292] A correlação entre a energia consumida e a concentração de riqueza está bem estabelecida, assim como tem havido uma forte concentração do uso da eletricidade nas camadas superiores da sociedade.[293]

É evidente que a disponibilidade de eletricidade per capita teria que ser aumentada para lidar com o crescimento populacional e uma melhor distribuição da riqueza. No entanto, um novo fator político desacelerou o desenvolvimento da hidroeletricidade: a mobilização radical do ambientalismo contra usinas hidrelétricas, usando até mesmo violência física, queimando canteiros de obras, incitando o uso pelos índios de armas contra engenheiros, trabalhadores e instalações, etc. O ponto de partida para isso ocorreu em 1998, durante o «Encontro dos Povos Indígenas» de Altamira, na região amazônica, patrocinado pela «Aliança Florestal», organizada conjuntamente pelo Banco Mundial e pela Fundação Mundial da Vida Selvagem, com o apoio do Conselho Mundial de Igrejas e de várias Organizações Não Governamentais.[294] Esse movimento foi endossado pelo presidente Fernando Henrique Cardoso e pelos governos que se seguiram ao seu, que apoiaram fortemente uma posição contrária à construção de novas usinas hidrelétricas, inicialmente na região amazônica, mas conseguiram barrar outras iniciativas em todo o país, também. Essa reação criou um clima político que definiu as hidrelétricas como antiecológicas, e como inimigas dos habitantes locais, índios ou não, uma perspectiva que tem continuamente pesado na opinião pública.[295]

Esses ataques conseguiram atrasar ou até mesmo cancelar projetos já aprovados. Entre as usinas que sofreram atrasos significativos por esse efeito, pode-se citar Tucuruí (8.360 milhões de MW) no Rio Tocantins e as hidrelétricas do Rio Madeira: Belo Monte (11.187 milhões de MW), Santo Antônio (3.568 milhões de MW) e Jirau (3.3 milhões de MW). Foi alcançado um compromisso para algumas usinas, que tiveram que baixar a altura da barragem, reduzindo a capacidade projetada de energia e, ao mesmo tempo, diminuir a

---

292 International Energy Agency, *Key World Energy Statistics* 2016 (dados de 2014), em www.iea.org/publications/freepublications/publication/KeyWorld2016.pdf, acesso em 24 de abril de 2017

293 Antônio Carlos Bôa Nova, *Energia e classes sociais no Brasil* (São Paulo: Loyola, 1985).

294 Lorenzo Carrasco et al., *Ambientalismo, novo colonialismo* (Rio de Janeiro: Capax Dei, 2005).

295 Lygia Cabral (coord.), *O meio ambiente e o setor de energia elétrica brasileira* (Rio de Janeiro: Memória da Eletricidade, 2009). Carlos Locatelli (org.), *Barragens imaginárias. A construção de hidrelétricas pela comunicação* (Florianópolis: Insular, 2015).

área alagada correspondente ao lago artificial, afetando assim a energia produzida durante as estações secas.

Uma consequência dos conflitosos e da paralisação em relação à energia hidráulica foi a decisão de gerar eletricidade por meio de fontes diferentes da hidroeletricidade. As turbinas eólicas, além da geração térmica que utiliza gás, especialmente na região amazônica, os biocombustíveis e o carvão vêm em parte substituindo a geração hidrelétrica. As taxas sobre as contas de energia elétrica foram impostas ao consumidor normal para compensar o custo mais elevado da operação de usinas térmicas, somando-se aos preços já mais elevados que resultaram da privatização.

A evolução das fontes elétricas é vista na Tabela 6, que mostra um intervalo de cinquenta anos, indicando o deslocamento parcial da geração hidráulica pela geração térmica e eólica.

Tabela 6 – Evolução das fontes de geração elétrica no Brasil (%)

Fonte	1966	2016
Hidráulica	73	64,0
Térmica (gás, biomassa, petróleo, carvão)	27	30,2
Térmica (nuclear)	0	2,4
Eólica	0	3,4

Fonte: EPE – Ministério de Minas e Energia, *Balanço Energética Nacional* (Rio de Janeiro, 2017)

Observações finais

A história da energia no Brasil, como em outros países, também tem sido uma história da batalha para se tornar uma nação em desenvolvimento. Os principais ciclos de desenvolvimento econômico ocorreram em três fases distintas, e todas elas estavam ligadas a questões energéticas. Após esforços preliminares iniciados na segunda metade do século XIX, os impactos da Primeira Guerra Mundial contribuíram para uma onda de industrialização em São Paulo durante a década de 1920, que foi reforçada e politicamente utilizada durante os 15 anos do primeiro governo Vargas. A principal questão abordada nesse período foi a eletrificação e o progressivo domínio da geração hidráulica, e uma segunda questão foi a existência de reservas de petróleo no Brasil. Um sentimento nacionalista se solidificou, como observado nas discussões sobre a prospecção de petróleo e produção de aço no país.

O fim da Segunda Guerra Mundial também representou uma oportunidade para maior impulso econômico, que foi sinalizado pela criação de empresas estatais relacionadas à eletricidade e ao petróleo. A indústria petroquímica e as fábricas automobilísticas instaladas por multinacionais em São Paulo desafiaram as já existentes concessionárias de energia elétrica estrangeiras a produzir mais energia, e sua resposta negativa fez com que o Estado entrasse gradualmente no setor elétrico. O regime militar fez bom uso da infraestrutura disponível resultante, e muitos produtos manufaturados importados foram substituídos por produtos equivalentes, produzidos nacionalmente, aumentando assim a industrialização no país. A ameaça representada pelos choques do petróleo foi atenuada pela introdução do etanol derivado da cana-de-açúcar como substituto.

A redemocratização política em 1985 coincidiu com a adesão à ideologia neoliberal, que favoreceu a disparada das taxas de juros e o domínio da economia pelo capital financeiro especulativo. A privatização de muitos setores incluiu o leilão público de linhas de geração e transmissão elétricas, e de redes de distribuição locais, bem como partes significativas da indústria petrolífera. Um surto de crescimento econômico mais curto se manifestou durante o governo do presidente Lula, com a descoberta de enormes depósitos de petróleo e gás na plataforma continental sob o mar. O fornecimento de energia elétrica, no entanto, não seguiu essa tendência, o ambientalismo radical impediu a expansão de usinas hidrelétricas e nucleares, e a desregulamentação do mercado elétrico significou um aumento real das taxas aos consumidores, muito acima da inflação. O uso forçado da geração térmica só complicou a situação, com o fim do esforço de desenvolvimento econômico, e a subsequente estagnação, desindustrialização e alto desemprego verificado no país. A tensão social e política aumentou, a concentração de renda voltou aos níveis elevados anteriores, e o retrocesso tornou o país novamente altamente dependente da tecnologia importada.

Durante as crises energéticas, disputas ideológicas têm questionado se há correlação entre consumo de energia e desenvolvimento econômico. As correntes neo-malthusianas têm negado tal dependência, defendendo o controle populacional, a contenção da industrialização e fontes "verdes" de energia. No entanto, uma economia verdadeiramente sustentável deve prover não apenas um controle necessário da qualidade do ar e da água, evitando desperdícios, mas também planejar para as próximas gerações a produção necessária de alimentos, transportes e saúde pública suficientes – tudo isso exige um insumo energético crescente. O Brasil tem sido, por vezes, visto como um modelo para essas discussões, dadas algumas iniciativas nacionais como suas políticas de biocombustíveis, e também por ser um grande território que compreende a vasta reserva da floresta amazônica. Isso sugere uma maior atenção para como a história energética do país se desenvolveu até agora.

Agradecimento

A parte referente à eletricidade se baseou em Projeto Temático que contou com financiamento da FAPESP (Fundação de Amparo à Pesquisa do Estado de São Paulo – Processo nº 12/51424-2).

Publicado originalmente em **Journal of Energy History/Revue d'Histoire de l'Énergie**, *nº 1 (2018), s/nº pág.*